Dieter Gaißmayer
Frank M. von Berger

ALTE STAUDEN SCHÄTZE

ulmer

Dieter Gaißmayer
Frank M. von Berger

ALTE STAUDEN SCHÄTZE

Bewährte Arten und Sorten wiederentdecken und verwenden

DIE GESCHICHTE DER STAUDENZÜCHTUNG 8

Schon der berühmte Staudenzüchter und Gartenphilosoph Karl Foerster wusste, dass historische Gartenstauden aufregende Geschichten von einst zu erzählen hätten, wenn sie nur sprechen könnten: „Manch kleine Blumenhorste am Weg überdauern Kaiser und Könige!"

DIE STAUDEN IM PORTRÄT 48

In diesem Kapitel treffen Sie gewiss auf einige altbekannte Gartenstauden, vielleicht aber auch auf zukünftige Lieblingspflanzen. Erfahren Sie hier interessante Hintergründe über die Geschichte und kulturelle Bedeutung dieser Pflanzen.

DIE VERWENDUNG HISTORISCHER STAUDEN IN GÄRTEN 246

Schon allein das Aufspüren und Sammeln historischer Stauden ist ein spannendes Unterfangen. Noch mehr Freude macht es, mit diesen interessanten Gewächsen zu arbeiten. Ganz gleich, welche Vorlieben Sie bezüglich Ihres eigenen Gartens haben – historische Stauden bieten eine Vielzahl von Gestaltungsmöglichkeiten.

SERVICE 278

VORWORT

Unter Gartenfreunden finden historische Arten und Sorten bei Rosen, aber auch bei Obst und Gemüse, bereits seit vielen Jahren großes Interesse. Diese wertvollen, alten Zier- und Nutzpflanzen werden heutzutage wieder immer öfter kultiviert, vermehrt und dadurch erhalten. Historische Stauden hingegen sind bislang noch kaum ein Thema. Doch auch diese Pflanzengruppe birgt ein enormes Potenzial äußerst wertvoller historischer Gartenschätze. Bekannte Klassiker sind die Großblütige Ballonblume (*Platycodon grandiflorus*) 'Mariesii' oder die Chinesische Pfingstrosensorte (*Paeonia lactiflora*) 'Sarah Bernhardt'. Zu den historischen Stauden gehören aber auch kaum verbreitete Gartenjuwelen. So etwa der gefüllt blühende Eisenhutblättrige Hahnenfuß (*Ranunculus aconitifolius* 'Pleniflorus'). Dies ist eine Sorte, die bereits im 16. Jahrhundert bekannt war. Oder die aromatisch duftende Polei-Minze (*Mentha pulegium*), die schon Karl der Große zum Anbau empfohlen hatte.

Das Streben nach Neuem ist allgegenwärtig und auch notwendig, damit sich die Zivilisation weiterentwickelt. Doch nicht alles, was neu ist, muss in jedem Fall auch besser sein als das Alte. Alljährlich wird eine Flut an Pflanzenneuheiten in den Markt eingeführt. Bei Weitem nicht alle dieser Neueinführungen können einer kritischen Begutachtung – wie etwa in den Freilandquartieren der Staudengärtnerei Gaißmayer im Oberschwäbischen – standhalten. Neuzüchtungen sind gut für Überraschungen, sowohl für positive als auch für negative. Experimentierfreudigen Pflanzenliebhabern eröffnet sich hier ein wahrlich spannendes Feld. In der Praxis kann es aber durchaus lohnend sein, auf Erprobtes für den eigenen Garten zu setzen. Was sich seit hundert Jahren oder länger bewährt hat, bürgt für Beständigkeit und Qualität – bei nicht minder ästhetischem Reiz.

Wir haben uns beim Studium der historischen Stauden in alte Bücher und Zeitschriften sowie moderne Publikationen zu diesem Thema vertieft. Überrascht und fasziniert waren wir davon, mit welcher Begeisterung und profunder Kenntnis die Gärtner damals wie heute von ihren Pflanzenschätzen berichtet haben und berichten. Zeitgenössische Botaniker und Pflanzenfreunde entwickelten zudem einen Spürsinn dafür, historische Staudensorten ausfindig zu machen. Angesichts der Fülle von Arten und Sorten mussten wir für dieses Buch eine Auswahl treffen, die uns nicht immer leicht gefallen ist. Sie soll jedoch keinesfalls eine Wertung darstellen. Es gibt noch unzählige wunderschöne historische Stauden, die auf eine Wiederentdeckung und eine verdiente Würdigung ihrer Qualitäten warten.

Wir haben uns in diesem Buch ganz bewusst auf solche Arten und Sorten konzentriert, die fast alle noch im Handel erhältlich sind. Somit haben Sie die Möglichkeit, selbst mit historischen Stauden zu gärtnern und dadurch einen kleinen Beitrag zum Erhalt dieser bewährten Gartenschätze zu leisten. Denn nur, wenn historische Stauden gepflanzt, gepflegt und weiter vermehrt werden, können nicht nur wir uns an ihnen erfreuen, sondern auch künftige Gärtnergenerationen. Bedauerlicherweise sind viele alte Kultursorten unwiederbringlich verloren gegangen. Dennoch ist das Potenzial des Vorhandenen nicht unerheblich. Mit diesem Buch möchten wir möglichst viele Pflanzenbegeisterte und Gartenfreunde dazu motivieren, nach weiteren, heute noch verborgenen Gartenschätzen Ausschau zu halten. Wir wünschen Ihnen viel Freude beim Durchblättern dieser Seiten und viel Erfolg mit der Kultur historischer Stauden!

Dieter Gaißmayer und Frank M. von Berger

DIE GESCHICHTE DER STAUDENZÜCHTUNG

Schon der berühmte Staudenzüchter und Gartenphilosoph Karl Foerster wusste, dass historische Gartenstauden aufregende Geschichten von einst zu erzählen hätten, wenn sie nur sprechen könnten: „Manch kleine Blumenhorste am Weg überdauern Kaiser und Könige!“

WAS SIND HISTORISCHE STAUDEN?

In diesem Buch geht es um die Geschichte der Gartenpflanzen, insbesondere um die der Stauden. Viele davon sind einheimisch,andere kamen aus fremden Gefilden zu uns, wie etwa Pfingstrosen, Schwertlilien oder Stauden-Phlox. Für alle Pflanzenfreunde ist es gewiss spannend, mehr über die Geschichte dieser Arten und Sorten zu erfahren.

Blumenstudie einer Akelei (*Aquilegia vulgaris*) von Albrecht Dürer. Aquarell auf Pergament, 1526.

Historische Gartenpflanzen sind Gewächse, die irgendwann vor langer Zeit von Menschen in Kultur genommen wurden, weil sie besondere Qualitäten hatten – Blüten, Früchte oder andere Besonderheiten, die uns nützlich waren oder die wir attraktiv fanden. Zu diesen Pflanzen zählen Bäume, Sträucher und einjährige Arten, aber auch viele Stauden. Als Stauden bezeichnet man mehrjährige Gewächse, die im gemäßigten mitteleuropäischen Klima überdauern. Im Frühjahr treiben sie aus ihren in der Erde ruhenden Überwinterungsorganen wieder aus – das können Wurzeln, Knollen, Rhizome oder Zwiebeln sein. Stauden sind meist krautig, also mit weichen, seltener verholzenden Trieben. Als „historisch" bezeichnet man in der Regel Staudenarten und -sorten, die seit mehr als hundert Jahren in unveränderter Form kultiviert werden. Viele davon finden sich noch in alten Gärten, werden über Generationen weitergereicht und blühen im Verborgenen. Andere sind altbewährte und inzwischen international berühmte Klassiker, etwa die Japanische Herbst-Anemone 'Honorine Jobert'. Viele historische Staudenschätze werden auch heutzutage noch von Staudengärtnereien vermehrt und von Liebhabern des Besonderen und Bewährten gern gepflanzt und bewundert.

Halbsträucher und Zweijährige

Den Stauden beigeordnet und von Staudengärtnereien oft ebenfalls kultiviert werden Halbsträucher und Zweijährige. Bei Halbsträuchern, auch Chamaephyten genannt, handelt es sich um ausdauernde Pflanzen, deren Zweige in der aktuellen Vegetationsperiode nicht verholzen. Der Neuaustrieb bei Beginn der nächsten Vegetationsperiode erfolgt aus den verholzten Pflanzenteilen. Blüten und Früchte werden meist an einjährigen Trieben gebildet. Typische Vertreter der Halbsträucher sind Echter Salbei (*Salvia officinalis*) und Heiligenkraut (*Santolina chamaecyparissus*). Ebenso zu den Stauden zählt man in der Regel Zweijährige, auch bienne oder winterannuelle Pflanzen genannt. Zweijährig bedeutet in diesem Fall, dass der Lebenszyklus dieser Pflanzen von der Keimung über die Blüte bis hin zur Samenbildung zwei Jahre – oder besser: Vegetationsperioden – dauert. Im ersten Jahr werden nur Wurzeln und Laubblätter gebildet; im zweiten Jahr erst Blüten, Früchte und Samen. Typische Zweijährige sind Stockrose (*Alcea rosea*) und Roter Fingerhut (*Digitalis purpurea*). Eigentlich zählen auch mehrjährige Zwiebel- und Knollenpflanzen zu den Stauden. Weil die Einbeziehung dieser Pflanzengruppe jedoch den Umfang dieses Buches sprengen würde, haben wir uns dazu entschlossen, diese Pflanzengruppe hier nicht zu berücksichtigen.

Wildformen und Züchtungen

Zu den historischen Stauden gehören selbstverständlich alle Arten, die seit dem Spätmittelalter und der frühen Neuzeit in ihrer natürlichen Form in Gärten kultiviert werden. Sie wurden einst von Menschen wegen ihrer schönen Blüten oder anderer Besonderheiten aus der Natur entnommen und in Gärten gepflanzt. Manche dieser historischen Gartenstauden stammen aus unseren Breiten, andere wurden schon vor Jahrhunderten aus fernen Gefilden eingeführt. Auf Wildstauden aus fremden Ländern gehen wir auf Seite 22 noch genauer ein. Ganz gleich, ob einheimisch oder importiert – viele dieser Wildstauden hat man nicht nur in ihrer Stammform in Gärten kultiviert. Sie wurden im Lauf der Jahrhunderte zudem durch Auslese und Züchtung verändert, wodurch man zahlreiche schöne Sorten gewann. Das Spektrum an Blütenfarben und -formen, Wuchshöhen und anderen Eigenschaften wurde dermaßen erweitert, dass heutzutage bei manchen Staudenarten eine Vielzahl schöner Varianten zur Verfügung steht. Bei einigen besonders beliebten Arten wie etwa der Chinesischen Pfingstrose (*Paeonia lactiflora*), dem Stauden-Phlox (*Phlox paniculata*) oder der Hohen Bartiris (Sorten der *Iris* Barbata-Elatior-Gruppe) können dies schon einmal mehrere hundert oder sogar viele tausend Sorten sein – und alljährlich kommen neue hinzu. Immer wieder werden auch neue Wildformen von Stauden für die Verwendung im Garten entdeckt und in den Markt eingeführt. Sie sind oft eine willkommene Bereicherung des bestehenden Sortiments. Wenn sie sich dann auch noch auf Dauer bewähren, könnten sie die historischen Stauden von morgen sein.

Manche dieser historischen, noch im Handel erhältlichen Sorten sehen inzwischen nicht mehr genauso aus wie bei ihrer erstmaligen Einführung vor vielen Jahrzehnten oder gar Jahrhunderten. Die meisten der heutzutage im Handel erhältlichen, historischen Sorten ähneln den ursprünglichen Sorten zwar noch in den wesentlichen Eigenschaften. Sie haben aber manchmal eine andere Wuchshöhe oder eine leicht veränderte Blütenfarbe. Das liegt zum einen daran, dass sie generativ vermehrt wurden, also durch Aussaat. Bei einer generativen (geschlechtlichen) Vermehrung kann es leicht zu einer genetischen Vermischung mit anderen Sorten kommen. Zum anderen entwickeln sich Pflanzen über mehrere Generationen weiter. Es treten natürliche Mutationen auf. Diese neu erworbenen Eigenschaften werden auch durch vegetative (ungeschlechtliche) Vermehrungsmethoden wie Teilung oder Stecklingsvermehrung an die Nachkommen weitergegeben. So kann es also durchaus sein, dass Sie beim Besuch eines anderen Gartens einer bestimmten historischen Staudensorte in etwas veränderter Form begegnen. Doch nur wissenschaftlich interessierte Botaniker und leidenschaftliche Puristen ärgern sich darüber, dass sie nicht „das Original“ in ihrem Garten haben. Wir sind uns sicher, dass alle anderen Pflanzenfreunde viel Freude an diesen herrlichen Gewächsen haben werden – egal, ob es sich um die originale Sorte oder einen etwas variierenden Abkömmling davon handelt.

DIE GESCHICHTE DER GARTENPFLANZEN

Die Geschichte der Gartenpflanzen reicht vom alten Ägypten über die griechisch-römische Antike und das Mittelalter bis in die Neuzeit. Sie ist geprägt von der Entdeckung und Einführung neuer Pflanzenarten.

Wenn wir nach Informationen über den Ursprung und die Geschichte unserer Gartenpflanzen allgemein und über Stauden insbesondere suchen, kommen in erster Linie schriftliche Quellen infrage, etwa frühe handschriftliche Aufzeichnungen und später dann gedruckte Bücher. Wichtige schriftliche Zeugnisse über die Entstehung und Entwicklung der Gartenkultur sowie die Einführung neuer Pflanzenarten sind die Werke von Autoren der Antike, und mit Einschränkung auch religiöse Schriften wie der jüdische Talmud oder die Bibel. Informationen bieten zudem archäologische Befunde sowie bildliche Darstellungen in der Malerei, Bildhauerei oder Architektur. Hinzu kommen literarische Werke in Drama, Lyrik und Prosa und nicht zuletzt zahlreiche noch erhaltene Herbarien, also Sammlungen gepresster und getrockneter Pflanzen. All diese Quellen können Aufschluss darüber geben, woher eine Pflanzenart stammt sowie wann und wo sie erstmals eingeführt und kultiviert wurde.

Judenkirsche (*Physalis alkekengi*).

Die Schriftsteller der Antike

Obwohl der jüdische Talmud und die Bibel zahlreiche Pflanzenarten nennen, befinden sich nur wenige darunter, die bis heute als Zierpflanzen in Gärten kultiviert wurden. Überhaupt wissen wir wenig über die Gärten im Heiligen Land. Außerdem ist die Zuordnung der biblischen Pflanzennamen zu bestimmten Pflanzenarten nicht ganz einfach. Für die Geschichte der Gartenpflanzen besser auszuwerten sind dagegen frühe schriftliche Zeugnisse einiger antiker Autoren aus dem griechisch-römischen Kulturkreis. Theophrast, genauer: Theophrastos von Eresos (um 371 v.

Frankfurter Paradiesgärtlein. Tafelbild eines unbekannten oberrheinischen Meisters um 1410.

Chr.– etwa 287 v. Chr.) war ein griechischer Philosoph und Naturforscher, Schüler von Aristoteles und der erste Gelehrte, der sich mit der Baum- und Holzkunde befasste. Sein Hauptwerk „De historia plantarum" („Naturgeschichte der Pflanzen") ist eine wertvolle Quelle, in der zahlreiche Pflanzenarten des östlichen Mittelmeerraums erwähnt werden, von denen später auch einige in mitteleuropäischen Gärten kultiviert wurden.

Dioskurides und Plinius

Ebenso aufschlussreich sind die Werke von Dioskurides (eigentlich: Pedanios Dioskurides), einem griechischen Mediziner, der im ersten nachchristlichen Jahrhundert lebte und als Militärarzt in den Diensten der römischen Kaiser Claudius und Nero stand. Er gilt als der berühmteste Pharmakologe des Altertums und behandelte in seinem Hauptwerk „De materia medica" („Über die Heilmittel") rund 1000 Arzneimittel, von denen allein 813 pflanzlichen Ursprungs waren. Der römische Naturforscher Plinius der Ältere (eigentlich: Gaius Plinius Secundus Maior, 23–79 n. Chr.) fasste in seiner „Naturalis historia" („Geschichte der Natur") das gesamte naturkundliche Wissen seiner Zeit in einer 37 Bände umfassenden Enzyklopädie zusammen. Die Bände 8 bis 27 befassten sich mit der Botanik im weitesten Sinne, Band 20 mit den Heilmitteln aus Gartengewächsen.

Aussehen und Namen

Oft gelingt die Identifizierung der Pflanzenarten in den Schriften der antiken Autoren nicht problemlos. Dies gilt übrigens für die Schriften der meisten botanischen Autoren bis in die frühe Neuzeit hinein. Denn vor der Einführung der Linnéschen Nomenklatur Mitte des 18. Jahrhunderts beschrieben Botaniker meist das Aussehen und die Eigenschaften der Pflanzen (und zwar auf Latein), statt sie mit einem verbindlichen Namen zu versehen. Dies galt insbesondere für alle seltenen oder neu eingeführten Pflanzen. Weniger problematisch ist die Zuordnung der Namen bei gebräuchlichen Nutzpflanzen und schon damals weit verbreiteten Gartenpflanzen. Sie trugen volkstümliche Namen, die oft bis heute gebräuchlich sind.

Die Gärten des Mittelalters

In Europa existieren heute keine originalen mittelalterlichen Gärten mehr. Auch die Archäologie kann kaum Informationen darüber liefern, wie die mittelalterlichen Gärten ausgesehen haben oder welche Pflanzen man darin kultivierte. Wir sind auf schriftliches Material sowie auf bildliche Quellen wie etwa Gemälde angewiesen, wenn wir mehr über die Gartenkultur dieser Zeit erfahren wollen. Glücklicherweise gibt es überlieferte schriftliche Quellen und Bilder, die Hinweise über die damals in Gärten gepflanzte Gewächse geben. Diese Werke sind nicht als Gartenbücher im heutigen Sinne zu verstehen und auch keine sorgfältige Auflistung aller damals bekannten oder kultivierten Pflanzen. Aber sie sind ein wertvoller Nachweis über viele einst in Mittel- und Westeuropa kultivierte Pflanzenarten.

Die Landgüterverordnung Karls des Großen

Eines der frühesten Dokumente ist die Landgüterverordnung „Capitulare de villis vel curtis imperii" Karls des Großen. Dieser Erlass über die Krongüter wurde um das Jahr 812 im Auftrag des Kaisers verfasst, um die Versorgung Karls des Großen und seines riesigen Hofstaats zu sichern. Denn damals gab es im kaiserlichen Reich noch keine Hauptstadt und keinen Kaiserpalast. Der Regent und sein Gefolge reisten von Krongut zu Krongut und mussten dort versorgt und verköstigt werden. Das „Capitulare de villis" ist bis heute eine wertvolle Quelle für die mittelalterliche Art der Wirtschaft, insbesondere für die Bereiche Agrar- und Gartenbau, weil in dieser Landgüterverordnung auch eine Pflanzenliste der zur Kultur empfohlenen Gewächse enthalten war.

Gobelin mit Dame und Einhorn. Frankreich, um 1484-1500.

Der ideale Garten

Ein weiteres aufschlussreiches Dokument ist der St. Galler Klosterplan, ein Idealentwurf einer mittelalterlichen Klosteranlage mitsamt ihrer klösterlichen Gärten. Er entstand um das Jahr 820 auf der Bodenseeinsel Reichenau und zeigt, wie der ideale Klostergarten im 9. Jahrhundert aussehen sollte. Welche Pflanzen man damals in Klostergärten kultivierte, erfährt man auch im Gartengedicht „Liber de cultura hortorum", kurz „Hortulus" genannt, des Reichenauer Benediktinerabtes Walahfrid Strabo (um 808–849). Die in diesen Schriften beschriebenen Gartenpraktiken unterschieden sich nicht wesentlich von denen, die schon Plinius der Ältere in seiner „Naturalis historia" kurz nach der Zeitenwende beschrieben hatte. Allein die Auswahl der Pflanzen war aufgrund des raueren Klimas nördlich der Alpen eine andere, wie die überlieferten Pflanzenlisten bezeugen.

Die Kräuterbücher

Die Erfindung des modernen Buchdrucks Mitte des 15. Jahrhunderts hat seinerzeit nicht nur die Welt verändert, sondern war auch ein wichtiger Meilenstein in der Geschichte der Botanik. Das Wissen über Gartenpflanzen konnte dank der hohen Auflagen der Bücher nun weiter verbreitet werden als jemals zuvor. Zumindest unter denen, die lesen konnten und Zugang zu den kostbaren Druckerzeugnissen hatten. Damals erschienen auch die ersten Bücher über Heil- und Gartenpflanzen für den Hausgebrauch. Ein Vorläufer dieser „Kräuterbücher" des 15. und 16. Jahrhunderts war das um 1350 verfasste Manuskript „Buch der Natur" (auch: „Buch von den natürlichen Dingen") Konrad von Megenbergs (1309–1374). Der Autor schrieb dieses Buch ausdrücklich für Laien, und zwar nicht in der Gelehrtensprache Latein, sondern erstmals im damals gebräuchlichen Mittelhochdeutsch. Ein Teil des Buches beschäftigt sich mit den Pflanzen, darunter auch den „Kräutern" („Von den kraetern in ayner gemain"), also krautigen Gartenpflanzen wie Stauden. Unter anderem beschreibt der Autor Hauswurz, Wermut, Veilchen (*veyol*) und Pfingstrose (*peonkraut*). Dies bezeugt, dass man damals begann, sich für Gartenpflanzen zu interessieren.

Buchseite aus Konrad v. Megenbergs „Buch der Natur" aus dem 15. Jahrhundert.

Der „Gart der Gesundheit"

Eines der ersten gedruckten Kräuterbücher – und das für die nächsten mehr als 200 Jahre wohl einflussreichste – ist der „Gart der Gesundheit", erstmals erschienen im Jahr 1485. Bis ins 18. Jahrhundert hinein erlebte es insgesamt 60 (zum Teil erweiterte) Neuauflagen. Verfasst wurde der „Gart der Gesundheit" von Johannes Wonnecke von Kaub (um 1438–1503) im Auftrag des Mainzer Domherren Bernhard von Breidenbach (um 1440–1497). Zusammen mit dem „Herbarius moguntius" von Peter Schöffer aus dem Jahr 1484 und dem „Hortus sanitatis" von Jacob von Meydenbach aus dem Jahr 1491 gehört dieses Buch zur „Gruppe der Mainzer Kräuterbuch-Inkunabeln". Der Verfasser des „Garts der Gesundheit" verwendete deutsche und lateinische Quellen, darunter auch das „Buch der Natur" Konrad von Megenbergs und die „Naturalis historia" von Plinius dem Älteren. Der Utrechter Maler Erhard Reuwich (andere Schreibweisen: Rewich, Reuwick oder Reeuwyck) fertigte einen Teil der Illustrationen für das Buch an. Die Darstellungen waren in leicht abstrahierter Form gehalten und vereinten mittelalterliche Ornamentik mit verhaltener Naturtreue. In später verfassten Kräuterbüchern achtete man zunehmend auf eine detailreiche und möglichst naturgetreue Abbildung der dargestellten Pflanzen.

Porträt des Arztes und Botanikers Leonhart Fuchs.

Die Väter der Botanik

Das 16. Jahrhundert war für die Botanik eine bedeutende Epoche. Es erschienen zahlreiche „Kräuterbücher“ in deutscher Sprache, in denen das Wissen über die damals bekannten Pflanzen zusammengefasst wurde. Der protestantische Theologe, Humanist, Mediziner und Botaniker Otto Brunfels (1488–1534) gilt als Neubegründer der Botanik des Abendlandes, weil er sich bei seinen Studien nicht allein auf die botanischen Schriften des Altertums stützte, sondern die Pflanzen selbst beobachtete und beschrieb. Seine zum Teil postum erschienenen Bücher „Herbarum vivae icones“ (1530 und 1536, drei Teile) und das „Contrafayt Kreuterbuch“ (1532–1537, zwei Teile) ließ er mit Holzschnitten der beschriebenen Pflanzen illustrieren und setzte deren deutsche Namen darunter. Auch Hieronymus Bock (1498–1554) war ein protestantischer Prediger, Arzt und Botaniker, der die Pflanzen selbst studierte. Er unternahm dazu ausgedehnte Reisen durch Europa und veröffentlichte 1539 sein „New Kreütter Buch“. Der dritte wichtige Botaniker dieser Zeit war der Arzt Leonhart Fuchs (1501–1566). Auch er unternahm botanische Exkursionen in der Natur. Zudem legte er in Tübingen einen Apothekergarten an, der als einer der ältesten der Welt gilt. Sein Pflanzenbuch „De Historia Stirpium commentarii insignes“ erschien 1542 in Basel auf Latein, ein Jahr später sein „New Kreüterbuch“ auf Deutsch.

Tabernaemontanus

Die Kräuterbücher von einst geben uns heute Auskunft darüber, welche Pflanzen man damals bereits kannte und ob man sie häufiger in Gärten kultivierte. Die Botanik steckte zwar noch in den Kinderschuhen, aber man bemühte sich erstmals seit der Antike wieder, das verfügbare Wissen systematisch zusammenzustellen und zu ordnen. Einer der bedeutendsten Botaniker des 16. Jahrhunderts war der deutsche Mediziner Jacob Theodor (auch: Jakob Dietrich oder Jacob Ditter, 1522–1590), der seinen Taufnamen in Tabernaemontanus änderte. Dies ist die latinisierte Form des Ortsnamens Bergzabern, dem Geburtsort des Gelehrten. Tabernaemontanus begann 1540 ein Studium der Medizin in Padua, später studierte er in Montpellier. Ab 1548 arbeitete er als Kräutersammler und Apotheker im elsässischen Weissenburg. Nach einer Pestepidemie veröffentlichte er 1553 sein erstes Buch („Gewisse und erfahren Practick, wie man sich mit Göttlicher hülff vor der Pestilenz hüten und bewaren“). Später war er Leibarzt hochgestellter Persönlichkeiten, wie etwa dem Speyerer Fürstbischof Marquard von Hattstein. Tabernaemontanus veröffentlichte sein „Neuw Kreuterbuch“ im Jahr 1588 und bezeichnete sich in dessen Vorwort als Schüler von Hieronymus Bock. Tabernaemontanus stand zudem in Kontakt zu den anderen großen Botanikern seiner Zeit, nämlich Otto Brunfels, Leonhart Fuchs und Adam Lonitzer. Letzterer war Arzt, Naturforscher und Botaniker und beschäftigte sich ab 1550 mit Kräuterbüchern. Er beschrieb die Pflanzen vor allem unter medizinisch-pharmazeutischen Aspekten und brachte 1557 sein eigenes „Kreuterbuch“ heraus. Lonitzer, geboren 1528 in Marburg, studierte in seiner Heimatstadt sowie in Frankfurt am Main und Mainz Philosophie und Medizin. Später latinisierte er seinen Namen zu Lonicerus. Sein „Kreuterbuch“ wurde bis zum Jahr 1783 in 27 Auflagen gedruckt. Er starb 1586 in Frankfurt am Main.

Neue Pflanzen, neue Erkenntnisse

Auch in anderen Ländern Europas begannen in dieser Zeit die Gelehrten, sich systematisch mit der Botanik zu beschäftigen. Neue Pflanzenarten wurden entdeckt und in Gärten gepflanzt. Man darf nicht vergessen, dass dies auch die Zeit der Entdecker und Abenteurer war, die sich zu Land und zu Wasser aufmachten, fremde Länder und Kontinente zu erkunden. Die Pflanzenwelt der neu entdeckten Länder weckte natürlich das Interesse der Gelehrten und Pflanzensammler daheim. Auf diesen Aspekt in der Geschichte der Gartenpflanzen gehen wir später noch genauer ein. Doch zunächst möchten wir die Rolle der Botaniker der frühen Neuzeit würdigen. Denn ohne deren Neugierde und Bemühungen wären unsere Kenntnisse der Gartenpflanzen nicht so umfassend.

International einflussreiche Botaniker

Am berühmtesten dürfte der Flame Charles de L'Écluse (1526–1609) sein, auch wenn man ihn eher unter seinem latinisierten Namen Carolus Clusius kennt. Der hoch gebildete Arzt unternahm zahlreiche Reisen, auf denen er seine für die damalige Zeit einzigartigen Kenntnisse vieler Pflanzen aus verschiedenen Regionen Europas erworben hatte. Von 1573 bis 1576 war er Hofbotaniker Kaiser Maximilians II. in Wien. Doch Clusius war nicht nur Arzt und Wissenschaftler, sondern auch aktiver Gärtner. In seiner Wiener Zeit legte er dort einen Medizinalgarten und das erste Alpinum überhaupt an. Im Lauf seines Lebens veröffentlichte er zahlreiche Bücher botanischen Inhalts, die oft anschaulich mit Holzschnitten illustriert waren.

Rembert Dodoens und Matthias de L'Obel

Clusius' Landsmann Rembert Dodoens (1516–1585), der seinen Namen zu Dodonaeus latinisierte, war ein bedeutender Arzt und Botaniker und von 1574 bis 1580 Hofphysikus des Kaisers Maximilian II. Bereits im Jahr 1554 war sein „Cruydt boek" erschienen, ein Kräuterbuch, das er in seiner Muttersprache Flämisch verfasst hatte. In dem 1583 erschienenen Werk „Stirpium Historiae" unterteilte er die Gewächse in 26 Gruppen und führte zahlreiche neue Pflanzenarten ein. Auch der Franzose Matthias de L'Obel (1538–1616) latinisierte nach damaliger Mode seinen Namen zu Matthias Lobelius. Er hatte nach seinem Medizinstudium halb Europa bereist, bevor er Leibarzt des englischen Königs Jakob I. wurde. Er verfasste mehrere botanische Werke, in denen er über 2000 vorwiegend westeuropäische Pflanzen nach Blatt- und Wuchsformen beschrieb. L'Obel verfasste 1570, zusammen mit seinem Assistenten Pierre Pena (um 1520–um 1600), das Werk „Stirpium adversaria nova". Darin beschrieben die beiden, dass die aus Amerika heimkehrenden Seefahrer Tabak rauchten, um Hunger und Durst zu stillen, ihre Kräfte wiederherzustellen und den Geist zu erfrischen. Der französische Botaniker Charles Plumier (1646–1704) benannte im Jahr 1703 zu Ehren von Matthias L'Obel eine Pflanzengattung „Lobelia". Später übernahm Carl von Linné diese Bezeichnung für die Lobelien.

Porträt von Charles de L'Écluse, genannt Carolus Clusius.

Conrad Gesner

In der Schweiz war es der 1516 geborene Conrad Gesner (andere Schreibweisen seines Namens lauten Konrad Gessner, Geßner oder Conradus Gesnerus), der sich in der Botanik besondere Verdienste erwarb. Er war Arzt, Naturforscher und Altphilologe und verließ sich bei seinen Studien nicht mehr nur auf antike und mittelalterliche Erkenntnisse, sondern setzte auf eigene Naturbeobachtungen. Die Qualität der Darstellungen in seinen Publikationen war überdurchschnittlich hoch, da er großes zeichnerisches Talent besaß und viele Darstellungen selbst anfertigte. Er gründete den ersten Botanischen Garten in Zürich und plante vor seinem Tod (er starb 1565 an der Pest) eine umfangreiche botanische Enzyklopädie, die unvollendet blieb. Das Material erwarb der Nürnberger Arzt und Naturforscher Joachim Camerarius der Jüngere (1534–1598) aus dem Nachlass, aktualisierte und ergänzte damit das Kräuterbuch von Pietro Andrea Mattioli und gab es neu heraus.

Porträt des Zürcher Botanikers Conrad Gesner.

Pietro Andrea Mattioli

Der italienische Arzt und Botaniker Pietro Andrea Mattioli (1501–1577) latinisierte seinen Namen zu Petrus Andreas Matthiolus. Er war Leibarzt am Hof Kaiser Ferdinands I. und Kaiser Maximilians II. und zugleich ein bedeutender Pflanzenkenner. Im Jahr 1586 erschien postum sein „Kreutterbuch Deß Hochgelehrten und weltberühmten Herrn D. Petri Andreae Matthioli“. In diesem Werk, das außerordentlich erfolgreich war und zahlreiche Auflagen erlebte, beschrieb Mattioli eine Reihe von Pflanzenarten, die in den Kräuterbüchern der Väter der Botanik noch nicht vorkamen. So etwa die 1544 aus Amerika eingeführte Tomate, die er *mala aurea* nannte, zu Deutsch „goldener Apfel“, da die Früchte der ersten in Europa bekannten Tomaten gelb und nicht rot waren. Mattioli, der in Siena geboren wurde und seine Jugend in Venedig verbracht hatte, arbeite als Arzt an verschiedenen Orten, unter anderem in Perugia, Rom, Trient und dem damals habsburgischen Görz (heute Gorizia an der italienisch-slowenischen Grenze). In den Südalpen erwarb er umfangreiche Kenntnisse der Alpenflora. Sein enormes medizinisches Wissen bewahrte ihn jedoch nicht davor, 1577 in Trient einer Pestepidemie zum Opfer zu fallen.

Caspar Bauhin

Der aus einer ursprünglich französischen und niederländischen Hugenottenfamilie stammende Schweizer Anatom und Botaniker Caspar Bauhin (1560–1624) steht am Ende dieser Epoche des botanischen Erwachens. Der in Basel tätige Gelehrte beschrieb in seinem 1623 erschienen Werk „Pinax theatri botanici“ rund 5640 damals bekannte Pflanzenarten. Angeblich kannte Caspar Bauhin die gesamte damals bekannte Flora Europas. Als erster Botaniker setzte er die Unterscheidung von Spezies und Gattung vollständig durch und schuf eine binäre Nomenklatur, die später durch Carl von Linné Allgemeingültigkeit erlangte. Sein Bruder Johann Bauhin war ebenfalls Arzt und Botaniker und veröffentlichte eine umfangreiche botanische Enzyklopädie. Auch Caspar Bauhins Sohn Johann Caspar (1606–1685) war Arzt und Botaniker. Er lehrte als solcher an der Basler Universität.

Die Gärten der Pflanzensammler

Mit dem Beginn der Renaissance war das Mittelalter endgültig zu Ende und es brach ein neues Zeitalter an. Man unterschied nun in den Apothekergärten zwischen „Blumen“ und „Heilkräutern“. Außer der Nützlichkeit zählte jetzt auch der ästhetische Wert einer Pflanze. Die Ära der Pflanzenliebhaber und -sammler begann. Diese Menschen verfügten nicht nur über großes botanisches Wissen, das sie unter anderem aus den Kräuterbüchern des ausgehenden Mittelalters bezogen. Sie besaßen auch eine große Leidenschaft für neue Pflanzenarten, die damals aus fremden Ländern nach Europa kamen. Exemplarisch sei an dieser Stelle der Garten von Eichstätt erwähnt. Der Fürstbischof von Eichstätt, Johann Konrad von Gemmingen (1561–1612), ließ für seinen Residenzgarten Ende des 16. Jahrhunderts eine große Pflanzensammlung mit einheimischen und internationalen Gewächsen zusammentragen. Die Pracht und Vielfalt dieses Gartens wurde auf 367 Kupfertafeln mit rund 1100 Pflanzenporträts gestochen, koloriert und 1613 vom Nürnberger Apotheker Basilius Besler (1561–1629), der auch den Garten anlegt hatte, als „Hortus Eystettensis“ erstmals publiziert. Der fürstbischöfliche Garten in Eichstätt entsprach zum einen dem wissenschaftlichen botanischen Interesse seines Besitzers, diente aber andererseits auch dessen repräsentativer Selbstdarstellung, was charakteristisch für die damalige Zeit war.

Frontispiz des „Hortus Eystettensis“ von 1613.

Die ersten Botanischen Gärten

Der Wunsch nach systematischer Erfassung der Naturbeobachtungen und die Suche nach neuen Erkenntnissen waren bestimmend für den Geist der europäischen Renaissance. Etwa zur gleichen Zeit, in der wohlhabende Privatleute in ganz Europa Pflanzensammlungen in ihren Gärten anlegten, entstanden in vielen Städten auch Botanische Gärten. Diese sollten mit ihren Sammlungen vorrangig den Studenten der Medizin Anschauungsmaterial liefern und waren meist den Universitäten angegliedert. Den Anfang machten die Botanischen Gärten in Florenz, Pisa und Padua, die alle um das Jahr 1545 gegründet wurden. Letzterer, der Orto Botanico di Padova, befindet sich noch immer am selben Platz wie im Jahr der Gründung und gehört mittlerweile zum UNESCO-Weltkulturerbe. Es folgten 1587 die Botanischen Gärten in Leiden, 1593 in Montpellier, 1621 in Oxford und 1625 der Jardin du Roi in Paris, der heute noch als Jardin des Plantes existiert. In Deutschland gilt der 1580 gegründete Botanische Garten von Leipzig als der älteste, gefolgt von denen in Jena (1586), Heidelberg (1593), Gießen (1606) und Freiburg (1620). Lange Zeit waren die botanischen Gärten als „Hortus Medicus“, also als Heilpflanzengärten, reine Orte der Wissenschaft. Später ging es nicht mehr allein um die Forschung und Lehre. „Science and Pleasure“ („Wissenschaft und Freude“), der Leitspruch des botanischen Gartens von Kew bei London, lässt erkennen, dass mittlerweile auch das Vergnügen und die Erholung eine gewisse Rolle beim Besuch botanischer Gärten spielen. Viele dieser Institutionen sind inzwischen parkähnliche Anlagen, insbesondere wenn sie über Arboreten (Sammlungen von mehr oder weniger exotischen Gehölzen) verfügen.

Pflanzenvariationen und die Wissenschaft der Botanik

Mit dem Aufbau und der Entwicklung der Botanischen Gärten wuchs das wissenschaftliche Interesse an den zahlreichen neuen, aus allen vier damals bekannten Kontinenten eingeführten Pflanzen. Australien, der fünfte Kontinent, wurde zwar bereits 1606 entdeckt, aber erst Jahrzehnte später erforscht. Man sammelte nicht nur die verschiedenen Arten, sondern insbesondere auch variierende Formen, die durch natürliche Mutationen immer wieder auftraten. So etwa Sorten mit gefüllten oder andersfarbigen Blüten oder mit panaschierten, also weißbunt gefärbten Laubblättern. Wie es zu diesen zufälligen Sonderformen kam, wusste man noch nicht, denn man hatte keine Vorstellung davon, dass es in der Pflanzenwelt so etwas wie die geschlechtliche Vermehrung geben könnte. Dies ändere sich erst im 18. Jahrhundert.

Porträt Carl von Linnés, dem Begründer der binären Nomenklatur.

Carl von Linné

Der schwedische Arzt und Naturwissenschaftler Carl von Linné (eigentlich Carl Nilsson Linnaeus, 1707–1778) schuf die Grundlagen der modernen botanischen Fachsprache. In seinem 1735 erstmals veröffentlichten Werk „Systema Naturae" und seinem 1753 erschienenen „Species Plantarum" begründete er die bis heute verwendete wissenschaftliche Nomenklatur in Botanik und Zoologie. Nomenklatur (vom lateinischen *nomenclatura* = Namensverzeichnis) bezeichnet eine für bestimmte Bereiche verbindliche Sammlung von Benennungen aus einem bestimmten Themen- und Anwendungsgebiet. Linnés binäre (aus zwei Namensteilen bestehende) Nomenklatur baute auf Caspar Bauhins Konzept auf. Jeder wissenschaftliche Name besteht dabei aus zwei Bestandteilen: Dem vorangestellten Gattungsnamen, der meist ein Substantiv ist, sowie dem dahinter stehenden spezifischen Beiwort (Epitheton), das meist adjektivisch ist. Linné klassifizierte Pflanzen und Tiere zudem durch fünf aufeinander aufbauende Rangstufen: Klasse, Ordnung, Gattung, Art und Varietät.

Sex im Pflanzenreich

Das 1753 veröffentlichte Linnésche System war auf den Unterschieden in den Geschlechtsorganen der Pflanzen aufgebaut, also auf einem Sexualsystem. Die Theorie, dass Pflanzen sich geschlechtlich vermehren, war damals geradezu revolutionär und rief zahlreiche Kritiker auf den Plan, denn bis dahin galten Pflanzen als „unschuldig" und rein. Dennoch setzte sich sowohl seine Nomenklatur als auch die Erkenntnis der Sexualität von Pflanzen durch. Ohne die Erkenntnis, dass sich Pflanzen geschlechtlich fortpflanzen, wäre die systematische Pflanzenzüchtung, die im 19. Jahrhundert einsetzte, nicht möglich gewesen. Zudem hatte die Einführung des Linnéschen Systems zur Folge, dass es bei der Benennung der Pflanzenarten kein wildes Durcheinander von verschiedenen Namen für ein und dieselbe Art mehr gab.

HISTORISCHE WILDSTAUDEN

Manche Wildstauden haben eine so lange Geschichte als Gartenpflanzen, dass man diese beim besten Willen nicht bis zu ihrem Anfang zurückverfolgen kann. Dies bezeugen historische Aufzeichnungen oder Gemälde aus dem späten Mittelalter, die bereits Gartenstauden zeigen, die wir heute noch gern verwenden.

Seit es Gärten in Mitteleuropa gibt, wurden dort auch Wildpflanzen und alte Gartengewächse kultiviert, die schon die Römer über die Alpen brachten. Außer heute fast vergessenen Nutzpflanzen für die Ernährung wie Garten-Melde (*Atriplex hortensis*), Guter Heinrich (*Blitum bonus-henricus*, Syn. *Chenopodium bonus-henricus*) oder den vielen verschiedenen Heilkräutern für die Hausapotheke pflanzte man auch Blumen in die Gärten. Darunter waren einheimische Wildstauden wie etwa Blauer Eisenhut (*Aconitum napellus*), Maiglöckchen (*Convallaria majalis*) oder die Europäische Trollblume (*Trollius europaeus*). Diese Blütenstauden dienten nicht nur zur Zierde des Hausgartens, sondern auch als Schnittblumen für die Vase, zum Schmuck des Herrgottwinkels, der Hauskapelle oder der Dorfkirche. Auf die Bedeutung, die Blütenstauden früher als Schnittblumen hatten, gehen wir später noch detaillierter ein. An dieser Stelle wollen wir zunächst die Rolle der einheimischen und fremdländischen Wildstauden für den Garten würdigen.

Wildstauden – ungeschliffene Diamanten

Schöne Stauden fand man schon zu Beginn der Neuzeit, also zur Wende vom 15. zum 16. Jahrhundert, in west- und mitteleuropäischen Gärten. Meist handelte es sich um einheimische Wildstauden, die man in Bauern- und Klostergärten als Zier- oder Heilpflanzen kultivierte. Ein Problem bei der Ansiedlung von Wildstauden in Gärten waren ihre meist sehr speziellen Standortvorlieben. Daran hat sich bis heute nichts geändert. Wer einmal versucht hat, eine in der Natur ausgegrabene Wildstaude im eigenen Garten zu kultivieren, weiß, was gemeint ist: Oft kümmern die Gewächse, bevor sie sich nach ein, zwei Jahren ganz verabschieden. Nur die robusten, besonders anpassungsfähigen Arten überdauern und pflanzen sich später vielleicht auch fort. Manche allerdings dann so zahlreich, dass sie zur Plage werden. So etwa das Scharbockskraut (*Ranunculus ficaria*), das Maiglöckchen (*Convallaria majalis*) oder die Gewöhnliche Akelei (*Aquilegia vulgaris*). Bei diesen im wahrsten Sinne des Wortes wilden Arten sollte man sich deshalb genau überlegen, ob man sie wirklich im Garten haben möchte. Die später eingeführten Sorten dieser Arten sind in ihrem Ausbreitungsdrang gezähmt und meist weniger invasiv. Sie werden deshalb oft bevorzugt statt der Wildform gepflanzt. Im Übrigen sei darauf hingewiesen, dass es bei den meisten Wildstauden aus Naturschutzgründen verboten ist, sie aus der Natur zu entnehmen.

Wildstauden aus fremden Ländern

Die Geschichte mancher exotischer Wildstauden wird für uns wohl immer rätselhaft bleiben. Von einigen Arten wissen wir jedoch, wann sie das erste Mal in unseren Gärten gepflanzt wurden. Oft findet man in der Literatur eindeutige Hinweise, wer sie wann und woher zu uns gebracht hat. Zahlreiche Pflanzenarten kamen zur Zeit der Entdeckung fremder Länder und Kontinente nach Europa. Bereits damals suchten Gartenfreunde nach dem Besonderen. Und das fand man auch früher schon meistens nicht vor der Haustür, sondern vor allem in fremden Gefilden. Passionierte Pflanzensammler waren hungrig nach ausgefallenen Pflanzenschätzen aus aller Herren Länder und kultivierten sie, wenn sie ihrer habhaft werden konnten, in ihren Gärten. Vor allem durch Kontakte nach Übersee kamen Pflanzensammler in Besitz botanischer Kostbarkeiten. In der Regel handelte es sich um Wildpflanzen, die aus der Natur entnommen wurden. Eine Ausnahme bildet zum Beispiel die Japanische Herbst-Anemone (*Anemone hupehensis* var. *japonica*). Von dieser Staude brachte der Asien-Reisende Robert Fortune im Jahr 1844 zunächst eine halbgefüllte Zuchtsorte aus Schanghai nach England. Die reine Art wurde erst 1908 in Europa eingeführt.

Die Entdeckung einer neuen Welt

In der Zeit nach 1492, dem Jahr der Entdeckung Amerikas, brach auch für Pflanzensammler eine neue Ära an. Schon bald wurden exotische Gewächse aus Nordamerika in Europa eingeführt. Als die amerikanischen Kolonien im 17. Jahrhundert etabliert waren, nahm der Austausch noch zu und zahlreiche nordamerikanische Gewächse, darunter auch viele Stauden, hielten Einzug in europäische Gärten. Wie viele Versuche fehlschlugen, fremdländische Gewächse bei uns zu kultivieren, wissen wir heute nicht mehr. Aber man kann davon ausgehen, dass nicht alles, was in Form von Samen oder als ausgewachsene Pflanze über die Ozeane geschifft wurde, in Europa tatsächlich keimte oder Wurzeln schlug.

Eingebürgerte Pflanzenschätze

Nicht nur die Kontakte in die „Neue Welt“ brachten bisher unbekannte Pflanzen in unsere Gärten. Auch aus Afrika, Asien, dem Nahen Osten und Südeuropa wurden seit der Antike bis in die Neuzeit hinein Pflanzen nach Mittel- und Westeuropa eingeführt. So etwa schon sehr früh die aus dem Mittelmeerraum stammenden Arten Diptam (*Dictamnus albus*) und Echter Salbei (*Salvia officinalis*), die wohl bereits von den Römern über die Alpen gebracht wurden. Manche dieser Gewächse sind inzwischen hierzulande so weit in der Natur verbreitet, dass viele Gartenfreunde glauben, es handele sich um einheimische Arten. Zu den historischen Stauden aus fremden Ländern, die ebenfalls schon fast als eingebürgert gelten können, zählen beispielsweise Kronen-Lichtnelke (*Silene coronaria*, Syn. *Lychnis coronaria*) aus dem südöstlichen Europa und die Wiesen-Schwertlilie (*Iris sibirica*) aus dem nordosteuropäischen Raum.

Botanische Preziosen mit Stammbaum

Aus noch ferneren Regionen kamen solch schöne Stauden nach West- und Mitteleuropa wie die Chinesische Pfingstrose (*Paeonia lactiflora*) aus dem gemäßigten Ostasien, Schopf-Fackellilien (*Kniphofia uvaria*) aus dem südlichen Afrika oder das Raue Sonnenauge (*Heliopsis helianthoides* var. *scabra*) aus Nordamerika. Dank der Aufzeichnungen der reisenden Forscher und Botaniker wissen wir in manchen Fällen genau, wann und wo die kostbaren Gewächse das erste Mal in europäischen Gärten gepflanzt wurden. Von Botanischen und Liebhabergärten aus eroberten nicht wenige dieser Gewächse die Gärten des Adels, der Bürger und später auch die des gemeinen Volks. Einige dieser Neuankömmlinge aus fernen Ländern wurden sogar zu typischen Bauerngartenpflanzen, wie etwa die Vielblättrige Lupine (*Lupinus polyphyllus*) oder der Stauden-Phlox (*Phlox paniculata*). Durch Auslese und Zucht wurden aus den Urformen mit der Zeit zahlreiche prächtige Sorten in unterschiedlichen Blütenfarben und -formen gewonnen, die inzwischen zum Teil selbst als historische Stauden gelten können. Sie bilden einen Teil dessen, was wir heute an historischen Gartenschätzen „mit Stammbaum“ für die Bepflanzung unserer Gärten nutzen können.

Eine lebendige Kombination historischer Stauden aus Taglilien, Kugelsdisteln und Stauden-Phlox.

PFLANZENSAMMLER UND PFLANZENJÄGER

Es gibt niemals genug frisches Futter für Pflanzenfreunde. Das gilt nicht nur für heutige Pflanzensammler, die stets auf der Suche nach neuen botanischen Sensationen und seltenen Sorten sind. Bereits vor Hunderten von Jahren sammelten Menschen seltene Pflanzen aus fremden Regionen, um sie in ihren Gärten zu kultivieren.

Mit der Eroberung neuer Länder und Kontinente im 16. und 17. Jahrhundert wuchs der Schatz der pflanzbaren Kostbarkeiten auf ein Vielfaches an: Stauden-Sonnenblumen (*Helianthus decapetalus*) aus Nordamerika, Palmlilien (*Yucca*) aus Mittelamerika und die zahlreichen botanischen Preziosen aus Ostasien weckten bei Gärtnern nicht nur „auf dem Kontinent", sondern vor allem auf den Britischen Inseln die Lust, mit neuen Pflanzen zu gärtnern. Die Britischen Inseln wurden zu einem idealen Schaukasten für Gartenpflanzen aus aller Welt, weil sich England ab dem 16. Jahrhundert zu einer Handels- und Kolonialmacht entwickelte und Kontakte in die ganze Welt knüpfte. Zudem bieten die Britischen Inseln mit ihren unterschiedlichen Klimabereichen Lebensbedingungen für eine Vielzahl von Pflanzenarten, sowohl für Exoten des Fernen Ostens und des pazifischen Raums, als auch für hochalpine Pflanzen der Gebirgsregionen aller Kontinente.

Tafel 205 des "Hortus Eystettensis" zeigt die Vielblättrige Sonnenblume (*Helianthus × multiflorus*).

Kaufleute und Aristokraten

An der Einführung neuer Pflanzenarten waren zunächst vorrangig Kaufleute beteiligt, die Gewürze, Stoffe und andere Waren aus Südeuropa bezogen. Durch den Levantehandel, der vor allem über Venedig verlief, hatten sie Kontakte bis in den östlichen Mittelmeerraum und von dort aus weiter bis in den Orient. Seltene Pflanzen aus fernen Ländern gelangten damals durch Kaufleute entweder als Handelsware oder als Freundschaftsgeschenke nach West- und Mitteleuropa. Für wohlhabende Kaufleute dort war es seit der Zeit der Renaissance, also etwa ab dem 16. Jahrhundert, fast schon eine Pflicht, repräsentative Gärten nach italienischem Vorbild anzulegen. Sie bemühten sich um seltene und neue Pflanzenarten, weil sie dadurch nicht nur ihren hohen Bildungsgrad und ihre Weltläufigkeit unter Beweis stellen, sondern auch ihren Reichtum zeigen konnten. Viele Landadelige und Fürsten taten es den zu Wohlstand und Ansehen gelangten Kaufleuten gleich und versuchten, ihre Lustgärten möglichst artenreich auszustatten. So ist überliefert, dass der Landgraf Wilhelm IV. von Hessen-Kassel (1532–1592), ein großer Förderer der Naturwissenschaften, sich auf der Suche nach neuen Pflanzenarten unter anderem an Carolus Clusius in Wien gewandt hatte.

Ärzte und Apotheker

Zu den frühesten Pflanzensammlern gehörten auch Ärzte und Apotheker, die stets auf der Suche nach neuen Heilpflanzen waren. Während ihres Studiums hatten viele von ihnen italienische oder südfranzösische Universitäten besucht und die dort neu angelegten Botanischen Gärten sowie die Pflanzenwelt dieser Länder kennengelernt. Sie gründeten in der Heimat mitunter große Apothekergärten, in denen sie Gewächse pflanzten, die sie von ihren Reisen mitgebracht hatten. In Deutschland war dies beispielsweise Joachim Camerarius der Jüngere (1534–1598), der in Nürnberg einen artenreichen Apothekergarten anlegte. Durch seine Bekanntschaft mit Carolus Clusius, der in verschiedenen europäischen Städten wirkte und weit gereist war, erhielt er Pflanzen aus den unterschiedlichsten Regionen. In England war John Parkinson (1567–1650), ein

Frontispiz des „Paradisi in Sole Paradisus Terrestris" von John Parkinson.

Arzt, Botaniker und Apotheker König Jakobs I., ein einflussreicher und bekannter Pflanzensammler. Sein 1629 erschienenes Werk „Paradisi in Sole Paradisus Terrestris“ vermittelt einen guten Eindruck davon, wie die Gärten des frühen 17. Jahrhunderts aussahen. Parkinson beschrieb darin über 1000 Pflanzen, von denen auch rund 800 auf Holzschnitten abgebildet wurden. Das Buch gliederte er in die Abschnitte Blumen-, Gemüse- und Obstgarten. Im Jahr 1640 veröffentlichte Parkinson sein zweites großes Werk, das „Theatrum Botanicum“. Darin beschreibt er die medizinische Wirkung von etwa 3800 Pflanzen.

Gärtner als Pflanzensammler

Auch der englische Gärtner und Botaniker Philip Miller (1691–1771) galt als bedeutender Pflanzensammler. Er war von 1722 bis 1770 Vorsteher des Apothekergartens in Chelsea bei London, dem Chelsea Physic Garden. Miller korrespondierte weltweit mit anderen Botanikern und erhielt von ihnen Samen und Pflanzen. Viele von diesen neuen Arten kultivierte er zum ersten Mal in England. Zu seinen Schülern gehörten William Forsyth (1757–1805), der nach Millers Tod die Leitung des Chelsea Physic Gardens übernahm, sowie William Aiton (1731–1793). Aiton war zunächst Hauptgärtner im Chelsea Physic Garden, bevor er 1759 Vorsteher des Botanischen Gartens in Kew bei London wurde und ihn durch die Einführung zahlreicher neuer Pflanzenarten aus der ganzen Welt zu einem der bedeutendsten Botanischen Gärten überhaupt machte.

Porträt John Tradescant d. Älteren, gemalt von Emmanuel de Critz.

Die Tradescants

Der englische Gärtner und Botaniker John Tradescant der Ältere (um 1570–1638) stand in Diensten mehrerer Aristokraten. In deren Auftrag unternahm er Reisen in die Niederlande, nach Nordrussland, in die Levante und nach Algerien. In Paris traf er im Jahr 1625 den französischen Botaniker Jean Robin. Von seinen Reisen brachte er zahlreiche Pflanzen mit. Auch sein Sohn, John Tradescant der Jüngere (1608–1662), war Gärtner und Botaniker. Er bereiste drei Mal, in den Jahren 1637, 1642 und 1654, die britischen Kolonien im nordamerikanischen Virginia. Von dort brachte er zahlreiche neue Pflanzen mit, die er im familieneigenen Garten in Lambeth, heute ein Stadtbezirk von London, kultivierte. Darunter befanden sich auch Stauden-Phlox (*Phlox paniculata*) und unterschiedliche Asternarten. Nach dem Tod seines Vaters übernahm er dessen Stelle als Obergärtner des Schlossgartens von Queen's House in Greenwich bei London. Dort residierte damals König Charles I. von England. Im Jahr 1656 veröffentlichte John Tradescant der Jüngere einen Katalog der naturhistorischen Sammlung seines Vaters, übrigens dem ersten öffentlich zugänglichen Kuriositätenkabinett Englands. Diese Sammlung bildete den Grundstock des heute weltweit renommierten Ashmolean Museums in Oxford.

Die Robins

In Frankreich waren es Vater und Sohn Robin, die viele neue Pflanzenarten einführten. Jean Robin, der Vater (1550–1629), war Arzt und Botaniker sowie Hofgärtner mehrerer französischer Könige. Er legte ab 1597 im Auftrag der medizinischen Fakultät der Universität einen Botanischen Garten in Paris an und unterhielt gute Kontakte in die nordamerikanischen Kolonien. Sein Sohn Vespasien Robin (1579–1662) folgte ihm im Amt des Hofgärtners nach. Er besuchte im Jahr 1612 die englischen Kolonien in Virginia und brachte von seiner Reise zahlreiche neue Pflanzenarten mit, die er auch an andere Botaniker weitergab. So berichtete der Basler Botaniker Caspar Bauhin, er habe von Vespasien Robin Exemplare des Schlitzblättrigen Sonnenhuts (*Rudbeckia laciniata*), des Hartheu-Spierstrauchs (*Spiraea hypericifolia*), eine Art der Goldrute (*Solidago*) und eine Sumachart (*Rhus*) erhalten.

Die Gewächse Ostasiens

Im 19. Jahrhundert wurden fremde Länder und ferne Kontinente durch schnellere und sichere Verkehrsmittel besser erreichbar, ebenso deren natürliche Schätze. Im Kolonialzeitalter wuchs das Interesse an neuen Gewächsen nicht nur bei Herrschern, sondern auch bei den Bürgern, die ebenso hungrig nach neuen, spektakulären Pflanzenarten waren. Neben Naturkundlern machten sich nun auch professionelle Pflanzensammler auf den Weg, um neue Arten zu finden und für den Handel verfügbar zu machen. Eine schier unerschöpfliche Quelle für neue Pflanzenarten war damals Ostasien.

Chinas Pflanzenschätze

Bereits in den 1730er-Jahren hatten westliche Kaufleute Handelsbeziehungen mit China geknüpft. Doch die Chinesen waren gegenüber den vor allem am Profit interessierten Westlern eher misstrauisch als interessiert. Erst mit dem Vertrag von Nanking von 1842 und der Abtretung der Insel Hongkong und vier Vertragshäfen auf dem Festland an Großbritannien – Schanghai, Ningbo, Fuzhou und Xiamen (auch als Amoy bekannt) – kam der Handel zwischen den Westlern und China richtig in Schwung. Nicht nur Tee, Gewürze, Porzellan und Seide, sondern auch zahlreiche neue Pflanzen kamen damals nach Europa und hier vor allem nach Großbritannien, der damals weltweit führenden Handelsmacht. Als einer der ersten Pflanzensammler sandte der britische Naturforscher John Reeves (1774–1856) Pflanzen und Samen aus dem chinesischen Kanton, wo er im Teegeschäft arbeitete, an die 1804 gegründete London Horticultural Society, die sich seit 1861 Royal Horticultural Society nennen durfte. Später schickte das Chinese Commitee der Horticultural Society einen Reisebotaniker eigens zum Zweck des Pflanzensammelns nach China, nämlich den Schotten Robert Fortune (1812–1880). Er reiste insgesamt vier Mal nach Ostasien und besuchte dabei außer China auch Formosa (heute: Taiwan) und Japan. Zu den zahlreichen von ihm aus Ostasien nach Europa eingeführten Pflanzen zählen neben vielen Gehölzarten auch Stauden wie das Tränende Herz (*Dicentra spectabilis*), die Großblütige Ballonblume (*Platycodon grandiflorus*), mehrere Chrysanthemenarten und natürlich die Japanische Herbst-Anemone (*Anemone hupehensis* var. *japonica*).

Pierre-Joseph Redouté: Darstellung von *Hosta ventricosa* („*Hemerocallis caerulea*").

Die Öffnung Japans

Eine enorme Auswirkung auf die Einführung neuer Pflanzenarten nach Europa im 19. Jahrhundert hatte zudem die Aufhebung der in der Edo-Zeit (1603–1867) praktizierten Abschottung Japans nach außen. Die Abschottung war eine Reaktion auf das aggressive Eindringen Portugals im 16. und 17. Jahrhundert und die Versuche christlicher Missionare, die japanische Kultur und Religion zu beeinflussen. In der Zeit der Abschottung durften Ausländer nicht nach Japan einreisen und Japaner ihre Heimat nicht längere Zeit verlassen. Auch der Handel war von dieser restriktiven Gesetzgebung betroffen. Erst durch die von Matthew Calbraith Perry 1853 erzwungene Öffnung des ostasiatischen Landes wurden neue Pflanzenarten plötzlich auch für Europäer verfügbar. Die japanischen Gewächse besaßen aufgrund ähnlicher klimatischer Verhältnisse in Japan und Europa den unschätzbaren Vorteil, dass sie sich gut für das west- und mitteleuropäische Klima eigneten.

Professionelle Pflanzenjäger

Im 19. Jahrhundert wurde es bei großen Gärtnereien üblich, professionelle Pflanzenjäger auf der Suche nach neuen botanischen Sensationen in die Ferne zu schicken. Von ihren Auftraggebern meist gut alimentiert, machten sich diese botanisch versierten Glücksritter auf, neue Pflanzenarten in entlegenen Weltregionen zu finden. Wenn ein Pflanzensammler große Mengen einer bereits in Europa eingeführten, aber seltenen Art oder deren Samen aus der Ferne in die Heimat schickte, konnte die Gärtnerei diese Exoten exklusiv zu einem erschwinglichen Preis anbieten und dabei enorme Gewinne einstreichen. Manchmal wurden nicht die Samen, sondern lebende Exemplare der neu entdeckten Pflanzen in die Heimat expediert. Nützlich dabei waren die sogenannten Ward'schen Kästen. Die aus Holz und Glas konstruierten Miniatur-Gewächshäuser garantierten den Pflanzen auf der oftmals rauen Reise nach Europa die bestmöglichen Überlebensbedingungen. In Europa angekommen, dienten die lebenden Gewächse dann als Mutterpflanzen, von denen Stecklinge, Ableger oder Samen zur weiteren Vermehrung gewonnen werden konnten.

Die Firma Veitch & Sons

Eine der im 19. Jahrhundert größten Gärtnereien Englands, wenn nicht die größte überhaupt, war die von Veitch & Sons. Die Firma mit Sitzen in London und Exeter sandte im Lauf ihrer Geschichte nicht weniger als 22 Pflanzenjäger aus, um für sich und ihre Kunden neue Pflanzenarten in Übersee zu finden. Zu den erfolgreichsten Pflanzenjägern dieser Firma gehörten die Brüder William (1809–1864) und Thomas Lobb (1817–1894). Ihnen verdanken wir beispielsweise die Einführung des Bergmammutbaums (*Sequoiadendron giganteum*) aus Kalifornien und der Malayenblume (*Phalaenopsis amabilis*) aus Südostasien, der Urahnin der heute weltweit beliebtesten Orchideenhybride. Auch der vorletzte der ausgesandten Pflanzenjäger, Ernest Wilson (1876–1930), machte sich in der Geschichte der Botanik einen Namen. Er fand im Auftrag von James Veitch & Sons in China den Taschentuch- oder Taubenbaum (*Davidia involucrata*) und nebenbei auch noch andere Pflanzenschätze wie die Königs-Lilie (*Lilium regale*) und den Zimt-Ahorn (*Acer griseum*). Diesen und anderen Pflanzenjägern und -sammlern, ihrer Neugierde, ihren botanischen Kenntnissen und ihrem Mut, diese

Darstellung eines Ward'schen Kastens zum Transport lebender Pflanzen.

körperlich und mental anstrengenden Expeditionen zu wagen, haben wir die Einführung einer Vielzahl wertvoller Gewächse und insbesondere Stauden zu verdanken. Viele von diesen Pflanzen sind inzwischen so lange in Kultur, dass man sie zweifellos als historisch bezeichnen kann.

Franz von Siebold

Der Arzt, Japan- und Naturforscher, Ethnologe, Botaniker und Sammler Philipp Franz Balthasar von Siebold (1796–1866) wirkte zwischen 1823 und 1829 als Stationsarzt in der niederländischen Faktorei auf der japanischen Insel Dejima in der Bucht von Nagasaki. In seiner Funktion als Arzt wurde er auch zu hochgestellten japanischen Patienten gerufen. Dies gab ihm die Möglichkeit, Bekanntschaften zu schließen sowie Informationen und Material zu sammeln. Im Jahr 1826 nahm Siebold als Faktoreiarzt an der alle vier Jahre stattfindenden, traditionellen Hofreise des Faktoreileiters in die Hauptstadt Edo teil. Diese „Hofreise" war für die wenigen auserwählten Europäer, die daran teilnehmen durften, die einzige Gelegenheit, das Landesinnere Japans kennen zu lernen. Da man in der Fracht, die Siebold bei seiner Heimreise 1828 mitführte, außer seiner Naturaliensammlung auch verbotene Landkarten und andere sensible Dinge fand, wurde er am 22. Oktober 1829 nach langen Verhandlungen auf Lebzeiten aus Japan verbannt. Nachdem er später als Japanforscher international berühmt geworden war, erlaubte die japanische Regierung ihm 1858 jedoch seine Wiedereinreise. Er studierte die Flora und Fauna Japans systematisch und legte eine gewaltige Sammlung an. Als er 1828 aus Japan abreiste, hatte er neben zahlreichen präparierten Tieren auch 800 lebende Exemplare von rund 500 Pflanzenarten sowie etwa 12.000 getrocknete Herbarbelege von rund 2000 Pflanzenarten im Gepäck. Über die 1839 zur deutsch-japanischen Völkerverständigung gegründete Siebold-Gesellschaft und Franz von Siebolds Akklimatisationsgarten im niederländischen Leiden gelangten viele bedeutende Gartenpflanzen nach Europa. Siebold lebte von 1859 bis 1862 nochmals in Japan, diesmal als Japan-Forscher und Berater der Regierung. Zahlreiche Tier- und Pflanzenarten wurden nach ihm benannt, darunter die Blaublatt-Funkie (*Hosta sieboldiana*), die Schmalblatt-Funkie (*H. sieboldii*) und die Siebold-Magnolie (*Magnolia sieboldii*).

Moderne Pflanzenjäger

Früher waren es reiche Mäzene, die Exkursionen zum Sammeln neuer Pflanzenarten ausstatteten. Auf der Suche nach botanischen Novitäten reisten wohlhabende Privatiers auch selbst um die Welt. Sie gingen enorme Risiken ein, kämpften sich durch unwegsames Gelände, wurden von Banditen ausgeraubt, von Piraten auf hoher See überfallen oder für feindliche Spione gehalten. Zudem brauchten sie ein nicht unerhebliches Geschick für politische Verhandlungen, um ihre Ziele zu erreichen. Glücklicherweise sind heutzutage selbst entlegenste Gebiete der Erde besser zugänglich als damals und noch immer entdeckt man dort interessante Wildarten. So werden etwa von den asiatischen Socken- oder Elfenblumen (*Epimedium*-Arten) immer noch neue Arten gefunden, die sowohl das Sortiment als auch die Züchtungsarbeit bereichern.

Die moderne Pflanzenjagd ist auch unter dem Aspekt des Klimawandels von großem Wert, denn viele über Jahrzehnte rein vegetativ vermehrte Sorten können sich nicht an die sich verändernden Bedingungen anpassen. Sie sind geschwächt, leiden unter Stress unterschiedlicher Art und einem „Ermüdungseffekt", der bei Pflanzen nach Jahrzehnten nichtgeschlechtlicher Vermehrung häufig zu beobachten ist. Dies betrifft insbesondere Arten mit einer ohnehin geringen Standortamplitude, so etwa die Phloxe der *Paniculata*-Gruppe. Ihnen machen häufiger werdende Frühjahrstrockenheit und immer heißere Sommer sehr zu schaffen. So sind wir beispielsweise froh, bei den Rudbeckien durch die Funde moderner Pflanzenjäger deutlich trockenheitsverträglichere Arten wie *R. missouriensis* und *R. subtomentosa* neu in die Sortimente bringen zu können. Die moderne „Pflanzenjagd" ist also durchaus sinn- und wertvoll und ermöglicht es, verbesserte Sorten zu züchten. Wir meinen allerdings damit die nachhaltige, auf Gesundheit, Vitalität und langjährigen Gartenwert zielende, seriöse Züchtungsarbeit. Leider gilt heute mehr denn je die unschöne Aussage „was geht, wird gemacht".

Auf diesen Aspekt gehen wir jedoch später noch genauer ein.

BERÜHMTE PIONIERE DER STAUDENZÜCHTUNG

Als im 19. Jahrhundert die Züchtung von Stauden begann, taten sich einige Gärtner als Pflanzenzüchter besonders hervor. Manche konzentrierten sich auf eine einzige Art, andere auf mehrere Gattungen. Hier stellen wir Ihnen einige der bedeutendsten Züchter von heute als historisch geltenden Stauden vor.

Georg Arends

Eine der ältesten Staudengärtnereien Deutschlands wurde 1888 von Georg Arends (1863–1952) in Ronsdorf (heute ein Stadtteil im Süden Wuppertals) gegründet. Schon der Vater von Georg Arends war Gärtner. Der Sohn, geboren in Essen, absolvierte seine Ausbildung unter anderem an der „Höheren Lehranstalt für Obst-, Wein- und Gartenbau" im hessischen Geisenheim am Rhein. Doch Georg Arends Liebe galt weder dem Wein- noch dem Obstanbau, sondern den Stauden. Zunächst arbeitete er im Botanischen Garten Breslau, dann in der Gärtnerei von Thomas S. Ware in Tottenham im Norden Londons. Bei Besuchen des Botanischen Gartens in Kew bei London erweiterte er seine Pflanzenkenntnisse und entwickelte eine Vorliebe für „Rockerys", also Steingärten mit Alpenpflanzen. Nach einem Intermezzo in Triest, wo er die Gärtnerei eines Opernsängers betreute, eröffnete er zusammen mit seinem Freund Ernst Pfeifer in Ronsdorf im rauen Klima des Bergischen Landes seine eigene Gärtnerei, in der es seit 1902 auch eine „Felspartie" gab, einen als Schaugarten für die Kunden angelegten Steingarten.
Das Ziel von Georg Arends war es, unter den erschwerten klimatischen Bedingungen des Bergischen Landes (viel Niederschlag und relativ niedrige Jahresdurchschnittstemperaturen) Pflanzen zu ziehen, die besonders winterhart sind. Zu seinen ersten Züchtungen gehörte die Immergrüne Schleifenblume (*Iberis sempervirens*) 'Weißer Zwerg' aus dem Jahr 1894. Es sollten im Lauf seines Lebens noch rund 350 weitere Sorten folgen, darunter die berühmt gewordenen Garten-Astilben (*Astilbe* x *arendsii*), auch bekannt als *Astilbe*-Arendsii-Hybriden, sowie Steinbrechsorten (*Saxifraga* x *arendsii*) und Sorten vom Arends Phlox (*Phlox* x *arendsii*), von denen die meisten verloren gegangen sind. Auf „Ronsdorfs blumiger Höh" entstanden zudem Züchtungen wie die Berg-Aster (*Aster amellus*) 'Schöne von Ronsdorf', eingeführt 1911, oder die Schopf-Fackellilie (*Kniphofia*-Hybride) 'Expreß' (eingeführt 1903). Die Gärtnerei wurde durch ihre Züchtungen schon Anfang des 20. Jahrhunderts weltberühmt, aber im Zweiten Weltkrieg fast völlig zerstört. Dabei gingen viele Staudensorten unwiederbringlich verloren. Nach dem Krieg baute Georg Arends den Betrieb wieder auf und nach seinem Tod wurde dieser von seinen Söhnen Werner (1896–1967) und Erich Arends (1894–1966) weitergeführt. Ab 1967 leitete Ursula Maubach-Arends die Firma und seit 1999 führt deren Tochter Anja Maubach das Unternehmen in vierter Generation.

Wohnhaus und Garten Karl Foersters in Bornim bei Potsdam.

Karl Foerster

Der Gärtner, Staudenzüchter, Gartenschriftsteller und Gartenphilosoph Karl Foerster (1874–1970) absolvierte seine Gärtnerlehre in der Schlossgärtnerei Schwerin. Zudem erhielt er eine Ausbildung an der Königlichen Gärtnerlehranstalt am Wildpark bei Potsdam. Nach seinen Lehr- und Wanderjahren gründete er 1903 auf dem elterlichen Grundbesitz in Berlin-Westend eine Gärtnerei, mit der er in den Jahren 1910 und 1911 nach Bornim bei Potsdam umsiedelte. Rund um sein Wohnhaus in Bornim legte er einen Garten an, der wegen des Senkgartens mit Wasserbassin, des Steingartens, des Herbstbeetes und des Frühlingswegs zu einem Mekka der Gartenfreunde wurde. Im Jahr 1934 gründete Foerster zusammen mit Hermann Mattern und Herta Hammerbacher die Arbeitsgemeinschaft „Gartengestaltung in Bornim". Zu DDR-Zeiten war der Betrieb eine der wenigen Staudengärtnereien des sozialistischen Landes. Nach Foersters Tod wurde die Firma enteignet, bestand aber als „Volkseigenes Gut Bornimer Staudenkulturen" fort. Nach der Wiedervereinigung führte Foersters Tochter Marianne den Betrieb weiter und gründete 1993 mit Wolfgang Härtel und Gerd Berthe die „Foerster Stauden GmbH", die bis heute besteht. Das Haus und der Garten Karl Foersters werden seit dem Tod Marianne Foersters im Jahr 2010 von der Deutschen Stiftung Denkmalschutz betreut. Der Garten steht Besuchern zur Besichtigung offen.

Viele Staudenzüchtungen Foersters sind nach dem Ersten Weltkrieg entstanden und gehören deshalb nach strenger Lesart (noch) nicht zu den historischen Stauden. Aber einige Sorten sind bereits mehr als hundert Jahre alt und bis heute geschätzte Gartenjuwelen. Dazu gehört etwa die Garten-Chrysantheme (*Chrysanthemum* x *cultorum*) 'Nebelrose'. Zudem schuf Karl Foerster ein breites Sortiment an Rittersporen (*Delphinium* x *cultorum*), Astern, Gräsern und Stauden-Phlox (*Phlox paniculata*), von denen viele Sorten bis heute im Handel sind. Insgesamt züchtete Karl Foerster rund 370 eigene Sorten. Geprägt durch seine humanistische Geisteshaltung war sein züchterisches Werk darauf ausgerichtet, das Charakteristikum und die innewohnenden Eigenschaften der jeweiligen Pflanzen hervorzuheben,

'Primevère' ist eine historische Sorte der Chinesischen Pfingstrose (*Paeonia lactiflora*) der Züchterfamilie Lemoine.

ohne ihr Wesen zu verändern. Die Schriften Karl Foersters haben hohe Auflagen erzielt und sind bis heute ein Quell der Erbauung und Inspiration für alle Gartenfreunde, so etwa die Werke „Winterharte Blütenstauden" von 1911 oder „Blauer Schatz der Gärten" von 1940. Geradezu programmatisch für seine Einstellung ist sein Buch „Es wird durchgeblüht", das 1968 erschien.

Goos & Koenemann

Eine der ersten deutschen Staudengärtnereien war Goos & Koenemann in Niederwalluf bei Wiesbaden. Gegründet wurde sie von Max Joseph Goos (1858–1917), der unter anderem als Volontär in den Königlichen Gärten in Hannover-Herrenhausen und anderen führenden europäischen Gärtnereien gearbeitet hatte, auch in englischen. Goos gründete seinen eigenen Betrieb im Jahr 1887. Er machte seinen Freund August Koenemann (1848–1910) im Gründungsjahr zum Teilhaber der Firma. Diese konzentrierte sich nicht nur auf Stauden wie Chinesische Pfingstrosen (*Paeonia lactiflora*), Stauden-Phlox (*Phlox paniculata*), Rittersporn (*Delphinium* x *cultorum*) und Schwertlilien (*Iris*), sondern wurde auch bekannt für ihre Waldreben (*Clematis*) und zahlreiche Obstsorten.

Schon bald erlangte die Firma Weltruf. Im Jahr 1910 brachte sie erste eigene Sorten der Chinesischen Pfingstrose auf den Markt. Im selben Jahr starb August Koenemann, sein Partner Goos im Jahr 1917. Dessen Sohn Dr. Hermann Goos führte die Firma mithilfe des Geschäftsführers Friedrich Bücher weiter. Nachdem Hermann Goos 1933 starb, rettete Friedrich Bücher die Firma über den Zweiten Weltkrieg. Nach seinem Tod im Jahr 1951 ging die traditionsreiche Firma durch Verkauf in der Erfurter Samenzucht auf. Zu den bekanntesten, bis heute im Handel erhältlichen Züchtungen von Goos & Koenemann gehört zweifellos der im Jahr 1900 eingeführte Stauden-Phlox 'Le Mahdi'. Auch zahlreiche der insgesamt 94 eigenen Iriszüchtungen der Firma sind zu Klassikern geworden, darunter 'Loreley' (eingeführt 1909) und 'Lohengrin' (eingeführt 1910).

Nicolas Lémon

Der Franzose Nicolas Lémon (1784–1836) gründete im Jahr 1815 eine Gärtnerei in Belleville nahe Paris. Er widmete sich, noch ohne Kenntnis der Vererbungslehre (Gregor Mendel veröffentlichte seine Theorie der Vererbung erst im Jahr 1866), der Pflanzenzüchtung durch Aussaat. Die Bestäubung überließ er den Bienen und damit dem Zufall. Aus seiner Gärtnerei gingen zahlreiche Sorten von Stauden-Phlox (*Phlox paniculata*), Schwertlilien (*Iris*), Geranien (*Pelargonium*) und Chinesischen Pfingstrosen (*Paeonia lactiflora*) hervor. Am bekanntesten ist wohl die bis heute im Handel erhältliche, von ihm 1824 eingeführte Pfingstrose 'Edulis Superba'. Nach Nicolas Lémons Tod führte sein Sohn Jean-Nicolas Lémon (1817–1895) die Gärtnerei weiter und konzentrierte sich auf die Zucht von Schwertlilien. Die von ihm 1844 eingeführte hohe Bart-Iris 'Mme Chéreau', eine blau-weiße Plicata-Sorte, ist ein heute noch erhältlicher Klassiker.

Victor Lemoine

Der französische Pflanzenzüchter Victor Lemoine (1823–1911) entstammte einer Familie, die seit mehreren Generationen Gärtner und Pflanzenzüchter hervorgebracht hatte. Nach seiner Schulzeit arbeitete er zunächst einige Jahre in verschiedenen führenden europäischen Betrieben für Pflanzenzucht, unter anderem beim Botaniker, Pflanzensammler und Baumschulbesitzer Louis van Houtte (1810–1876) im belgischen Gent. Im Jahr 1849 gründete Lemoine in Nancy seine eigene Gärtnerei, die später von seinem Sohn Émile Lemoine (1862–1942) und seinem Enkel Henri Lemoine (1897–1982) fortgeführt wurde. Die Gärtnerei existierte bis zum Jahr 1955. Berühmt ist sie bis heute vor allem für ihre Fliederzüchtungen (*Syringa*). Ab dem Jahr 1870 entstanden dort mehr als 200 eigene Sorten dieser Gattung.

Weitere Züchtungsschwerpunkte der Firma Lemoine waren Pfeifensträucher (*Philadelphus*), Begonien (*Begonia*), Chinesische Pfingstrosen (*Paeonia lactiflora*), Stauden-Phlox (*Phlox paniculata*), Rittersporn (*Delphinium* x *cultorum*) und zahlreiche Sorten der Fuchsie (*Fuchsia*). Die Firma Lemoine prägte, zusammen mit dem Engländer James Lye, die Fuchsienzüchtung im 19. Jahrhundert. Lemoine brachte über 250 eigene Sorten dieser Gattung in den Handel. Vom Fingerkraut (*Potentilla* x *cultorum*) führte Lemoine 1854 die erste gefüllt blühende Sorte ein: 'Gloire de Nancy', ein Klassiker, der bis heute im Handel ist. Von den zahlreichen von Lemoine eingeführten Stauden-Pfingstrosen sind ebenfalls einige bis heute im Handel erhältlich, darunter Klassiker wie 'Sarah Bernhardt' (eingeführt 1906), 'Solange' und 'Primevère' (beide eingeführt 1907).

Die Gärtnerdynastie Pfitzer

Die Dynastie der Pfitzers umfasst vier Wilhelms. Sie begann mit dem „Ehrenwerten Hofgürtler" Wilhelm I. Pfitzer Ende des 18. Jahrhunderts, der sich in seinem Stuttgarter Garten privat dem Obst- und Gartenbau widmete. Sein Sohn Wilhelm II. Pfitzer (1821–1905) absolvierte eine Gärtnerlehre und gründete 1844 eine „Kunst- und Handelsgärtnerei" auf dem elterlichen Grundstück. Sein Sohn Wilhelm III. Pfitzer (1854–1921) führte die Firma fort und siedelte sie 1910 in dem Stuttgart nahen Fellbach an, nachdem das alte Betriebsgelände als Bauland verkauft worden war. Nach seinem Tod übernahmen dessen drei Söhne, Paul, Wilhelm IV. und Rudolf, die Geschäftsleitung. An die Erfolgsgeschichte der Gärtnerei, die bis weit in die 1930er-Jahre Weltgeltung hatte, konnte nach dem Zweiten Weltkrieg nicht mehr angeknüpft werden.

Der Gärtnerei Pfitzer haben wir zahlreiche schöne Stauden zu verdanken, darunter seit 1861 allein 513 eigene Sorten des Stauden-Phloxes (*Phlox paniculata*). Die Pfitzers züchteten zudem andere Stauden wie Rittersporn (*Delphinium* x *cultorum*) oder Hupeh-Herbst-Anemonen (*Anemone hupehensis* var. *hupehensis*) sowie Zwiebel- und Knollenpflanzen, außerdem Einjährige wie Geranien (*Pelargonium*-Zonale-Hybriden). In der Zeit zwischen 1844 und 1944 führte die Firma Pfitzer insgesamt über 4700 eigene Pflanzenzüchtungen in den Handel ein. Zu den bekanntesten Züchtungen zählt zweifellos die bis heute im Handel erhältliche, im Jahr 1898 eingeführte Japan-Herbst-Anemone 'Königin Charlotte'. Diese halbgefüllte, violettrosa blühende Sorte wurde 1898 eingeführt und ist bis heute erhältlich. In

Die historische Bart-Iris (*Iris* Barbata-Elatior) 'Mme Chéreau'.

manchen Staudensortimenten wird sie auch unter dem Namen 'Königin Charlotte von Württemberg' geführt. Benannt wurde diese schöne Anemone nach Charlotte, geborene Prinzessin zu Schaumburg-Lippe, die von 1891 bis 1918 die letzte Königin von Württemberg war. Sie starb als längstüberlebende deutsche Königin im Jahr 1946 im Alter von 81 Jahren. Viele der zahlreichen Pfitzer-Züchtungen wurden national und international mit Preisen gewürdigt. Manche dieser Sorten sind noch heute im Handel zu finden, andere sind im Lauf der Jahre unwiederbringlich verloren gegangen oder führen vielleicht ein verborgenes Leben in irgendwelchen verwunschenen alten Gärten.

Bildnis Pierre Philippe André Levêque de Vilmorins (1776-1862). Der Botaniker und Geschäftsmann war der älteste Sohn Philippe Victoire Levêque de Vilmorins.

Die Firma Vilmorin-Andrieux

Im Jahr 1743 eröffnete Madame Claude Geoffroy eine Samenhandlung in Paris, aus der später einmal einer der größten Saatgutproduzenten der Welt erwachsen sollte. Doch zunächst heiratete die Madame im Jahr 1745 Pierre Andrieux (1713–1779), der mit in das Geschäft eintrat und 1766 den ersten Katalog drucken ließ. Die Tochter des Ehepaares, Jeanne Marie Adélaïde Andrieux (1756–1836) heiratete 1774 den botanisch versierten und geschäftstüchtigen Philippe Victoire Lêvêque de Vilmorin (1746–1804). Er übernahm die Firma seines Schwiegervaters noch zu dessen Lebzeiten und nannte sie nach dessen Tod im Jahr 1780 Vilmorin-Andrieux. Nachdem die Firma von mehreren Generationen weitergeführt wurde, erschien im Jahr 1863 erstmals die beliebte Firmenzeitschrift „Les fleurs de pleine terre“, die ab 1773 in einer deutschen Bearbeitung als „Vilmorin's illustrirte Blumengärtnerei“ aufgelegt wurde. Dieses Magazin ist für uns heutzutage immer noch ein erhellender Quell bezüglich damals gängiger Pflanzenmoden und botanischer Neueinführungen.

Doch nicht nur mit Sämereien und ihren Publikationen wurde die Firma Vilmorin weltberühmt, sondern auch mit eigenen Züchtungen, etwa von Schwertlilien (*Iris*). Eine erhaltene Iriszüchtung von Vilmorin ist 'Caprice' aus dem Jahr 1898. Ab 1905 wurden Neuheiten auf großen Blumenausstellungen präsentiert. Zu den bekanntesten Schwertlilien aus dem Hause Vilmorin zählen 'Alcazar' und 'Eldorado' (beide eingeführt 1910), 'Archevêque' (eingeführt 1911) und 'Opéra' (eingeführt 1916). Ab den 1930er-Jahren zogen sich nach und nach alle Familienmitglieder aus der Firma zurück, zuletzt 1972 Edmond de Vilmorin. Im Jahr 1986 wurde aus dem Familienunternehmen Vilmorin-Andrieux der heute international tätige Saatgutkonzern Vilmorin & Cie, der nach eigenen Angaben als viertgrößter Saatgutproduzent der Welt gilt und heute zum französischen Agrar-Konzern Limagrain gehört.

HISTORISCHE STAUDEN ALS SCHNITTBLUMEN

Stauden werden seit jeher nicht nur für die Beetgestaltung genutzt. Bevor klimatisierte Riesenlastwagen damit begannen, vor den Blumenläden ihre Treibhausware aus aller Welt auszuladen, wurden auch hierzulande Stauden, darunter viele heute historische Sorten, als Schnittblumen kommerziell angebaut.

Die Bedeutung, die Schnittblumen früher hatten, darf nicht unterschätzt werden. Wir können es uns heute kaum noch vorstellen, wie kostbar bunte Blüten waren. Heutzutage stehen uns ganzjährig nahezu alle Arten und Sorten von Blumen zur Verfügung. Was bei uns nicht gedeiht, sei es weil gerade die falsche Jahreszeit oder das Klima generell ungeeignet ist, das kommt aus beheizten Gewächshäusern hierzulande oder per Luftfracht aus fernen Ländern wie Kenia, Ecuador, Kolumbien, Israel oder Thailand. Selbst Orchideen, früher ein Symbol für Luxus und Eleganz, sind aufgrund der heute verfügbaren Ressourcen und moderner Vermehrungstechniken zur preiswerten, immer verfügbaren Supermarktware für jedermann geworden.

Stauden wurden in der Vergangenheit auch als kommerziell verwendbare Schnittblumen gezüchtet. Wichtig war nicht nur die Schönheit der Blüten, sondern zudem deren Haltbarkeit und Transportfähigkeit, ihre Verwendung als Bindematerial für Sträuße und Kränze („Kranzblumen") und nicht zuletzt ihre Bestimmung als Knopflochblumen. Denn der elegante Herr von Welt pflegte sich einst eine frische Blüte ans Revers zu stecken, um die Aufmerksamkeit der Damenwelt auf sich zu lenken. Zu den beliebtesten Knopflochblumen zählten im 19. Jahrhundert Nelken und Veilchen. Andere Blütenstauden wie Pfingstrosen, Schleierkraut, Astern, Chrysanthemen und Trollblumen wurden als Schnittblumen massenweise von darauf spezialisierten Gärtnereien produziert.

Eine große Rolle spielte im 19. und frühen 20. Jahrhundert die Anzucht von Maiglöckchen unter Glas, um die duftenden Blüten dieser Rhizomstaude ganzjährig verfügbar zu machen. Einige Betriebe in Norddeutschland hatten sich auf die Produktion von Maiglöckchenblüten spezialisiert. Erst der Zweite Weltkrieg brachte diese Industrie, die einst in die ganze Welt exportierte, zum Erliegen. Auch Veilchen wurden damals in der als Treiberei bekannten Anzuchtmethode kultiviert. Man hätschelte die Pflanzen in beheizten Gewächshäusern, um die Pflanzen in Jahreszeiten, in denen sie normalerweise nicht blühen, dennoch zur Blüte zu bringen. Die frischen Blüten wurden dann für gutes Geld vermarktet.

Heutzutage spielt die kommerzielle Produktion von Schnittblumen in Deutschland kaum noch eine Rolle. Wer aber im eigenen Garten Platz genug hat, sollte immer ein paar Beetreihen für Schnittstauden reservieren, denn wo bekommt man heute noch frische Blüten von historischen Phlox- oder Pfingstrosensorten zu kaufen? Und frisch geschnitten vom Beet gleich in die Blumenvase gestellt halten die schönen Blüten besonders lange.

GEFÜLLT, PANASCHIERT, BUNTLAUBIG – LAUNEN DER NATUR

Pflanzen mit halb oder dicht gefüllten Blüten und solche, deren Laubblätter eine andere Farbe als bei der reinen Art haben, waren seit jeher für viele Gartenfreunde besonders interessant. Bei manchen Stauden gibt es diese Formen schon so lange, dass man sie als historisch bezeichnen kann.

Über Jahrhunderte haben Gartenfreunde nach Pflanzen Ausschau gehalten, die sich vom Gewohnten unterscheiden. Manchmal handelt es sich bei diesen besonderen Formen um Zufallsmutationen, manchmal aber auch um das Ergebnis einer gezielten Züchtung oder Auslese. Insbesondere im 19. Jahrhundert entstanden viele gefüllt blühende oder buntlaubige Staudensorten, von denen einige bis heute im Handel erhältlich sind. Wie auch immer diese „Sonderformen“ entstanden sind: Sie sind bei Pflanzensammlern äußerst beliebt und bieten die Möglichkeit für außergewöhnliche Gestaltungen. So sorgen Stauden mit weißbunt panaschierten Blättern beispielsweise für helle Blickfänge in dunklen Gartenbereichen und solche mit gelbem oder rötlichem Laub für spannende Kontraste mit grünlaubigen Pflanzpartnern.

Was bedeutet „gefüllt“?

Pflanzen mit halb oder dicht gefüllten Blüten treten durch Mutation in der Natur immer wieder auf. Von gefüllten Blüten spricht man, wenn bei einer Blüte die Staub- oder Fruchtblätter zu zahlreichen Kronblättern (Blütenblättern) umgebildet sind. Bei dicht gefüllten Blüten sieht man keine Staubgefäße mehr. Die Blüten können daher nicht von Insekten bestäubt werden und sind in der Regel steril. Bei halbgefüllten Blüten ist nur ein Teil der Staub- oder Fruchtblätter zu Kronblättern umgebildet. Die Staubgefäße halb gefüllter Sorten sind noch sichtbar und werden von Insekten auf der Suche nach Nektar besucht. Aus ökologischer Sicht bieten Gefülltblüher nur wenig oder keine Nahrung für heimische Insekten. Aber wir betrachten diese Pflanzen, die teilweise über Jahrhunderte in menschlicher Obhut waren, als wertvolles Kulturgut, das nicht verloren gehen darf. In einem üppig bepflanzten Garten ist der Tisch für Insekten auch so reich gedeckt.

Historische Stauden mit gefüllten Blüten

Bei manchen historischen Stauden sind die gefüllten Sorten so verbreitet, dass man die einfach blühende, ursprüngliche Art kaum noch kennt. So wird etwa bei der Bauern-Pfingstrose (*Paeonia officinalis*) fast nur noch die gefüllte, rote Sorte 'Plena', nicht aber die ungefüllte Stammform gepflanzt. Andere historische Staudensorten mit gefüllten Blüten sind beliebte Kostbarkeiten, wie die weiß blühende, gefüllte Sorte 'Alba Plena' der Nachtviole (*Hesperis matronalis*) – übrigens ein echter Klassiker – oder die bereits im 16. Jahrhundert bekannte, gefüllte Sorte 'Pleniflorus' des Eisenhutblättrigen Hahnenfußes (*Ranunculus aconitifolius*).

Grünes und buntes Laub

Das grüne Laub der Pflanzen erfüllt eine wichtige Funktion: Durch das grüne Chlorophyll gelingt es den Pflanzen, Photosynthese zu betreiben, also die Energie des Sonnenlichts in Nahrungsenergie umzuwandeln. Das Chlorophyll ist zwar lebensnotwendig für alle Pflanzen, aber es ist nicht der einzige in den Blättern enthaltene Farbstoff. Das können wir im Frühjahr und im Herbst sehen. Bevor die Produktion von Chlorophyll bei Beginn der Vegetationsperiode einsetzt, zeigen die jungen Triebe und Blätter oft eine Farbpalette, die von Gelb über Bronze bis hin zu Rosa- und Rottönen reicht. So haben etwa die jungen Triebe von Pfingstrosen (*Paeonia*) im Frühjahr eine intensive rotviolette Tönung, ebenso die vieler Stauden-Phloxe (*Phlox paniculata*). Im Herbst, wenn die Chlorophyllbildung vor dem Beginn der Vegetationspause zum Stillstand kommt, zeigen die Blätter vieler Gewächse leuchtende Rot-, Gelb- und Orangetöne. Bei manchen Pflanzen sind die Laubblätter die ganze Vegetationsperiode über nicht grün, sondern gelb, bronzefarben, purpurrot der sogar zweifarbig gemustert.

Historische Stauden mit buntem Laub

So etwa bei der purpurlaubigen Sorte 'Purpurascens' des Echten Salbeis (*Salvia officinalis*) oder bei der gelblaubigen Sorte 'Aureum' des Mutterkrauts (*Tanacetum parthenium*). Das Chlorophyll ist hier zwar im Blatt vorhanden, wird aber von anderen Pigmenten überlagert, sodass ein andersfarbiger Eindruck entsteht. Bei panaschierten, also weiß- oder gelbbunt gemusterten Blättern, fehlt an einigen Stellen das Blattgrün und lässt die entsprechende Blattpartie weiß, gelb oder cremefarben aussehen. Schöne Beispiele sind die gelbbunt panaschierte Sorte 'Sunningdale Variegated' der Großen Sterndolde (*Astrantia major*), die cremefarben panaschierte Sorte 'Variegata' des Großen Immergrüns (*Vinca major*) oder die im Jahr 1834 eingeführte Sorte 'Kwanso Variegata' der Braunroten Taglilie (*Hemerocallis fulva*), die zudem gefüllte Blüten hat. Auch die historische Sorte 'Striata' (Syn. 'Albolineata' bzw. 'Variegata') des Maiglöckchens (*Convallaria majalis*) bezaubert mit gelb-grün gestreiftem Laub. Lange Zeit galten Staudensorten mit panaschiertem Laub als altmodisch und prätentiös. Inzwischen erfreuen sie sich wieder zunehmender Beliebtheit, ebenso wie Sorten mit purpurfarbenen oder gelben Laubblättern. Doch wie bei allem Besonderen gilt auch hier: Nur wenn man es nicht übertreibt, tritt die erhoffte Wirkung ein!

Die gefüllt blühende Taglilie 'Kwanso Variegata' hat panaschiertes Laub.

Die Blätter von *Salvia officinalis* 'Purpurascens' sind ebenso aromatisch wie die der grünlaubigen Sorten.

GEFÜLLT BLÜHENDE STAUDEN

An dieser Stelle möchten wir Ihnen einige gefüllt blühende, historische Pflanzenschätze kurz vorstellen, die nicht im Porträtteil berücksichtigt werden konnten.

▼ Sumpf-Dotterblume
Caltha palustris 'Multiplex'

Die gefüllte Form der Sumpf-Dotterblume (Syn. *Caltha palustris* var. *flore pleno*) hat nierenförmige, dunkelgrüne Blätter und im April und Mai gefüllte, dottergelbe, bis 5 cm breite Blüten. Nach dem Rückschnitt der verblühten Triebe ist sie remontierend. Wie die meisten Gefülltblüher hat auch diese Form der Sumpf-Dotterblume eine wesentlich längere Blütezeit als die Wildform.

▲ Kriechender Hahnenfuß
Ranunculus repens 'Pleniflorus'

Die gefüllte Form des Kriechenden Hahnenfußes (Syn. *Ranunculus repens* var. *flore pleno*) wird im Volksmund auch Goldknöpfchen genannt. Ihre erste Erwähnung findet sich im „New Kreütter Buch" von Hieronymus Bock im Jahr 1539, der mitteilte, sie sei „ein Jungfraw blum zu den Kräntzen". Die Staude trägt von Mai bis Juli goldgelbe, dicht gefüllte Blüten.

▼ Blutwurzel
Sanguinaria canadensis 'Multiplex'

Diese Rarität aus dem östlichen Nordamerika, deren Stammform bereits seit 1680 in Europa bekannt ist, hat strahlend weiße, dicht gefüllte Blüten. Sie erscheinen zeitgleich mit den gelappten, blaugrünen Blättern im April/Mai. Die Laubblätter ziehen zum Sommer hin bereits wieder ein.

▼ Schlitzblättriger Sonnenhut
Rudbeckia laciniata 'Goldball'

Die vom Volksmund auch Langer Heinrich genannte, einfach blühende Form der Staude aus Nordamerika kam schon um das Jahr 1620 nach Paris. Die gefüllte Form eroberte unter dem Namen 'Goldball' die Gärten der Welt. Die bis 200 cm hoch wachsende Sorte hat goldgelbe, gefüllte Blüten und blüht von August bis Oktober.

PANASCHIERTE SORTEN

Auch bei den panaschierten Sorten gibt es historische Vertreter, die wir aus Platzgründen nicht im Porträtteil erwähnen konnten. Deshalb stellen wir hier kurz einige schöne Beispiele vor.

▼ Geißfuß, Giersch
Aegopodium podagraria 'Variegata'

Beim Namen Giersch zucken die meisten Gärtner zusammen. Warum soll man sich ein solch garstiges Unkraut in den Garten holen? Doch die weißbunte Sorte 'Variegata' wuchert weit weniger als die Stammform. Der bis maximal 30 cm hoch wachsende Doldenblütler eignet sich als Bodendecker unter Gehölzen und blüht von Mai bis Juli.

▼ Kaukasische Gänsekresse
Arabis caucasica 'Variegata'

Die Art wurde kurz nach 1800 im Kaukasus entdeckt. Eine gefüllt blühende Form ('Plena') entstand 1897 in Frankreich. Bereits im Jahr 1862 wurde die Sorte 'Variegata' mit weiß geränderten Blättern eingeführt. Die Matten bildende, 10–15 cm hohe Staude zeigt im April/Mai reinweiße Blüten. Sie eignet sich für Weg- und Beeteinfassungen, aber auch für die Bepflanzung von Steingärten und Mauerkronen.

▲ Aronstab
Arum italicum subsp. *italicum* 'Pictum'

Die auch unter dem Sortennamen 'Marmoratum' in Handel erhältliche Blattschmuckstaude hat dunkelgrüne, hell geaderte, pfeilförmige Blätter, die im Spätherbst austreiben und zum Sommer wieder einziehen. Auf die von April bis Juni erscheinenden, kolbenförmigen, von einem Hüllblatt umgebenen Blütenstände folgen leuchtend rote, giftige Beerenfrüchte. Die Staude wird bis 35 cm hoch und braucht einen halbschattigen Standort in humosem Boden.

▲ Rundblättrige Minze, Ananas-Minze
Mentha suaveolens 'Variegata'

Diese auch unter dem Synonym *Mentha* x *rotundifolia* 'Variegata' bekannte, historische Minze hat attraktive, weiß gezeichnete, runzelige Blätter, die beim Zerreiben ein herb-zitroniges Aroma verströmen. Sie wurde früher in England für Beeteinfassungen verwendet. Die bis 60 cm hohe, spät austreibende Blattschmuckstaude blüht im Juli und August.

STAUDENZÜCHTUNG EINST UND JETZT

Die große Vielfalt an Gartenpflanzen, und insbesondere an Stauden, die uns heute zur Verfügung steht, verdankt ihre Entstehung dem Streben des Menschen nach Schönem und Nützlichem. Kaum zu glauben, welch wundervolle Sorten züchterischer Fleiß im Lauf der Zeit hervorbringen konnte!

Fotoporträt Gregor Mendels.

Schon vor rund 10 000 Jahren begannen Menschen die Erkenntnis zu nutzen, dass bestimmte Merkmale der Pflanzen von einer Generation auf die nächste weitergegeben werden. Mittels Beobachtung und Erfahrung wurden Pflanzen auf erwünschte Eigenschaften hin ausgelesen und weiter vermehrt. So entstanden die ersten ertragreichen Kulturpflanzen. Das Interesse an Zierpflanzen und der Züchtungsarbeit an ihnen begann natürlich wesentlich später und zunächst ohne kommerzielles Interesse. Der deutsche Theologe und Naturforscher Christian Konrad Sprengel (1750–1816) machte 1793 seine Entdeckung publik, dass die Übertragung von Pollen auf die Narbe einer Blüte für die Frucht- und Samenbildung notwendig ist. Diese Erkenntnis konnte von da an für die manuelle Bestäubung genutzt werden. Zur gezielten Züchtung von Pflanzen sollte es aber noch einige Jahre dauern.

Der katholische Ordenspriester, Naturforscher und „Vater der Genetik“, Gregor Mendel (1822–1884), publizierte 1866 erstmals seine Regeln zur Vererbungslehre, die er anhand von Kreuzungsversuchen mit Erbsen aufgestellt hatte.

Seine Vererbungslehre ermöglichte schließlich die geplante und zielgerichtete Pflanzenzüchtung. Hinzu kam die gärtnerische Inobhutnahme vieler natürlich entstandener Mutationen, die als besonders attraktiv empfunden wurden. Solche „Irrtümer der Natur“ hätten in der freien Wildbahn keine Chance gehabt, zu überdauern. In menschlicher Obhut entwickelten sie sich aber zu beliebten Zierpflanzen.

Mit dem Entstehen der ersten Staudengärtnereien im 19. Jahrhundert wurde die Züchtung zunehmend professionalisiert. Triebfeder war die Verbesserung und Erweiterung der Sortenvielfalt und der Gartenwert der Pflanzen. Dieser Ehrgeiz zielte auch auf verbesserte Verkaufschancen für die neuen Sorten ab. Diese waren vorgegeben durch die Vermehrbarkeit des jeweiligen Mutterpflanzenbestands und den potenziellen Kundenstamm im regionalen Umfeld. Denn gekauft wurde damals meist „vor Ort“. Das waren natürlich völlig andere Verhältnisse, als wir sie heute durch die modernen Vermehrungsmethoden, die globale Infrastruktur und die Digitalisierung des Alltags kennen, wo man per Internet fast alles jederzeit überall per Postlieferung bestellen kann.

Faktoren wie Marken- und Patentrechte, der Sortenschutz und mittlerweile auch die Gentechnik haben die Welt des Züchtens und Handelns mit Pflanzen vollkommen verändert. Heute sind ganz andere, an die moderne Situation und die Gesetze des Marktes angepasste Qualitätskriterien das Ziel der kommerziellen Züchtung. Denn es ist ein neuer, lukrativer Markt entstanden: die industrielle Massenproduktion von Zierpflanzen. Die traditionelle, Zeit und Geduld erfordernde Züchtungsarbeit, wie sie einst beispielsweise in Staudengärtnereien praktiziert wurde, ist – man muss es leider so deutlich sagen – durch diese Entwicklung praktisch zum Erliegen gekommen.

Die Flut von Neuheiten nimmt auch bei den Stauden Jahr für Jahr zu und selbst kundige Fachleute können längst nicht mehr überblicken, welche davon wirklich von Wert sind. Das Renommee eines seriösen Fachbetriebs und das Vertrauen der Kunden in diesen hängen aber entscheidend von der Glaubwürdigkeit einer Pflanzempfehlung beim Kauf ab. Mittlerweile verschwinden die meisten Neueinführungen jedoch so schnell, wie sie kamen – und das völlig zu Recht. Dies ist eine schlimme Entwicklung, insbesondere für Fachgärtnereien und die von ihnen angestrebte Seriosität und Kundenbindung. Der Druck auf die Fachbetriebe, die von Mitbewerbern und in allen gängigen Medien beworbenen Neuheiten anzubieten, ist fatal. Als Händler, der man ja auch ist, kann man sich diesem Druck kaum widersetzen. Denn im digitalen Zeitalter wandern Kunden schnell ab, wenn sie nicht das bekommen, was sie wünschen. Fachbetriebe werden so zu unfreiwilligen Förderern dieser Entwicklung. Doch bei den Kunden kommt nach dem „Hype“ oft die Enttäuschung über die schlechte Qualität der erworbenen Neueinführungen. Und enttäuschte Kunden wenden sich frustriert ab. Manch einem vergeht sogar gänzlich die Lust am Gärtnern, wie man an den immer häufiger angelegten, pflanzenfreien und nur bedingt ästhetischen Steinschüttflächen in Vorgärten sehen kann.

Im Interesse eines nachhaltigen und Vertrauen verdienenden Angebots sollten wir Staudenneuheiten unbedingt einer skeptischen Prüfung unterziehen. Und die braucht nun einmal auch heutzutage ihre Zeit. Nur wenn es gelingt, eine nachhaltige Kontrolle durchzusetzen, werden Fachgärtnereien den Vertrauensbonus ihrer Kunden nicht riskieren. Und nur mit Konsequenz wird sich auf Dauer das überbordende Angebot regulieren lassen und sich industrielle, auf kurzfristigen Profit ausgerichtete Züchtungsarbeit zumindest ansatzweise eindämmen lassen. Die seinerzeit von Karl Foerster initiierte Staudensichtung war und ist ein wichtiges Instrument, das jedoch der ständig wachsenden Flut von Neuheiten inzwischen kaum mehr gewachsen ist.

Eine mit Stauden bepflanzte Rabatte im Sichtungsgarten Hermannshof in Weinheim.

MODERNE PFLANZENVERMEHRUNG UND -VERMARKTUNG

Die Pflanzenvermehrung geschieht zunehmend in industrialisierter Form. Was dem einen ein Segen ist, das erscheint dem anderen wie ein Fluch. Zwar werden Stauden durch die Massenvermehrung preiswert. Die Wertigkeit der einzelnen Pflanze leidet dabei aber genauso wie der Ruf seriöser Staudengärtnereien.

Die Methoden moderner Pflanzenvermehrung eröffnen völlig neue Möglichkeiten. Heutzutage können innerhalb eines Jahres praktisch beliebig viele genetisch identische Pflanzen produziert werden. Früher geschah die Vermehrung ausschließlich mit vorhandenen Mutterpflanzen in geduldiger, fachkundiger Handarbeit. Dies ermöglichte naturgemäß die Kultivierung nur einer begrenzten Anzahl neuer Jungpflanzen pro Gärtnerei. Heute wird das, zumindest in der industriellen Massenproduktion, völlig anders gehandhabt. Denn im Unterschied zu den traditionellen Verfahren sind die modernen Methoden der Pflanzenvermehrung höchst effektiv – und vor allem schnell.

Wurden Pflanzen früher auf traditionelle Weise vermehrt, also entweder ausgesät oder durch Teilung, Stecklinge, Ableger oder Wurzelschnittlinge, geschieht das in der modernen, industrialisierten Pflanzenproduktion heutzutage unter anderem „in vitro“, also im Glas. Das Zauberwort heißt Meristemvermehrung und ist eine Methode, mithilfe pflanzlicher Gewebekulturen eine große Anzahl genetisch mit der Mutterpflanze identischer Klone zu produzieren. Dazu werden die Zellen eines winzigen, kaum 0,1 mm großen Stücks pflanzlichen Gewebes in einer sterilen Umgebung auf einem optimierten Nährmedium unter Zugabe von Pflanzenhormonen und Licht dazu angeregt, sich zu vermehren. Dieser Zellklumpen bildet später Wurzeln und Blätter aus und wird dann in Substrat (Blumenerde) eingetopft. Diese Jungpflanze ist praktisch identisch mit der Pflanze, von der die Zellen entnommen wurden. Unter diesen Umständen von „Mutterpflanze“ zu sprechen, wäre jedoch euphemistisch. Dennoch hat die Meristemvermehrung auch ihre Berechtigung. Bei einigen Pflanzen ist sie die einzige Möglichkeit, Jungpflanzen zu erzeugen, die frei von Viren und Bakterien sind. Insofern ist sie nicht per se zu verurteilen. Allerdings dient sie heutzutage vor allem der industriellen Pflanzenvermehrung und somit rein kommerziellen Interessen.

Die Folge dieser Entwicklung ist, dass neue Pflanzen gezüchtet und anschließend ohne ausgiebige Prüfung auf Winterhärte, Langlebigkeit und andere Qualitätskriterien (wir nennen das „Sichtung“) rasch und in großer Stückzahl auf den Markt gebracht werden können. Mit gärtnerischer Berufsehre und Freude an einer Sortimentsbereicherung hat das nichts mehr zu tun.

Diese Art der Pflanzenvermehrung und -vermarktung bedient lediglich kurzfristiges Profitinteresse ohne das Streben nach Wertigkeit der Pflanzen. Man setzt dabei auf marktgängige Attraktivität und eine fragwürdige Vitalität. Die Pflanzen sind kurzlebig und werden zur Wegwerfware degradiert. Solange beim Kunden der angestrebte Kaufreiz durch entsprechend manipulative Werbung ausgelöst werden kann, gilt die Devise: „Was geht,

Verkaufshäuschen im Kundenbereich der Staudengärtnerei Gaißmayer in Illertissen.

wird gemacht.“ Produziert werden gigantische Stückzahlen in optimierten, standardisierten Substraten und Nährstoffcocktails, die dann optisch ansprechend und in voller Blüte (neudeutsch würde man sagen: „just in time“) an Großabnehmer wie Baumärkte, Gartencenter und ähnliche „Verteiler“ ausgeliefert werden.

Mit diesen industriellen Methoden herangezogene Pflanzen können sich in normaler Gartenerde kaum etablieren, weil sie sich durch ihre „Optimierung“ in den Pflanzenfabriken nicht auf Freilandverhältnisse umstellen können und spätestens im nächsten Winter eingehen. Die fatale Folge ist, dass fachfremde Käufer „lernen“, dass die Pflanzen trotz der Deklarierung als „winterhart“ und „mehrjährig“ bald wieder aus den Beeten verschwinden. Statt zu reklamieren und gewisse Qualitätsstandards einzufordern, wird einfach neu gekauft. So profitieren die Akteure gleich doppelt und dreifach von dieser Entwicklung. Durch die Aktivitäten der modernen, industrialisierten Pflanzenproduktion leiden der Berufsstand des Gärtners und das Image seriöser Staudengärtnereien zunehmend.

Die Nachfrage der Käufer und ihr Appetit auf immer spektakulärere Neuheiten werden durch ausgeklügelte Marketingkonzepte der Produzenten geweckt und geschickt durch Werbung manipuliert. Ein Beispiel aus der jüngeren Zeit sind die vielen Sorten und Hybriden des Roten Scheinsonnenhuts (*Echinacea purpurea*). In immer schnellerer Folge wurden in den vergangenen Jahren immer schriller blühende Versionen dieser Staude in den Markt eingeführt. Je neuer eine Sorte war, desto mehr galt sie als ein „Must-have“ bei allen Gartenfreunden. Die fantasievolle Namensgebung tat ein Übriges, um die neuen Scheinsonnenhüte auf dem Markt zu etablieren. Fand man die neuen Sorten des Scheinsonnenhuts anfangs nur für teures Geld in ausgewählten Fachbetrieben, wurden sie schon bald zur Massenware, die man in Gartencentern und Baumärkten zum Schnäppchenpreis erstehen konnte. Doch bei manchen dieser Newcomersorten musste man bald feststellen, dass es sich im Grunde nicht um Stauden, sondern um Schnittblumen mit ein paar Alibiwurzeln unten dran handelt. Viele halten kaum bis zum ersten Winter durch – und erst recht nicht bis zu dessen Ende. Ähnliche Beispiele könnten wir auch für andere Staudenarten nennen.

AUSBLICK

Es scheint, als ließen sich die aktuelle Entwicklung hin zur industrialisierten Massenproduktion von Stauden und die Züchtung marktkonformer Sorten kaum aufhalten. Doch es liegt letztendlich an uns, ob wir das Spiel der Konzerne mitmachen oder uns auf traditionelle Werte und echte Qualität besinnen.

Nicht nur der Saatgutmarkt wird heutzutage von wenigen global agierenden Großkonzernen beherrscht. In der vegetativen Pflanzenvermehrung (wie Teilung, Ausläufer, Stecklinge) von Stauden und anderen Zierpflanzen sieht es nicht viel anders aus. Wichtige Qualitätsmerkmale wie Vitalität, Robustheit und Langlebigkeit treten bei der kommerziellen Massenvermehrung von Pflanzen mehr und mehr in den Hintergrund.
Züchtungsziele werden zunehmend dem optimalen Abverkauf angepasst. Zum Beispiel ist die den Kaufreiz auslösende Optik das oberste Kriterium. Die Pflanzen werden den Kunden deshalb in voll erblühtem Stadium zum Kauf – und damit zum Einpflanzen im Garten – angeboten. Eigentlich ein denkbar schlechter Zeitpunkt, um Stauden an einen neuen Standort zu versetzen, denn sie brauchen gerade jetzt alle Kraft für die Blüten- und Samenbildung, nicht etwa zum Einwurzeln an einem neuen Standort.
Ein weiteres Züchtungsziel ist die Transportierbarkeit der Pflanzen. Um möglichst viele Pflanzen pro Charge ökonomisch optimal transportieren zu können, werden gedrungen wachsende Sorten gezüchtet, da diese in entsprechenden Gebinden auf dem Transport besser stapelbar sind. Die Blütenfarben der Neuheiten werden vermeintlichen Trends angepasst, wie wir weiter oben bereits am Beispiel des Scheinsonnenhuts verdeutlicht haben. Die Pflanzen der Zukunft sollen also vor allem optisch attraktiv sein und eine optimale Transportfähigkeit über möglichst weite Strecken aufweisen. Denn die Produktionsstätten für Zierpflanzen werden sich, den Gesetzen des Marktes folgend, zunehmend in Billiglohnländer verlagern.
Immer mehr vernachlässigt bei der industrialisierten Staudenzucht wird das Kriterium, ob sich die rasch und in großer Stückzahl auf dem Markt eingeführten Neuheiten im Garten bewähren, also Aspekte wie Gesundheit, Vitalität und Langlebigkeit. Pflanzen mit kurzer Lebensdauer haben – für den Handel – den Vorteil, vom Kunden entsprechend schnell durch neue Exemplare ersetzt zu werden. Gärtnerischer Sachverstand und das Ziel, stabile, gartenwürdige Sorten zu züchten, wären für diese Vermarktungsstrategie eher hinderlich.
Unsere Kritik an den aktuellen Zuständen in der Staudenzüchtung ist kein Jammern nach der Devise „früher war alles besser“, sondern die schlichte Anerkennung von Tatsachen: Der Neuheitenwahn in der Staudenzucht ist fatal und hat vergleichbare Folgen für die Kunden wie die Einführung neuer Lebensmittel oder Industrieprodukte, die nicht ausreichend getestet wurden.
Wenn wir dieser äußerst fragwürdigen Entwicklung bei der Staudenzüchtung entgegenwirken wollen, ist es dringend geboten, neue Wege zu finden, die nachhaltige Züchtungsarbeit früherer Zeiten wieder aufleben zu lassen – wenn auch in

einem modernen Gewand. Das Anknüpfen an die bewährte Tradition der mehrjährigen Staudensichtung (und dies an möglichst vielen Standorten) ist dabei unabdingbar. Denn kein Standort gleicht dem anderen. Und nur solche Sorten, die sich an unterschiedlichen Standorten über einen längeren Zeitraum bewährt haben, sind robust und vital genug, um als gartenwürdig anerkannt zu werden. Das Ziel der weiteren Entwicklung in der Staudenzüchtung kann nicht sein, eine unüberschaubare Fülle neuer Sorten zu kultivieren, die allein auf optische Gefälligkeit und gute Transportfähigkeit gezüchtet wurden, die aber keinen echten Qualitätsstandards mehr genügen müssen.

Vor allem sollten wir uns die vielen langjährig bewährten und oft wunderschönen, aber inzwischen von vielen Gartenfreunden vergessenen Staudenschätze ins Gedächtnis rufen. Wir sollten sie viel häufiger in Kultur nehmen, bewerben und anbieten. So paradox es klingen mag: Historische Stauden sind für viele Gartenfreunde heutzutage tatsächlich „Neuentdeckungen", obwohl sie mit Eigenschaften ausgestattet sind, die zu Recht langjährige Freude im Garten versprechen. Das Spektrum an erhaltenen Sorten ist zum Glück immer noch erstaunlich umfassend und vielfältig. Wir plädieren deshalb dafür, die verfügbaren Arten und Sorten unbedingt wieder viel häufiger im Garten zu verwenden. Wenn wir mit unserem Buch dazu anregen können, wäre dies ein wichtiger Schritt in eine blühende Zukunft, die vielfältig und bunt, dabei aber von hoher und nachhaltiger Wertigkeit ist.

Phlox-Quartier im Kundenbereich der Staudengärtnerei Gaißmayer.

DIE STAUDEN IM PORTRÄT

In diesem Kapitel treffen Sie gewiss auf einige altbekannte Gartenstauden, vielleicht aber auch auf zukünftige Lieblingspflanzen. Erfahren Sie hier interessante Hintergründe über die Geschichte und kulturelle Bedeutung dieser Pflanzen.

UNGARISCHER AKANTHUS, BALKAN-BÄRENKLAU

Wild, schön und von archaischer Eleganz ist diese Staude, die viel zu selten in unseren Gärten zu finden ist. Die klassisch anmutenden, majestätischen Blütenstände der im Volksmund auch Bärenklau genannten Pflanze sind im Sommer ein echter Blickfang im Staudenbeet.

Acanthus hungaricus
Bärenklaugewächse, Acanthaceae

Heimat: Südosteuropa (Balkan).

Wuchsform: Aufrecht, büschelige Horste bildend.

Blatt: Eiförmig, dunkelgrün, gelappt, bis 35 cm lang.

Blüte: Zylinderförmige Ähren mit weißen bis blassrosa Lippenblüten und purpurfarbenen Hochblättern.

Blütezeit: Juli bis August.

Frucht: Kapsel.

Wuchs-/Blütenhöhe: 60–100 cm.

Standort: Sonnig bis halbschattig in nährstoffreichem, tiefgründigem, durchlässigem, kalkhaltigem Boden.

Pflege: Vor Winter- und Staunässe schützen.

Vermehrung: Durch Aussaat oder Teilen im Herbst.

Besonderes: Auch gut geeignet als Schnittblume und für die Trockenfloristik.

Der Name der Gattung leitet sich vom altgriechischen *akanthos* („der Dornige“) ab und bezieht sich auf die gelappten, bei vielen *Acanthus*-Arten tatsächlich bedornten Blätter. Den Trivialnamen Bärenklau teilt sich die Pflanze mit dem Riesen-Bärenklau (*Heracleum mantegazzianum*, Syn. *Heracleum giganteum*). Dieser riesenwüchsige Doldenblütler ist jedoch botanisch nicht mit dem Akanthus verwandt.
Der Akanthus war bereits bei Griechen und Römern eine beliebte Gartenpflanze. Die markanten Blätter bildeten in der Antike das Vorbild für den Schmuck korinthischer Säulenkapitelle. Der österreichische Pfarrer und Staudenfreund Johann Theophil Zetter schrieb 1837: „Diese schönen Pflanzen spielten einst in der grauen Vorzeit eine bedeutende Rolle, und haben deswegen eine historische und artistische Wichtigkeit, weil sie den uralten Baumeistern zu Modellen bei Verzierung der Kapitäler der korinthischen Säulen dienten. Man sollte sie deshalb aus dem lieblichen Kreise ihrer Grazienschwestern nicht verweisen.“
Die frühen Berichte über Akanthus in Gärten beziehen sich meist auf zwei Arten: Pracht-Akanthus (*A. mollis*), auch als Weicher Bärenklau bezeichnet, sowie Stacheligen Akanthus (*A. spinosus*). Der Weiche Bärenklau wurde vom griechischen Arzt Dioskurides im 1. Jh. n. Chr. als Heilmittel bei Brüchen und Krämpfen empfohlen. Noch Ende des 17. Jahrhunderts riet der Engländer John Evelyn dazu, die Pflanze im Heilkräutergarten anzupflanzen. Obwohl man der Pflanze einst auch eine nervenberuhigende Wirkung nachsagte, ist diesbezüglich ein kurativer Effekt wissenschaftlich nicht belegt. Der Stachelige Akanthus ist eine robuste, durch Ausläufer dichte Bestände bildende Staude mit dornenbewehrten Blättern. Diese beiden *Acanthus*-Arten sind nur in klimatisch begünstigten Regionen winterhart und kommen auch nur dort zuverlässig zur Blüte.
Wir empfehlen daher für unser Klima den robusten Ungarischen Bärenklau (*A. hungaricus,*). Dieser ist hierzulande ausreichend winterhart. Er steht in der Staudengärtnerei Gaißmayer seit mehr als 15 Jahren am gleichen Platz, weshalb wir ihn auch guten Gewissens empfehlen können. Er ist nachweislich seit 1869 in England in Kultur. Bereits Mitte des 19. Jahrhunderts wurde er vom ungarischen Botaniker Vincze von Borbás beschrieben, jedoch erst Jahrzehnte später, im Jahr 1896, vom deutschen Botaniker Karl

Pracht-Akanthus (*Acanthus mollis*).

Gabriel Baenitz in die heute gültige Systematik eingeordnet.
Trotz der mangelnden Winterhärte waren die beiden oben genannten Arten um die Mitte des 16. Jahrhunderts in mitteleuropäischen Gärten weit verbreitet, wie John Gerard in seinem 1597 erstmals erschienenen Buch „The Herball or General History of Plants“ schrieb. Im Jahr 1754 empfahl der Botaniker Philip Miller sie in seinem „Gardener’s Dictionary“ jedoch nur noch für Sammlergärten und warnte vor ihrem Ausbreitungsdrang – eine Empfehlung, die übrigens bis heute ernst zu nehmen ist. Der irische Gärtner und Gartenjournalist William Robinson riet in seinem 1870 erschienenen Buch „The Wild Garden“ zur Pflanzung von Akanthusarten im Naturgarten. „Vilmorin’s illustrirte Blumengärtnerei“ empfahl 1879 die Art für die Pflanzung in Töpfen als Zimmerschmuck, als Vorpflanzung für Gehölzgruppen oder als Solitär auf Rasenplätzen. David Stuart und James Sutherland schlugen in ihrem Buch „Plants from the Past“ aus dem Jahr 1989 etwas ironisch vor, Akanthus am besten vor ein georgianisches Haus zu pflanzen, das mindestens zwei korinthische Säulen oder Pfeiler besitzt. Gut, wenn man eine solche Immobilie gerade sein Eigen nennen kann …

SUMPF-SCHAFGARBE

> Eine Staude, die vom Frühsommer bis in den Herbst ununterbrochen und zuverlässig blüht, ist der Traum jedes Gärtners. Mit dieser gefüllt blühenden Schönheit in reinem Weiß scheint der Wunsch in Erfüllung gegangen zu sein – und das schon vor mehr als 130 Jahren! <

Achillea ptarmica
Korbblütler, Asteraceae

Heimat: Die Wildform ist in Europa und Westasien heimisch.

Wuchsform: Aufrecht, Ausläufer treibend.

Blatt: Lanzettlich, ungeteilt, am Rand fein gezähnt, dunkelgrün.

Blüte: Weiße, gefüllte Körbchenblüten, in Schirmrispen.

Blütezeit: Juni bis Oktober.

Frucht: Steril.

Wuchs-/Blütenhöhe: 70 cm.

Standort: Sonnig bis halbschattig in feuchtem Boden.

Pflege: Der Boden darf nicht austrocknen. Nach einem Rückschnitt remontiert die Staude.

Vermehrung: Durch Stecklinge im Sommer und Teilen im Herbst.

Besonderes: Die gefüllte Sorte 'Schneeball' ist auch unter dem Namen 'Boule de Neige', 'The Pearl' und 'Perle' im Handel.

Die Wildform, im Volksmund auch Wilder Bertram oder Weißer Dorant genannt, ist eine wertvolle Beetpflanze, ein schöner Rosenbegleiter und zudem eine haltbare Schnittblume. Früher galt die an feuchten Standorten vorkommende Wildstaude als Zauberpflanze. Sie sollte – in welcher Form auch immer – zur Abwehr von Hexen und Teufeln dienen. Getrocknet wurde die Sumpf-Schafgarbe einst als Niespulver verwendet. Darauf verweisen die alten englischen Bezeichnungen *Old Man's Pepperbox* und *Sneezewort* (Nieswurz), nicht zu verwechseln mit der gleichnamigen, botanisch nicht verwandten, auch Lenzrose genannten Art (*Helleborus*). Im „Hortus Eystettensis", einem bebilderten Pflanzenverzeichnis aus dem Jahr 1613, wird auf Tafel 288 die ungefüllte Wildart unter dem Namen *Ptarmica vulgaris* abgebildet. Ihren Weg als Zierpflanze in unsere Gärten fand die Staude erst, als Ende des 16. Jahrhunderts eine gefüllte Varietät in England entdeckt wurde, die Carolus Clusius im Jahr 1601 als *Ptarmica vulgaris, flore pleno* beschrieb. Kultiviert hat man die gefüllte Form der Sumpf-Schafgarbe, die auch Bertramsgarbe genannt wird, anfangs nur in Botanischen Gärten und fürstlichen Anlagen. Nachweislich pflanzte man sie 1646 im Botanischen Garten von Altdorf bei Nürnberg. Der Naturforscher Johann Sigmund Elsholtz verzeichnete sie im Jahr 1663 in seiner „Flora Marchica" unter dem von Caspar Bauhin geprägten Namen *Dranunculus pratensis, flore pleno* („Wiesen-Dragone mit gefüllten Blüten"). Schließlich eroberte sie aber auch die Bauerngärten, wo man sie liebevoll „Hemdenknöpfchen" oder „Silberknöpfchen" nannte. In England verwendete man die Pflanze einst auch beim Bierbrauen.

Es gibt mehrere gefüllte Sorten im Handel, darunter *A. ptarmica* 'Nana Compacta', die nur 30 cm hoch wird. Die noch vor 1879 von Victor Lemoine in Nancy gezüchtete Sorte 'Boule de Neige' ('Schneeball') ist ein bewährter Klassiker, der nicht nur uns mit Standfestigkeit, großen Einzelblüten und Robustheit bis heute überzeugt. Ein Autor in „Möller's Deutscher Gärtner-Zeitung", übrigens einem Quell historischer Zitate über Pflanzenschätze, schwärmte im Jahr 1894 von den Qualitäten dieser Sorte: „Eine weiße Schnittblume, die ohne besondere Kultur ununterbrochen, ja ununterbrochen, vom Mai bis zum Winter blüht (...) Die neue Sorte ist in allen Teilen robuster und im Wuchse üppiger; die einzelnen Blumen sind ganz bedeutend größer, so groß wie ein Zehnpfennigstück, reinweiß gefüllt und in lockeren, langstängeligen Dolden stehend. Die Hauptsache aber ist, dass die Pflanze, je mehr sie geschnitten wird, fortwährend neue Blütenstängel nachtreibt, also vollständig remontierend ist." Dem ist eigentlich nichts mehr hinzuzufügen.

Gefüllte Bertramsgarbe (*Achillea ptarmica* 'Schneeball').

Carolus Clusius

Charles de l'Écluse (1526–1609) war ein flämischer Botaniker, der seinen Namen zu Carolus Clusius latinisierte. Er studierte Jura, Philosophie und Medizin. Letzteres beinhaltete botanische Studien. Clusius unternahm im Jahr 1564 mit dem Augsburger Bankierssohn Jakob III. Fugger eine Exkursion auf die Iberische Halbinsel, wo er zahlreiche neue Pflanzenarten entdeckte. Von 1573 bis 1576 war er Hofbotaniker Kaiser Maximilians II. in Wien, wo er einen Medizinalgarten und das erste Alpinum überhaupt anlegte. Im Jahr 1593 wurde er Professor für Botanik an der Universität von Leiden. Kein anderer Botaniker seiner Zeit hat mehr Pflanzenarten entdeckt, beschrieben und abgebildet. Zudem setzte er sich für die Verbreitung exotischer Nutz- und Zierpflanzen ein, darunter Rosskastanie, Tulpe, Kaiserkrone und Kartoffel.

BLAUER EISENHUT, WOLFSHUT

Apollonienkraut, Mönchskappe, Venuswagen oder Sturmhut: Der Volksmund gab dem Blauen Eisenhut viele Namen. Die dunkel blauvioletten Blüten übten schon früh eine Faszination auf die Menschheit aus. Und das nicht nur, weil sich um die ausdrucksstarke Staude zahlreiche Mythen, Legenden und Gerüchte rankten.

Aconitum napellus
Hahnenfußgewächse, Ranunculaceae

Heimat: Nord- und Mitteleuropa.

Wuchsform: Aufrecht, Horste bildend.

Blatt: Ahornartig zerteilt, fein geschlitzt, dunkelgrün, variabel.

Blüte: Dichte Trauben mit blauvioletten, bis 4 cm großen, helmartigen Blüten.

Blütezeit: Juni bis Juli.

Frucht: Balgfrucht.

Wuchs-/Blütenhöhe: 120 cm.

Standort: Sonnig bis halbschattig in fast jedem nährstoffreichem, mäßig feuchtem Boden.

Pflege: Zur Blütezeit brauchen die Pflanzen meist eine Stütze. Möglichst nicht verpflanzen.

Vermehrung: Durch Aussaat (Achtung, Kaltkeimer!) oder Teilen im Herbst.

Besonderes: Da das Gift der Pflanze auch durch die Haut dringt, sollte man beim Umgang mit ihr Handschuhe tragen.

In der Natur findet man den Blauen Eisenhut in Nord- und Mitteleuropa in höheren Lagen der Mittelgebirge und im Gebirge. Dort wächst die Staude mit knollenartig verdickten Wurzeln vorwiegend an Bachufern, auf feuchten Wiesen und in lichten Auwäldern. Die Pflanzengattung *Aconitum* wurde 1753 von Carl von Linné aufgestellt. Der botanische Name soll nach Theophrast von einem Dorf namens Akona im Gebiet der Mariandyner herstammen. Die Mariandyner waren ein antikes Volk am Schwarzen Meer. Auf ihrem Siedlungsgebiet soll sich der griechischen Mythologie zufolge der Eingang zur Unterwelt befunden haben. Von dort sei Herkules in die Acherousische Höhle hinabgestiegen, um den Höllenhund Kerberos hervorzuzerren. Diese furchterregende, dreiköpfige Kreatur galt als Wächter des Eingangs zur Unterwelt. Aus seinem giftigen Geifer soll die Pflanze entstanden sein, die wir heute Eisenhut nennen.

Der Trivialname Eisenhut bezieht sich auf das Aussehen der Blüten, die den eisernen Helmen mittelalterlicher Soldaten ähneln. In der nordischen Mythologie heißt die Pflanze „Wodanshelm", weil sie den Gott Wodan, wenn er sich die Blüte als Haube überstülpte, unsichtbar gemacht haben soll. Wodan, auch als Odin bekannt, ist der Hauptgott der nordischen Mythologie, der Göttervater, Kriegs- und Totengott in einem. Weitere Trivialnamen für den Blauen Eisenhut sind Würgling, Ziegentod und Gifthut, was auf die verheerende Wirkung der Pflanze beim Verzehr durch Mensch und Tier verweist.

Tatsächlich ist Blauer Eisenhut eine der giftigsten Pflanzen Europas. William Shakespeare verglich in seinem Drama „König Heinrich IV." die Stärke des Gifts mit Kanonenpulver. Nachweislich reichen schon zwei Gramm der Wurzel aus, um einen Menschen ins Jenseits zu befördern. In Frankreich nannte man den pulverförmigen Extrakt aus dieser Pflanze deshalb auch vielsagend *Poudre de succession*, also Erbpulver. Und schon in der Antike wusste man um die extreme Giftigkeit der Pflanze. So soll der römische Kaiser Trajan (53–117 n. Chr.) die Pflanzung von Eisenhut in der Ewigen Stadt verboten haben, um der damals grassierenden Giftmischerei entgegenzuwirken. Zahlreiche seiner Vorgänger sollen nämlich durch Gift ermordet worden sein. Ob auch der römische Kaiser Claudius (10 v. Chr.–54 n. Chr.) mithilfe des Eisenhutes beseitigt wurde, wie eine Legende

Bunter Eisenhut (*Aconitum variegatum*) mit zweifarbigen Blüten.

besagt, ist jedoch nicht bewiesen. Aber bekanntlich ist den Menschen viel Böses zuzutrauen, wenn es um Macht und deren Erhalt geht. Überliefert ist, dass im Mittelalter zum Tode Verurteilte von Ärzten zu Menschenversuchen mit Eisenhutgift missbraucht wurden, um ein Gegengift gegen Eisenhut zu finden. Man verabreichte dem Delinquenten zunächst Eisenhutgift und anschließend ein vermeintliches Gegengift. Wirkte Letzteres, sollte der Verurteilte begnadigt werden. Es ist jedoch kein Fall bekannt, wo eine solche Begnadigung möglich oder nötig gewesen wäre.

Schon seit der Antike weiß man, dass alles, was giftig ist, auch eine heilende Wirkung haben kann. Dioskurides schrieb über eine Pflanze, die er *akoniton* nannte, und empfahl sie als Giftköder für allerlei Getier sowie als Gegengift nach Skorpionstichen. Der griechisch-römische Arzt Galen (Galenos von Pergamon, ca. 129–ca. 200 n. Chr.)

Wolfs-Eisenhut (*Aconitum lycoctonum* var. *vulparia*), auch Fuchs-Eisenhut genannt.

erwähnte in seinem vielbändigen Werk „Methodus medendi" zwei Arten von *akoniton*, eine davon sei zur Wundreinigung zu verwenden. Im frühen Mittelalter schrieb der persische Arzt Ibn Sina (980–1037), besser bekannt unter seinem lateinischen Namen Avicenna, in seinem „Kanon der Medizin" über die Wirkung einer Pflanze, die er *napellus* nannte. Nach der damals weit verbreiteten Vier-Elemente-Lehre stufte er sie als „heiß und trocken im höchsten Grad" ein.

In der frühen Neuzeit verwendete man Eisenhut zunächst in Form einer Salbenzubereitung gegen Läuse und deren Eier (Nissen). Mitte des 18. Jahrhunderts behandelte der Wiener Arzt Anton von Störck, übrigens seit 1767 Leibarzt der Kaiserin Maria Theresia, Nervenschmerzen seiner Patienten mit einem innerlich angewandten Presssaft aus Eisenhut. Der Begründer der homöopathischen Medizin, Samuel Hahnemann, will 1790 mit von Störcks Methode erfolgreich Nervenschmerzen und Gicht behandelt haben.

In der Schulmedizin spielt Eisenhut wegen der geringen therapeutischen Breite der Indikation und den Risiken der richtigen Dosierung heutzutage keine Rolle mehr. Gibt man am Computer *Aconitum napellus* in eine Internet-Suchmaschine ein, werden vor allem Treffer aus dem Bereich der Homöopathie angezeigt, wo diese Pflanze in starker Verdünnung nach wie vor als Therapiemittel eingesetzt wird.

Eisenhut zählt zu den ältesten nachweisbaren Zierstauden und wurde seit dem Mittelalter in Gärten gepflanzt. Der Naturforscher, Arzt und Botaniker Adam Lonitzer, genannt Lonicerus, schrieb in seinem 1557 erstmals erschienen und danach mehrfach aufgelegten „Kreuterbuch", dass das „Blaw Eisenhütlein oder Münchskappen seiner schöne und wolgestalt halben" in Deutschland gern als Zierpflanze gezogen werde. Hieronymus Bock schrieb bereits 1539 in seinem „New Kreütter Buch", man ziehe das „blaue Eysenhütlein zu Straßburg inn den Gärten für ein lustkraut" und meint, dass es „erstmals von Leon ((= Lyon)) auß Frankreich" gekommen sein soll. Die luststeigernde, also aphrodisierende Wirkung bezahlte wohl so mancher Lüstling unfreiwillig mit dem Tod. Wir raten daher vor jeglichen Selbstversuchen mit der Giftpflanze dringend ab!

Weitere in Europa heimische Eisenhutarten wurden ebenfalls seit mindestens dem 16. Jahrhundert als Gartenpflanzen kultiviert: Der gelb

blühende Wolfs-Eisenhut, auch Fuchs-Eisenhut genannt (*Aconitum lycoctonum* var. *vulparia*, früher: *A. vulparia*), der Bunte Eisenhut (*A. variegatum*) und der Blassgelbe Eisenhut (*A. anthora*). Der Wolfs-Eisenhut erhielt seinen Trivialnamen, weil man früher Fleisch mit seinem Gift präparierte, um damit Wölfe zu ködern und zu töten. In viktorianischen Gärten soll der Wolfs-Eisenhut gern zusammen mit weißbuntem Rohr-Glanzgras (*Phalaris arundinacea*) und Wald-Geißbart (*Aruncus dioicus*) kombiniert worden sein. Der Bunte Eisenhut, wegen seiner blau-weiß gemusterten Blüten auch als Bayern-Eisenhut bekannt, wird schon früh in Pflanzenlisten und Kräuterbüchern erwähnt, so etwa bei Conrad Gesner in seinem Werk „Horti Germaniae" (erschienen 1561 in Straßburg) und bei Johannes Frank in seinem „Hortus Lusitiae" (Lausitzer Garten) aus dem Jahr 1594. Im „Hortus Eystettensis" des Basilius Besler von 1613 findet man den Bunten Eisenhut auf Tafel 160 unter dem Namen *Napellus flore variegato* abgebildet.
Viele weitere *Aconitum*-Arten aus anderen Weltregionen sind inzwischen auch bei uns bekannt und haben Einzug in die Gärten gehalten. Gustav Schönborn, damals Geschäftsführer in der Staudengärtnerei Karl Foerster in Bornim bei Potsdam, führte in seinem Buch „Die schönsten Stauden" aus dem Jahr 1913 zahlreiche Arten als empfehlenswert auf, darunter auch drei rankende Arten aus Ostasien: *Aconitum albo-violaceum*, *A. hemsleyanum* und *A. vilmorinianum*. Eine von ihm ebenda als *Aconitum Fischeri* bezeichnete, aufrecht wachsende Art kam 1886 aus China nach Deutschland und trägt heute offiziell den Namen Herbst-Eisenhut (*Aconitum carmichaelii*). Vom englischen Gärtner und Pflanzenjäger Ernest Henry Wilson (1876–1930) wurde 1903 die ebenfalls im Herbst blühende und aus China stammende Art Wilsons Eisenhut (*A. wilsonii*) nach Großbritannien eingeführt. Im Jahr 1945 kreuzte der deutsche Staudenzüchter Georg Arends beide Arten erfolgreich miteinander. Die daraus entstandene Hybride *Aconitum carmichaelii* 'Arendsii' ist heute eine der am meisten verbreiteten Herbst-Eisenhut-Arten und wird für ihre späte Blütezeit außerordentlich geschätzt. Eisenhut gehört zu den langlebigen Gartenstauden, die, sofern sie ungeteilt bleiben, mit den Jahren immer schönere Horste bilden. Damit das geschieht, brauchen die Pflanzen einen sonnigen bis halbschattigen Standort in fast jedem nährstoffreichem, mäßig feuchtem Boden. Ideal sind lehmig-humose Böden, die auch im Hochsommer nicht völlig austrocknen. Beim Pflanzen – und überhaupt im Umgang mit der Staude – sollte man in jedem Fall Handschuhe tragen, denn das Gift des Eisenhuts dringt auch durch die Haut.

Hieronymus Bock

Hieronymus Bock (1498–1554) war lutherischer Prediger, Arzt und Botaniker. Er studierte ab 1519 in Heidelberg, wurde 1522 Lehrer in Zweibrücken und war dort ab 1550 der Leibarzt Graf Philipps II. In typisch humanistischer Weise gräzisierte er seinen Familiennamen in Tragus, was griechisch (Ziegen-) Bock heißt. Auf ausgedehnten Reisen durch Europa versuchte er sich in der Aufnahme und Beschreibung der (Heil-) Pflanzen Mitteleuropas. Das Ergebnis war sein 1539 in Straßburg erschienenes „New Kreütter Buch", das schon 1546 eine zweite Auflage erlebte. Er gilt, zusammen mit Otto Brunfels und Leonhart Fuchs, als einer der „Väter der Botanik".

FRÜHLINGS-ADONISRÖSCHEN

> Obwohl die Kultur dieses charmanten Frühjahrsblühers oft als schwierig geschildert wird, verbreitet er an geeigneten Standorten einfach gute Laune, wenn sich die goldgelben Blüten an sonnigen Apriltagen öffnen. Ist die Staude erst einmal etabliert, hat man viele Jahre Freude an ihr. <

Adonis vernalis

Hahnenfußgewächse, Ranunculaceae

Heimat: Osteuropa, Sibirien bis zum Altai-Gebirge.

Wuchsform: Aufrecht, büschelige Gruppen bildend.

Blatt: Leuchtend grün, fein zerteilt, gefiedert, bis 10 cm lang, erscheint gleichzeitig mit der Blüte und zieht im Sommer ein.

Blüte: Goldgelbe, flach schalenförmige, bis 8 cm breite Blüten.

Blütezeit: April.

Frucht: Sammelfrucht mit weißlich behaarten Nüsschen.

Wuchs-/Blütenhöhe: 20 cm.

Standort: Sonnig an warmen, trockenen Standorten mit gut durchlässigem, nährstoffarmem, kalkhaltigem Boden.

Pflege: Vor Staunässe und vor Schneckenfraß schützen.

Vermehrung: Durch Teilen nach der Blütezeit.

Besonderes: Alle Pflanzenteile sind giftig.

Bei uns findet man diese Wildstaude nur in inselartigen Vorkommen, so etwa in Brandenburg. Weil sie auch früher schon so selten war, erfährt man in der historischen Gartenliteratur wenig über sie – und das Wenige ist oft voller Widersprüche. Aufgrund ihrer schwarzen Wurzeln stellte man sie früher in die Nähe der Christrose (*Helleborus niger*), die ebenfalls schwarze Wurzeln hat. Conrad Gesner nannte sie in seinem „Horti Germaniae" 1561 *Elleborus nigri species* oder *Elleborastrum*. Der italienische Arzt Matthiolus führt sie 1563 unter dem Namen *Pseudohelleborus* in seinem „Neuw Kreütterbuch" auf und auch im „Hortus Eystettensis" wird sie 1613 auf Tafel 364 als *Pseudo Hellborus niger* abgebildet.
Im östlichen Mittelmeerraum kannte man die Pflanze schon in der Antike. Ovid erzählt in seinen „Metamorphosen" die Geschichte von ihrer Entstehung: Die Göttin Venus verliebte sich in den schönen Jüngling Adonis, der jedoch von einem rasenden Eber getötet wurde. Aus dem Blut des sterbenden Geliebten ließ Venus das Adonisröschen sprießen. Den Herbst und Winter eines jeden Jahres verbringt Adonis seitdem in der Unterwelt, das Frühjahr und den Sommer als Blume unter den Lebenden – ganz so, wie die Staude *Adonis vernalis*. Da das Blümchen in der Mythologie allerdings rot blüht, handelt es sich dabei wohl um *Adonis aestivalis*, das Sommer-Adonisröschen.
Die Geschichte von Adonis und Venus wurde von vielen Malern illustriert und in mehreren Opern vertont, etwa in Claudio Monteverdis „Adone" aus dem Jahr 1639. Carl von Linné nannte die Gattung 1753 *Adonis*. Das Epitheton *vernalis*, also der zweite Teil des botanischen Namens, bezieht sich auf die Blütezeit dieser Pflanzenart im Frühjahr. In alten Büchern findet man auch die Namen *Adonis helleborus*, *A. parviflora*, *A. pratensis* und *A. consiligo*. Der Volksmund taufte die Pflanze zudem Christwurz, Teufelsauge oder Ziegenblume. Im Englischen nennt man sie *Pheasant's Eye*, also Fasanenauge, und im Französischen *Œil de bœuf*, Kuh- oder Ochsenauge.
Die in allen Teilen giftige Pflanze sollte laut der mittelalterlichen Säftelehre „Schwarze Galle" abführen. Bis in die Neuzeit wurde sie auch von der Schulmedizin („Adonis herba") bei Herzschwäche verwendet.
Das Amur-Adonisröschen (*Adonis amurensis*, früher auch als *A. dahurica* bezeichnet), wurde erst

Amur-Adonisröschen (*Adonis amurensis*).

Ende des 19. Jahrhunderts in Mitteleuropa eingeführt. Von dieser Art gibt es unter anderem auch eine halbgefüllte ('Fukujikai') und eine gefüllte Sorte ('Flore Pleno'). In Spezialgärtnereien gibt es eine enorme Vielfalt ausgefallener Sorten, die oft sündhaft teuer sind. „Möller's Deutsche Gärtner-Zeitung" schrieb 1897 dazu: „Unsere Frühjahrsblüher unter den harten Stauden erfahren durch die aus der Mandschurei eingeführte *Adonis amurensis* eine wertvolle Bereicherung. Es ist dies eine der bekannten *Adonis vernalis* ähnliche Art, die aber noch kräftiger wächst und ihre leuchtend goldgelben Blüten bedeutend früher entfaltet." Wir empfehlen das Adonisröschen für die Pflanzung an trockenen, sonnigen Hängen und im Steingarten.

Ovids Metamorphosen

Publius Ovidius Naso (43 v. Chr.–17 n. Chr.), genannt Ovid, war, neben Vergil und Horaz, einer der drei wichtigsten Dichter der römischen Klassik. In seinem Hauptwerk, den „Metamorphosen", werden 250 Verwandlungsgeschichten aus der antiken, vor allem der griechischen Mythologie erzählt. Das Opus hatte einen großen Einfluss auf die Dichtung, bildende Kunst und Musik des Mittelalters und der frühen Neuzeit. Ovid erwähnt darin auch zahlreiche Pflanzen, die in der Mythologie eine nicht unwesentliche Rolle spielen.

CHINESISCHE STOCKROSE

Stockrosen sind prächtige Bauergartenstauden, die einen heiteren und unbeschwerten Eindruck machen. Für viele sind sie der Inbegriff ländlicher Gärten überhaupt und mit herrlichen Kindheitserinnerungen verbunden. Eine uralte Staude, die so aussieht, als würden die Sommerferien ewig dauern.

Alcea rosea
Malvengewächse, Malvaceae

Heimat: Westasien.

Wuchsform: Straff aufrecht mit hohem, schlankem Blütenstiel.

Blatt: Gerundet, mehrfach gelappt, hellgrün, rau behaart, 6–16 cm lang und breit.

Blüte: Lange, endständige Trauben mit einzelnen, 5–10 cm breiten, kelchförmigen Blüten in Weiß, Rosa, Gelb oder Purpurn.

Blütezeit: Juni bis September.

Frucht: Flaumig behaarte Spaltfrucht.

Wuchs-/Blütenhöhe: 180–200 cm.

Standort: Sonnig und luftig, aber vor Wind geschützt, in nährstoffreichem, durchlässig-sandigem Boden.

Pflege: Anfällig für Malvenrost. Bei starkem Frost ist ein Winterschutz empfehlenswert.

Vermehrung: Durch Aussaat im Sommer an Ort und Stelle.

Besonderes: Ein frühzeitiger Rückschnitt gleich nach der Blüte verlängert die Lebensdauer.

Stockrosen sind schon so lange in Kultur, dass man sie nur als Gartenpflanzen und nicht ihre wilde Stammform kennt. Man schätzt sie spätestens seit dem Mittelalter, wie das „Frankfurter Paradiesgärtlein“ beweist. Auf dem um 1410 am Oberrhein entstandenen Tafelbild eines unbekannten Meisters sind im Hintergrund ganz rechts rote und weiße Stockrosen zu erkennen. Unklar ist, ob die im „Capitulare de villis“ (der von Kaiser Karl dem Großen um 812 erlassenen Landgüterverordnung) erwähnte Malva eine Stockrose oder eine andere Malvenart meint. Erstmals gesichert beschrieben wurde die Stockrose, auch Rosenpappel, Stockmalve oder Garten-Pappelrose genannt, im Jahr 1530 von Otto Brunfels unter dem Namen *Malva hortensis*. Schon kurz darauf, im Jahr 1539, stellte Hieronymus Bock in seinem „New Kreütter Buch“ eine gefüllte Form vor.
Er nannte die Pflanze „Erndt/Herbst oder Winter-Rosen“ und berichtete, sie würde „wie andere zame blumen inn den Gärten auffgepflantzet“.
Der „Hortus Lusitiae“ („Lausitzer Garten“) des Arztes Johannes Franke aus dem Jahr 1594 führte bereits sieben Sorten von Stockrosen auf: einfach blühende in Rot, Fleischfarben und Weiß sowie gefüllt blühende in Rot, Fleischfarben, Weiß und Schwarzrot.
Im 17. Jahrhundert wurde aus Sibirien die Holländische oder Feigenblättrige Stockrose (*Alcea ficifolia*) eingeführt. Der Basler Botaniker und Anatom Caspar Bauhin nannte sie 1623 in seinem Werk „Pinax theatri botanici“ *Malva rosea folio ficus*. Die neue Art brachte die gelbe Farbe mit, die den Stockrosen bis dahin gefehlt hatte. Fortan kreuzten sich beide Malvenarten munter in den Gärten, in denen sie zusammen gepflanzt wurden, und es entstanden zahlreiche Mischformen.
Auch wenn Stockrosen als typische Pflanzen für schlichte Landhausgärten gelten, liebte sogar der Dichterfürst Goethe sie. Er pflegte sie vor seinem Gartenhaus in Weimar zu pflanzen. Die große Zeit der Stockrosen begann aber ab Mitte des 19. Jahrhunderts in England und Nordamerika, als sich Züchter und Gärtnereien der Verbesserung der Sorten widmeten. Viele Namen der Züchter sind inzwischen vergessen, aber einige Sorten eines gewissen Mr. Chater aus England haben die Zeiten überdauert, sind bis heute im Handel und auch im Sortiment der Staudengärtnerei Gaißmayer zu finden, weil sie einfach wunderschön sind. Sie fallen durch ihre besonders dicht

Gefüllt blühende Stockrose (*Alcea rosea* 'Chater's Weiß').

gefüllten Blüten, außergewöhnlichen Farbtöne und einen gedrungenen Blütenstand auf.
Der früher auch für die Pflanze gebräuchliche botanische Name *Althaea rosea* verweist auf ihre Nutzung als Heilpflanze, denn das Lateinische *altheo* heißt nichts anderes als „ich heile“. Die Blüten der Stockrose wurden als Tee und in Auszügen in Zucker und Honig gegen Magenbeschwerden und als Hustenmedizin angewendet. Noch heute enthalten Hustentees oft Malvenblüten.
Die hübschen Kelchblüten sind übrigens essbar – nur sollte man vorher die Staubgefäße und alle grünen Teile entfernen. Malvenblüten wurden und werden auch zum Färben von Speisen und Getränken eingesetzt. Bevorzugt verwendet wird dafür die schon lange in Kultur befindliche, ungefüllte Sorte 'Nigra' mit schwarzroten Blüten.
Insbesondere die gefüllt blühenden Sorten der Stockrose sind leider meist nur zweijährig, während die einfach blühenden Sorten eher länger überdauern. Man kann versuchen, das Leben der Stockrosen durch einen beherzten Rückschnitt gleich nach der Blüte zu verlängern. Wenn man die übrigens recht einfach zu bewerkstelligende Aussaat versäumt hat, können gekaufte Jungpflanzen nicht zu früh im Sommer ausgepflanzt werden, am besten erst nach der Sommersonnenwende. Sie blühen dann nicht mehr im Pflanzjahr, sondern erst im folgenden Jahr, dafür aber üppig.

JAPANISCHE HERBST-ANEMONE

Auch wenn der Name etwas anderes suggeriert, sind Herbst-Anemonen wundervolle Blütenstauden für den Hochsommer. Die anmutigen, lang gestielten Schalenblüten haben, wenn die Pflanzen in Gruppen gepflanzt werden, eine gute Fernwirkung, die bei weiß blühenden Sorten gerade in den Abendstunden bezaubert.

Anemone hupehensis var. *japonica*
Hahnenfußgewächse, Ranunculaceae

Heimat: Südchina, Japan.

Wuchsform: Aufrecht, Horste und Schösslinge bildend.

Blatt: Lang gestielt, dreizählig, gelappt und gezähnt, unterseits behaart, dunkelgrün.

Blüte: Dolden aus bis zu 15 rosa oder weißen, etwa 5 cm breiten Schalenblüten.

Blütezeit: Juli bis Oktober.

Frucht: Balgfrucht.

Wuchs-/Blütenhöhe: 60–120 cm.

Standort: Sonnig bis halbschattig in feuchtem, nährstoffreichem, tiefgründigem Boden.

Pflege: Im Herbst und Frühjahr mit einer Mulchschicht vor strengen Frösten schützen.

Vermehrung: Durch Teilen im Frühjahr.

Besonderes: Eine Pflanzung im Frühjahr ist empfehlenswert.

Bei dieser Staude handelt es sich um den besonderen Fall, in dem eine kultivierte Form vor der eigentlichen Wildart nach Europa eingeführt wurde. In China und Japan waren Herbst-Anemonen bereits seit langer Zeit in Kultur. Die ursprünglich aus China stammende Pflanze wurde wohl schon vor Jahrhunderten nach Japan gebracht. Jedenfalls erwähnte der deutsche Arzt Andreas Cleyer sie bereits 1682 in den Aufzeichnungen über seinen Besuch in der Handelsniederlassung der Niederländischen Ostindien-Kompanie in der japanischen Stadt Nagasaki. Der schwedische Naturforscher Carl Peter Thunberg, ein Schüler Carl von Linnés, beschrieb sie 1784 in seiner „Flora Japonica". Er hatte die Pflanze bei seiner Japan-Reise in den Jahren 1775–1776 gesehen. Eigentlich war Japan seit 1639 für Ausländer verschlossen – mit Ausnahme der Niederländischen Ostindien-Kompanie. Aber als Arzt konnte Thunberg 1776 auf einer Reise in die Kaiserstadt Edo (dem heutigen Tokio) zahlreiche Pflanzen sehen und zum Teil auch sammeln.
Als der Pflanzensammler Robert Fortune die Herbst-Anemone 1843 zwischen Gräbern auf einem Friedhof in Schanghai entdeckte, wusste er sofort, welchen Schatz er gefunden hatte. Es handelte sich um eine halbgefüllte, karminrosafarbene Sorte der Art. Die ersten lebenden Exemplare dieser Pflanze brachte er im Jahr 1844 unter abenteuerlichen Umständen auf dem Seeweg nach England. Sie fand rasch Verbreitung und soll schon 1849 eine beliebte Staude in Cottage-Gärten gewesen sein. In Deutschland kannte man Herbst-Anemonen seit 1855, und in Nordamerika waren sie seit 1870 häufiger in den Gärten zu finden. In Frankreich entwickelte im 19. Jahrhundert insbesondere die Gärtnerei Lemoine in Nancy zahlreiche neue Sorten. Die Wildart *Anemone hupehensis* erreichte übrigens erst 1908 Europa, als bereits viele Zuchtsorten der Herbst-Anemone im Handel waren.
Im Handel werden Hybriden von *Anemone hupehensis* var. *japonica* meist als *Anemone*-Japonica-Hybriden bezeichnet. In der Kultur sind sie eigentlich völlig unproblematisch, wenn man sie im Frühjahr in humos-lehmige, tiefgründige, durchlässige, nicht zu trockene Erde pflanzt und den Wurzelbereich in den ersten zwei Wintern mit einer Abdeckung aus Fichtenreisig schützt. Sie sind recht anpassungsfähig, brauchen aber etwa zwei Jahre, um richtig einzuwachsen. Sind sie einmal etabliert, machen sie viele Jahre lang Freude. Dass sie zudem kaum anfällig gegen Schneckenfraß sind, ist ein weiterer Vorzug dieser anmutigen Staude.

Robert Fortune

Der schottische Gärtner und Pflanzensammler Robert Fortune (1812–1880) lernte im Botanischen Garten von Edinburgh das Gartenhandwerk. 1843 wählte die Royal Horticultural Society ihn aus, eine Expedition nach Nordchina zu unternehmen. Er war der erste Sammler, der sich dort relativ frei bewegen durfte. Später führten ihn drei weitere Reisen erneut nach Ostasien, bis er sich 1862 in Schottland zur Ruhe setzte und zahlreiche Bücher verfasste. Er brachte über 250 verschiedene Pflanzen erstmals nach England und damit nach Europa, darunter die Herbst-Anemone, Strauch-Pfingstrosen (*Paeonia suffruticosa*) und das Tränende Herz (*Dicentra spectabilis*). Sein größter Verdienst war es wohl, die Teepflanze von China nach Indien gebracht zu haben. Insgesamt soll Fortune rund 20 000 Teepflanzen und Sämlinge in Ward'schen Kästen in die nordindische Region Darjeeling verbracht haben. Diese illegale Aktion sollte das bis dahin faktisch bestehende chinesische Teemonopol brechen. Außer den Teepflanzen schleuste Fortune – ebenfalls illegal – eine Gruppe von Teearbeitern aus China nach Indien ein, die das notwendige Know-how für die Teeverarbeitung mitbrachten. Die originalen, von Fortune in Indien eingeführten Teepflanzen verschwanden zwar mit der Zeit und wurden durch neue ersetzt. Aber die von ihm ebenfalls importierte Technologie und das Wissen um die Teeverarbeitung bildeten einen wichtigen Grundstock für das Aufblühen der indischen Teeindustrie. Nach Robert Fortune sind zwei Pflanzengattungen benannt, *Fortunearia* (ein Zaubernussgewächs) und *Fortunella* (die Kumquat). Ihm zu Ehren tragen zahlreiche Pflanzen das Epitheton *fortunei* im Namen, so etwa die von ihm eingeführte Kleine Mahonie (*Mahonia fortunei*) und die Chinesische Hanfpalme (*Trachycarpus fortunei*).

HISTORISCHE HERBST-ANEMONEN

Es gibt einige historische Sorten von *Anemone*-Japonica-Hybriden, die noch heutzutage im Handel erhältlich sind und die in Bezug auf Qualität, Schönheit und Verwendbarkeit im Garten den modernen Züchtungen in keiner Weise nachstehen. Sie lassen sich unter anderem gut kombinieren mit Eisenhut (*Aconitum*), Silberkerzen (*Cimicifuga*) und Prachtspieren (*Astilbe*). Schön sehen sie auch als Beipflanzungen rotlaubiger Ahornarten aus, zum Beispiel Sorten von Fächer-Ahorn (*Acer palmatum*).

▼ 'Honorine Jobert'

Eine der ältesten noch im Handel befindlichen *Anemone*-Japonica-Hybriden ist zugleich eine der schönsten. 'Honorine Jobert' wurde bereits 1858 als Sport von *Anemone japonica* 'Elegans' im Garten des französischen Bankiers Jobert in Verdun entdeckt und nach dessen Tochter benannt. Diese historische Staude ist ein echter Klassiker mit zahlreichen Vorzügen: Die großblütige Sorte mit reinweißen, halbgefüllten Blüten hat edel geformte Blütenschalen, ist standfest und ausgesprochen langlebig. Sie braucht zwar etwas Zeit zur optimalen Entwicklung, wird aber mit den Jahren immer schöner. Sie wird 90–110 cm hoch und blüht von August bis Oktober.

▲ 'Königin Charlotte'

Die relativ niedrig wachsende *Anemone*-Japonica-Hybride 'Königin Charlotte', eingeführt 1898 vom Stuttgarter Züchter Wilhelm Pfitzer, hat große, halbgefüllte, violettrosafarbene Blüten, die an der Außenseite purpurn getönt sind.
Sie ist reichblühend und standfest, aber etwas frostempfindlich. Mit einem Winterschutz in Form einer Mulchdecke kann man diesem Manko aber abhelfen. Sie wird 60–90 cm hoch und blüht von August bis Oktober. Im Handel wird diese Sorte heute auch unter den Namen 'Königin Charlotte von Württemberg', 'Queen Charlotte' oder 'Reine Charlotte' geführt. „Möller's Deutsche Gärtner-Zeitung" schrieb 1910 über sie: „Unter den rosafarbenen Sorten hat sich lange Zeit Königin

Charlotte als die beste behauptet. Ich möchte sie in meinem Sortiment auch heute nicht mehr missen. Die seidenartige, halbgefüllte Blume in ihrem fleischfarbigen Rosa ist ausgezeichnet für den Schnitt. Die Sorte ist sehr ergiebig und wird wohl immer ihren Wert behalten.“ Wohl wahr, kann man da nur sagen!

▼ 'Prinz Heinrich'

Eine ebenfalls historische, aber magentarot und gefüllt blühende *Anemone*-Japonica-Hybride ist die von Lindner 1902 eingeführte Sorte 'Prinz Heinrich'. Sie ähnelt der modernen, von Bloom 1968 eingeführten Sorte 'Bressingham Glow' vom Aussehen; Letztere hat jedoch schmalere Laubblätter. 'Prinz Heinrich' blüht zudem später als 'Bressingham Glow', nämlich erst von September bis Oktober. Dadurch kann man diese Blütenform und -farbe umso länger genießen. Die Sorte wird 90–120 cm hoch.

▲ 'Whirlwind'

Die *Anemone*-Japonica-Hybride 'Whirlwind' ist eine historische, von Vick & Sons im Jahr 1887 eingeführte Sorte, die auch unter den Namen 'Wirbelwind' und 'Torbillon' bis heute im Handel ist. Die sehr standfeste Sorte hat gefüllte, durch die propellerartig verdrehten, inneren Blütenblätter bewegt wirkende, reinweiße Blüten. Sie zeichnen sich durch seht gute Haltbarkeit aus, weshalb diese Sorte als Schnittblume besonders empfehlenswert ist. 'Whirlwind' wird 90–120 cm hoch und blüht von August bis Oktober. „Möller's Deutsche Gärtner-Zeitung“ schrieb 1896 über diese Sorte: „Fast zu gleicher Zeit (Anmerkung: bezogen auf die Sorte 'Honorine Jobert') erzogen in Nord-Amerika James Vick & Sons in Rochester bei New York die *A. jap*. Whirlwind, die nach ihrer Angabe aus einer Kreuzung zwischen *A. japonica alba* (Honorine Jobert) und der echten *A. japonica* hervorgegangen ist.“ Tatsächlich ist, wie wir heute wissen, die Sorte 'Honorine Jobert' etliche Jahre älter, was der Schönheit beider jedoch keinen Abbruch tut.

BUSCH-WINDRÖSCHEN

Diese einheimische Frühlingsstaude wirkt einfach zauberhaft, ganz gleich, ob man den Blütenteppichen von Busch-Windröschen an ihrem Naturstandort im lichten Laubwald begegnet oder ob man sie im eigenen Garten kultiviert. Seit Jahrhunderten ist diese unkomplizierte Wildstaude unwiderstehlich!

Anemone nemorosa

Hahnenfußgewächse, Ranunculaceae

Heimat: West- und Mitteleuropa bis Westsibirien.

Wuchsform: Aufrecht, Gruppen bildend, mit kriechendem Rhizom.

Blatt: Dreifingrig gelappt und gezähnt, bis 12 cm lang.

Blüte: Schalenförmig, weißlich bis rosafarben, 3–4 cm groß.

Blütezeit: April bis Mai.

Frucht: Sammelnussfrucht.

Wuchs-/Blütenhöhe: 10–15 cm.

Standort: Im lichten Schatten in humosem, feuchtem, durchlässigem Boden, im Sommer auch trockenem Boden.

Pflege: Die Pflanzung erfolgt am besten zur Blütezeit.

Vermehrung: Durch Aussaat (Licht- und Frostkeimer!) oder Teilen nach der Blüte. Samt sich bereitwillig selbst aus.

Besonderes: Die Pflanze zieht kurz nach der Blütezeit ein.

Die Pflanzengattung *Anemone* wird auch als Windröschen bezeichnet. Der botanische Name geht auf die Antike zurück. Plinius der Ältere brachte sie mit dem griechischen *anemos* (Wind) in Verbindung. Wie so oft findet man die Gründe der Namensgebung in der antiken Mythologie. Anemona war eine Nymphe am Hof der Göttin Flora. Der Sage nach verliebte sich Floras Gatte Zephyr, der Gott des Westwindes und zugleich der Frühlingsbote, in die anmutige Nymphe. Daraufhin verwandelte die eifersüchtige Göttin Flora sie in eine Blume, die Anemone. Das Busch-Windröschen erhielt sein Epitheton *nemorosa* vom lateinischen Wort *nemorosus*, was soviel wie schattig oder waldreich bedeutet und auf den Naturstandort der Wildstaude verweist.
Spätestens seit dem 16. Jahrhundert wurde das Busch-Windröschen als Zierpflanze in Gärten gepflanzt. Der Engländer John Gerard hatte damals auch schon eine gefüllte weiße und eine – inzwischen verschollene – gefüllte violette Form in seinem Garten. Es muss bereits damals eine Vielzahl von Varietäten gegeben haben, von denen viele im Lauf der Zeit verloren gegangen sind. Manche wurden durch Zufall wieder entdeckt, andere neu gezüchtet. Im „Hortus Eystettensis" wurde 1613 auf Tafel 16 eine weiße, gefüllte Form unter dem Namen *Ranunculus sylvarum flore albo & pleno* abgebildet.
Die große Zeit der Busch-Windröschen war aber Ende des 19. Jahrhunderts. Der englische Gärtner und Botaniker Edward Augustus Bowles (1865–1954) beschrieb in seinem Buch „My Garden in Spring", erschienen im Jahr 1914, etwa 15 Sorten von *Anemone nemorosa*. Hinter so klangvollen Namen wie 'Blue Bonnet', 'Leed's Variety', 'Lismore Pink' oder 'Allenii' verbergen sich anmutige kleine Gartenschätze mit ausgefallenen Blüten. Reinweiß und mit apart gefüllten Blüten bezaubert die vom Baden-Badener Gärtner Maximilian Leichtlin Ende des 19. Jahrhunderts eingeführte Sorte 'Vestal', die nach wie vor im Handel ist.
Ebenfalls noch erhältlich, ja sogar recht weit verbreitet, ist die Sorte 'Robinsoniana'. Die Sorte hat lavendelblaue, große Blüten mit gelben Staubgefäßen und dunkelbraunen Blattstielen. Gefunden wurde sie 1883 im Botanischen Garten von Oxford und benannt hat man sie zu Ehren des irischen Gärtners und Journalisten William Robinson (1838–1935), dem Vater der Naturgartenbewegung in England. Er schrieb 1895 in einer Neuauflage seines bereits 1870 erschienenen Klassikers „The Wild Garden" über diese Sorte: „Es gibt einen Grund zur Annahme, dass es sowohl in England als auch in Irland eine große und schöne Form des Busch-Windröschens gibt – verschieden von dem gewöhnlichen weißen unserer Wälder und Dickichte im Frühling, und dass meine blaue Anemone eine Varietät davon ist." Heute geht man davon aus, dass dem tatsächlich so ist.
Das Busch-Windröschen, im Volksmund auch Hain-Anemone, Frühlingsanemone, Weiße Osterblume oder Hexenblume genannt, breitet sich an Standorten, an denen es sich wohlfühlt, mit seinen kriechenden Rhizomen rasch aus und bildet großflächige Bestände. Das sollte man bedenken, wenn man die hübsche Frühlingsstaude vor oder zwischen Gehölze setzt. Weil die Laubblätter kurz nach der Blüte einziehen, empfehlen wir, spät austreibende Stauden in die unmittelbare Nachbarschaft zu setzen. So kaschieren diese die ab Mai entstehenden Kahlstellen im Sommer. Gut eignen sich dafür Silberkerzen (*Cimicifuga*), Schaublatt (*Rodgersia*-Arten) und Funkien (*Hosta*-Arten und -Hybriden). Besonders reizvoll sieht zur Blütezeit eine Kombination mit Elfen- oder Sockenblumen (*Epimedium*) und Labrador-Veilchen (*Viola labradorica*) aus.

Anemone nemorosa 'Robinsoniana'.

GEWÖHNLICHE AKELEI

> Marienpflanze, Zauberkraut, Aphrodisiakum und Wildstaude mit elfengleicher Eleganz: Die Akelei steckt voller Charme, Widersprüche und Geheimnisse. Zugleich ist sie eine der ältesten Gartenpflanzen mit einer enormen Vielfalt an Zuchtsorten, von denen einige bereits seit Jahrhunderten bekannt sind. <

Aquilegia vulgaris
Hahnenfußgewächse, Ranunculaceae

Heimat: West-, Mittel- und Südeuropa, in Nordwestafrika in den Maghreb-Ländern.

Wuchsform: Aufrecht, Horste bildend, verzweigt, mit kräftiger, pfahlartiger Wurzel.

Blatt: Gestielt, zweifach dreifingrig, mittelgrün, unterseits bereift.

Blüte: Rispenförmig an einem Stängel bis zu 15 nickende, violettblaue Blüten mit kurzem, behelmtem Sporn.

Blütezeit: Mai bis Juni.

Frucht: Kapsel.

Wuchs-/Blütenhöhe: 50–60 cm.

Standort: Halbschattig bis schattig, bei ausreichender Bodenfeuchtigkeit auch sonnig in nährstoffreichem, kalkhaltigem, lehmig-humosem Boden.

Pflege: Ein Rückschnitt nach der Blüte fördert einen vitalen Wuchs.

Vermehrung: Durch Aussaat nach der Samenreife.

Besonderes: Alle Pflanzenteile sind schwach giftig.

Schon in den Klostergärten des Mittelalters wuchsen Akeleien, da sie früher als Heilpflanzen galten. Von dort aus fand das hübsche Blümchen seinen Weg in die Bauerngärten. Bis ins 17. Jahrhundert hinein kannte man nur die Gewöhnliche Akelei, die jedoch recht variabel blüht. Neben violetten, weißen und roten Blüten gibt es auch zweifarbige Varianten. In Conrad Gesners Aufstellung der deutschen Gartenpflanzen von 1561 wurde erstmals auch eine gefüllte Form erwähnt. Nur ein halbes Jahrhundert später, im Jahr 1613, wurden im „Hortus Eystettensis" auf den Tafeln 170 bis 173 zwölf verschiedene Sorten von Akeleien abgebildet, darunter eine dicht gefüllte, rosarote Sorte unter dem Namen *Aquilea Stellata Rubescens*. Insgesamt wurden dort sieben Formen mit gefüllten Blüten und vier mit spornlosen, sternförmigen Blüten gezeigt.

Als John Tradescant der Ältere in den 1630er-Jahren als einer der Ersten die nordamerikanische Rote Akelei (*A. canadense*) in Europa kultivierte, brachen neue Zeiten an. Die Art aus Übersee mit ihren gelb-roten Blüten ließ sich leicht mit den einheimischen Sorten hybridisieren. Überhaupt verhalten sich Akeleien wie kleine Flittchen und kreuzen sich sehr bereitwillig untereinander. Da es weltweit etwa 70 Arten der Gattung gibt, floss im Lauf der Zeit viel fremdes Erbgut in die neuen Zuchtlinien von *Aquilegia vulgaris* ein. Insbesondere in der viktorianischen Zeit züchtete man eine Fülle von neuen Formen. Manche dieser Sorten hatten lange Sporne und schmale Blüten, andere Blüten waren sogar gestreift. Letztere waren noch 1862 im Handel, sind aber heute verschollen.

Die legendäre englische Gartengestalterin und -autorin Gertrude Jekyll (1843–1932) bevorzugte hingegen schlichte, reinweiße Akeleien mit zartem, graugrünem Laub, botanisch *A. vulgaris* var. *nivea*. Die Sorte erhielt, nach Jekylls berühmtem Garten, den Namen 'Munstead White'. Auf einer Akelei-Bewertung in Wisley im Jahr 1913 bezeichnete man die Sorte als „aufrecht wachsend, blühfreudig, kurze Sporne, weiß, 75 cm." Ein Katalog aus den 1930er-Jahren verglich sie poetischer mit „Schwingen von Pfauentauben", was vielleicht etwas euphemistisch klingt, aber das tatsächliche Aussehen sehr gut trifft. Die Sorte ist übrigens heute noch bei Spezialgärtnereien erhältlich.

Der botanische Name der Akelei geht auf die Form der gespornten Blütenblätter zurück, die an Adlerklauen erinnern. Im Lateinischen heißt der Adler

Aquilegia vulgaris 'Munstead White' wirkt mit ihren reinweißen Blüten besonders edel.

aquila und die Blume wurde, wie der stolze Vogel, früher oft als Wappenmotiv gewählt. Deutsche Trivialnamen, die sich eindeutig auf das Aussehen der Blüten beziehen, sind Elfenhandschuh, Plumphose, Pfaffenkäpple und Frauenhandschuh. Im Englischen nennt der Volksmund sie *Columbine*, also Taube, denn die mittleren fünf nickenden Blütenblätter sehen aus wie fünf im Kreis nebeneinander sitzende Tauben. Andere englische Trivialnamen für die Akelei sind *Granny's Bonnet* (Großmutters Häubchen) oder *Fool's Cap* (Narrenkappe). In der Blumensprache stand die Akelei für Torheit, Überspanntheit und Extravaganz. In der Antike war sie Freya, der germanischen Göttin der Liebe und Ehe, geweiht, ebenso der Venus, der römischen Göttin der Liebe, des erotischen Verlangens und der Schönheit. Lange galt die

Auffällige, braunrote Blüten mit langen Sporen zeigt die Grünblütige oder Braune Akelei (*Aquilegia viridiflora*).

Akelei als Aphrodisiakum für Männer und auch die legendären Flugsalben des Spätmittelalters enthielten Samen des Hahnenfußgewächses. Heute weiß man, dass die Pflanze in allen Teilen giftig ist, und hat sie aus dem Kanon der Heilpflanzen verbannt.

Einen ganz anderen Bezug sah man in der christlichen Symbolik in der Akelei. Sie war als Marienblume der Muttergottes zugeordnet und stellte in der christlichen Kunst den Heiligen Geist dar. In dieser Bedeutung war sie auch die Lieblingsblume der Gotik. Nicht zufällig erinnert der filigrane Aufbau der Blüte an die eleganten Spitzbogen und das kunstvolle Maßwerk gotischer Kirchenfenster. Schon im „Frankfurter Paradiesgärtlein", entstanden um 1410, findet man die Akelei naturgetreu wiedergegeben. Etwas später, um 1435, wurde sie auf dem Genter Altar des flämischen Malers Jan van Eyck häufiger dargestellt als alle anderen Kräuter und Blumen. An besonders prominenter Stelle wird sie auf dem Portinari-Tryptichon präsentiert, einem um 1475 herum entstandenen Altar des flämischen Malers Hugo van der Goes. Im Vordergrund der Mitteltafel steht ein Zweig mit blauen Akeleiblüten zusammen mit einer Nelke in einem schlichten Wasserglas auf dem Boden. Das Gemälde gilt in der Kunstgeschichte als eines der ersten Blumenstillleben.

Eine weitere, ebenfalls als historische Staude geltende Art ist die Grünblütige oder Braune Akelei (*A. viridiflora*), die auch unter dem Namen *A. viridiflora* 'Chocolate Soldier' noch heute im Handel ist. Sie hat relativ kleine, nickende, lang gespornte Blüten in einer ganz besonderen Farbe. Die Blüten sind grünlich-gelb mit rötlich-braunen Kronblättern. Diese schöne Staude wurde seit 1780 in England kultiviert. William Robinson schrieb 1883/1884 über die Wirkung dieser zierlichen Staude: „In der Rabatte wird sie wohl kaum wahrgenommen, aber wenn man ein oder zwei Stängel in eine Vase stellt, wird man ihrer Schönheit gewahr." Der Botaniker und Gärtner George Nicholson, Verfasser von „The Illustrated Dictionary of Gardening" befand jedoch etwa zur selben Zeit: „Eher eine erfreuliche und süß duftende, grünblütige Art, aber nicht sehr schmückend."

Sowohl die Gewöhnliche Akelei als auch die vielgestaltigen Varietäten sind schöne Beetstauden für gemischte Rabatten und Wildblumengärten. Wir empfehlen bei der Pflanzung von Akeleien immer, die einzelnen Exemplare verstreut im Beet anzuordnen. So kommt die grazile und lockere Wirkung besonders gut zur Geltung. Die elfenartig an drahtigen Stielen tänzelnden Blüten passen gut als Begleitung zu gleichzeitig blühenden Pfingstrosen. Schöne Nachbarn sind auch Kaukasusvergissmeinnicht (*Brunnera macrophylla*) und Tränendes Herz (*Dicentra spectabilis*). Wenn man eine überreiche Selbstaussaat der kurzlebigen Staude verhindern möchte, sollte man die Samenkapseln vor der Reife entfernen. Um eine besondere Sorte rein zu erhalten, muss man darauf achten, dass sich keine anderen Formen in der Nähe befinden. Will man eine spezielle Varietät sortenrein vermehren, kann man versuchen, sie zu teilen. Da die Pflanzen aber auf Störungen im Wurzelbereich empfindlich reagieren, ist hierbei äußerste Vorsicht angeraten.

Gertrude Jekyll

Sie ist die Grand Old Lady des englischen Staudengartens. Gertrude Jekyll (1843–1932) gilt als Mutter des Landhausstils und war eine Freundin des „Vaters der englischen Naturgartenbewegung", William Robinson. Statt der damals üblichen Teppichbeete propagierte sie natürlich wirkende Pflanzungen mit Stauden. Mit dem Architekten Edwin Lutyens (1869–1944) verband sie eine fruchtbare Zusammenarbeit: Er entwarf die Gebäude und den Aufbau der Gärten, sie sorgte für die passende Bepflanzung. Einer der berühmtesten von ihr gestalteten Gärten, Hestercombe Gardens in der Grafschaft Somerset, ist heute ein Besuchermagnet für alle Gartenenthusiasten.

Hugo van der Goes: Portinari-Tryptichon, Mitteltafel: „Anbetung der Hirten", um 1475.

EBERRAUTE

Die halbstrauchig wachsende Staude ist eine uralte Kulturpflanze, aber wegen ihrer unspektakulären Blüten wenig bekannt. Inzwischen ist sie eine willkommene Bereicherung in Kies- und Steppenpflanzungen, die in jüngster Zeit immer populärer werden.

Artemisia abrotanum
Korbblütler, Asteraceae

Heimat: Südosteuropa, Westasien, Sibirien.

Wuchsform: Aufrecht, verzweigt, an der Basis verholzend, kurze Ausläufer bildend.

Blatt: Graugrün, fein zerteilt, bis 5 cm lang, aromatisch.

Blüte: Unscheinbar, gelbbraune Köpfchen in dichten Rispen.

Blütezeit: Juli bis September.

Frucht: Achäne (einsamige Schließfrucht).

Wuchs-/Blütenhöhe: 40–100 cm.

Standort: Sonnig in durchlässigem, kalkhaltigem Boden.

Pflege: Die Triebe, wenn nötig, erst im Frühjahr einkürzen.

Vermehrung: Durch Aussaat (Lichtkeimer!), Teilen oder Grünstecklinge.

Besonderes: Im Winter vor übermäßiger Nässe und Kälte schützen.

Die Eberraute ist eine südeuropäische Verwandte des Echten Wermuts (*Artemisia absinthium*). Sie wurde schon seit dem 9. Jahrhundert in Klostergärten kultiviert. Das bezeugt die Erwähnung im „Capitulare de villis“, der Landgüterverordnung Karls des Großen aus dem Jahr 812. Dort wird sie an siebter Stelle der zum Anbau empfehlenswerten Pflanzen als *abrotanum* aufgeführt. Empfohlen wurde sie als Leber- und Galleheilmittel, bei Gelbsucht und Atemnot und galt als appetitanregend wie auch als probates Mittel gegen Wurmbefall. Auch Walahfrid Strabo lobte die Wirkung der Pflanze bereits im 9. Jahrhundert. Und noch Tabernaemontanus (eigentlich Jakob Dietrich aus Bergzabern, 1522–1590) empfahl in seinem „Neuw Kreuterbuch“ von 1588 die von ihm Stabwurz genannte Pflanze „gegen das Keichen und Hertzgesperr“ und gegen Wurmbefall, „wenn es gepülvert“ und mit Milch oder Honig eingenommen wurde. Dass Eberraute auch gegen schwindendes Haupthaar bei Männern wirkt, ist eine Behauptung des englischen Apothekers und Arztes Nicholas Culpeper (1616–1654), die mangels Beweisen jedoch angezweifelt werden darf. Tatsache ist, dass Eberraute in der Küche fette Speisen, insbesondere Enten- und Gänsefleisch, verdaulicher und, in Maßen angewendet, auch schmackhafter macht. Der bittere Beigeschmack des Krautes, das frisch oder getrocknet verwendet werden kann, wird vom Wirkstoff Absinthin und dem Glykosid Rutin verursacht. Außerdem enthält Eberraute ätherische Öle und Abrotanin.
Es sind zwei Kulturtypen bekannt, von denen eine etwas aufdringlich nach Zitrone duftet (heutzutage als Sorte ‘Citrina’ im Handel) und eine andere, die streng nach Kampfer riecht. Wegen des Geruchs wurde und wird die Pflanze zum Vertreiben von Fliegen und Parasiten verwendet. In der Homöopathie setzt man sie unter anderem bei rheumatischem Fieber, Verdauungs- und Hautproblemen ein.
Der Name Eberraute geht vielleicht auf eine Verballhornung des lateinischen Namens *abrotanum* zurück, wahrscheinlicher aber stammt er vom altdeutschen „Aber“ für „nicht richtig“. Wie bei der Eberesche, die keine richtige Esche ist (Aber-Esche = keine richtige Esche), so ist die Eberraute auch keine richtige Raute. Weitere deutsche Trivialnamen sind Jungfernleid, Mugwurz (vom keltischen *mug* = wärmen) oder Riechkraut. Letzteres verweist auf die Sitte, ein Zweiglein Eberraute ins Gebetbüchlein zu legen, damit man durch den strengen Geruch bei der Predigt im Gottesdienst nicht einschläft.
In England nennt man die Eberraute auch *Maiden's ruin*, was gleichbedeutend ist mit dem deutschen Trivialnamen Jungfernleid. Der Name rührt daher, dass ein unter den Schürzenbund gesteckter Zweig die keusche Jungfrau angeblich zur Liebe verführe. Der Zauber soll nur kurzfristig Wirkung zeigen, deshalb nennt man das Kraut auch *Kiss-me-quick-and-go*, also „Küss mich schnell und mach dich davon“. Auf den Britischen Inseln soll die Eberraute schon kurz nach der Zeitenwende bekannt gewesen sein. Sie wurde wahrscheinlich von den Römern während ihrer Eroberungszüge dorthin gebracht. Sicher ist die Kultur der Eberraute dort seit 1548 verbürgt. Man nannte sie, wohl wegen ihrer Herkunft aus dem Mittelmeerraum, *Southernwood*, also „Südliches Holz“ – ein treffender Name, der sich auf den Inseln bis heute erhalten hat.

Walahfrid Strabo

Der Benediktiner Walahfrid Strabo, genannt Strabus (um 808–849), war ein Dichter, Botaniker, Diplomat und Abt auf der Bodenseeinsel Reichenau. Um 840 verfasste er sein „Liber de cultura hortorum“, zu Deutsch: „Über die Kultur der Gärten“, auch bekannt als „Hortulus“, worin er 24 Heilpflanzen beschrieb.

WALD-GEISSBART

Der Wald-Geißbart, eine einheimische Waldpflanze, ist auch ein echter Gartenschatz, der im Schattengarten wahre Wunder bewirken kann. Die ausdauernde, robuste Pflanze hellt mit ihren duftigen, cremeweißen Blütenständen dunkle Gartenecken auf. An Problemstandorten ist sie ein willkommener Blickfang.

Aruncus dioicus
Rosengewächse, Rosaceae

Heimat: Europa bis Ostsibirien, östliches Nordamerika.

Wuchsform: Aufrecht, Gruppen bildend mit kurzen Rhizomen.

Blatt: Zweifach gefiedert, gezähnt, mittelgrün, farnartig, bis 1 m lang.

Blüte: Zweihäusig. Lockere, zapfenförmige, bis 50 cm lange Rispen mit zahlreichen kleinen, rahmweißen, männlichen Einzelblüten. Die weiblichen Blüten sind grünlichweiß. Wirklich attraktiv blühen nur weibliche Pflanzen.

Blütezeit: Juni bis Juli.

Frucht: Balgfrucht.

Wuchs-/Blütenhöhe: 100–180 cm.

Standort: Halbschattig bis schattig in lehmig-humosem Boden.

Pflege: Unkompliziert. Ein Rückschnitt der Samenstände verhindert die Selbstaussaat.

Vermehrung: Durch Aussaat oder Teilen kräftiger Pflanzen, sofern man weibliche hat, im Herbst oder Frühling.

Besonderes: Alle Pflanzenteile sind schwach giftig.

Die früher auch unter den Namen *Aruncus sylvester*, *A. vulgaris* und *Spiraea aruncus* bekannte Wildstaude wurde seit dem 16. Jahrhundert vor allem im Bergland Mitteleuropas als Zierpflanze in die Gärten geholt. In den Gärten des Flachlandes fand man den Wald-Geißbart zur gleichen Zeit ziemlich selten. Hieronymus Bock gab ihr in seinem „New Kreütter Buch" 1539 den Namen *Barba caprina*, unter dem sie auch schon vor 1561 im Zürcher Garten von Conrad Gesner wuchs. Im „Hortus Eystettensis" wird sie 1613 unter dem Namen *Barba caprae* auf Tafel 255 abgebildet. Tabernaemontanus übersetzte in seinem „Neuw Kreuterbuch" von 1588 den deutschen Namen ins Griechische und nannte die Pflanze *Drymopogon*. Doch damit nicht genug der Namensverwirrungen: Carl von Linné bezeichnete den Wald-Geißbart zunächst 1737 mit seinem antiken Namen *Aruncus*, stellte ihn dann aber 1753 zur Gattung *Spiraea* und nannte ihn *Spiraea aruncus*. Erst im 19. Jahrhundert wurde die Gattung von dem tschechischen Arzt und Botaniker Vincenz Franz Kostelecky wieder bei *Aruncus* eingeordnet. Der bis heute allgemein gültige botanische Artname *Aruncus dioicus* wurde schließlich 1939 durch den amerikanischen Botaniker Merritt Lyndon Fernald veröffentlicht.
Ungeachtet des botanischen Hin und Her (wohlgemerkt: die Staude ist dieselbe geblieben) fand man den Wald-Geißbart seit dem 18. Jahrhundert immer öfter in Botanischen Gärten. Auch Pflanzenliebhaber lernten ihn zu schätzen. Der Berliner Arzt und Botaniker Johann Gottlieb Gleditsch (1714–1786) bezeichnete ihn als „Der große Berg=Geißwedel" und lobte seine „Blumenähren, die die Gärten zieren". Erst im 19. Jahrhundert wird die Großstaude eine anerkannte und verbreitete Gartenpflanze. Früher verwendete man den Wald-Geißbart, insbesondere die Wurzel, auch zu Heilzwecken. Heutzutage jedoch nicht mehr, weil die gesamte Pflanze Blausäure-Glykoside enthält. Dennoch werden die jungen Triebe in Norditalien traditionell gekocht als Gemüse verzehrt. Durch das Garen werden die Giftstoffe unschädlich gemacht.
Obwohl meist die eigentliche Art gepflanzt wird, gibt es auch eine historische Sorte: *Aruncus dioicus* 'Kneiffii'. Sie verdankt ihre Entdeckung einem gleichnamigen Tabakfabrikanten aus Nordhausen (Thüringen), der 1889 im Park seiner Villa ein Exemplar des Wald-Geißbarts fand, das deutlich

Aruncus dioicus 'Kneiffii.'

kleiner als die Art war und apart geschlitztes Laub hatte. Die Sorte ist nach wie vor im Handel erhältlich, jedoch gibt es inzwischen auch eine verbesserte Form. Der moderne Nachkomme dieser historischen Staude trägt den Namen 'Whirlwind', ist standfester als 'Kneiffii' und hat einen kräftigeren Wuchs. Mit etwa 70 cm bleibt 'Whirlwind' jedoch ähnlich niedrig.
Es gibt wohl kaum eine unkompliziertere Staude für den Halbschatten als den Wald-Geißbart. Auf feuchten und nährstoffreichen Böden im Halbschatten kann die Pflanze bis über 2 m hoch werden. Je sonniger, trockener und nährstoffärmer der Boden ist, desto niedriger bleibt sie. Ein idealer Standort für die bis zum Herbst stattlich aussehende Staude ist der Wildpflanzengarten, wo sie vor oder zwischen Gehölzen gut zur Geltung kommt. Als Nachbarn empfehlen wir Eisenhut (*Aconitum*), Christ- und Lenzrosen (*Helleborus*), Immergrün (*Vinca*) und Hainsimse (*Luzula*).

Festlicher Schmuck

Die Kinder der Familie Gaißmayer haben in den 1950er-Jahren die Blütenwedel an Fronleichnam aus dem Wald geholt und die Fensterläden damit für die Prozession geschmückt. Dies war damals im katholisch-schwäbischen Raum, wo die Gaißmayers zu Hause sind, so üblich.

BERG-ASTER, KALK-ASTER

> Viele Gartenfreunde glauben, dass Astern typische Herbststauden sind. Doch es gibt herrliche Arten, die bereits im Frühjahr und Sommer blühen. Zu den beliebtesten gehört die pflegeleichte und robuste, in Europa heimische Berg-Aster, von der es zahlreiche schöne Sorten gibt. <

Aster amellus
Korbblütler, Asteraceae

Heimat: Mittel- und Osteuropa bis Westrussland und Türkei.

Wuchsform: Aufrecht bis halb niederliegend, Gruppen bildend.

Blatt: Lanzettlich, behaart, mittelgrün, 3-5 cm lang.

Blüte: Lockere Schirmrispen mit Körbchenblüten, 3-5 cm breit, in Blauviolett mit gelber Mitte.

Blütezeit: Juli bis Oktober.

Frucht: Achäne (Spaltfrucht) mit Pappus.

Wuchs-/Blütenhöhe: 30–60 cm.

Standort: Sonnig in mäßig fruchtbarem, durchlässigem, kalkhaltigem Boden.

Pflege: Eine Frühjahrspflanzung ist empfehlenswert.

Vermehrung: Durch Aussaat, Ausläufer, Teilen oder grundständige Stecklinge.

Besonderes: Sorten variieren bei der Aussaat.

Die „Väter der Botanik“, Hieronymus Bock, Otto Brunfels und Leonhart Fuchs, kannten die Berg-Aster in der ersten Hälfte des 16. Jahrhunderts nur als Wild-, nicht aber als Gartenpflanze. Erst im Lauf des 17. Jahrhunderts pflanzte man die hübsche Wildstaude auch in Gärten. Im „Hortus Eystettensis“ des Basilius Besler von 1613 zeigt die Tafel 215 zwei Formen der dort *Aster Atticus* genannten Staude, und zwar eine mit kleinen und eine mit größeren Blüten, beide in bläulichem Violett. Der Basler Botaniker Caspar Bauhin (1560–1624) fasste beide Formen unter dem Namen *Aster atticus caeruleus vulgaris* zusammen. Der Naturforscher Johann Sigismund Elsholtz (1623–1688) hielt sie dagegen für zwei verschiedene Arten. Er nannte sie auf Deutsch „Blau Sternkraut“. Das Epitheton des früheren botanischen Namens *atticus* verweist übrigens auf die Antike („aus Attika“) und die vermeintliche Herkunft der Staude aus dem östlichen Mittelmeergebiet. Tatsächlich fehlt die Wildstaude dort aber in der Natur fast vollständig. Verbreitet war und ist sie dagegen auf kalkhaltigen Böden in Mitteleuropa. Ihren Weg in die Gärten fand die Berg-Aster im Lauf des 18. Jahrhunderts und mindestens seit 1736 war auch eine Form mit weißen Blüten bekannt. Johann Gottlieb Gleditsch schrieb 1773 über „Das gemeine blaue Bergsternkraut“, wie er die Staude nannte: „Wegen der schönen Blütenbüschel, die sehr lange blühen und die Gärten zieren, verdient es die Unterhaltung wohl.“ Die Züchtung neuer Sorten setzte erst in der zweiten Hälfte des 19. Jahrhunderts ein. Anfang des 20. Jahrhunderts gab es bereits ein breites Spektrum an Sorten mit verschiedenen Farben, darunter hell- und dunkelrosa sowie hell- und dunkelviolette Varietäten. Eine vom deutschen Züchter Georg Arends 1913 eingeführte Sorte, die lavendelblau blühende ‘Rudolf Goethe’, ist nach wie vor im Handel erhältlich. Sie gilt als verlässlich wachsende, inzwischen sehr variable und damit leider nicht mehr authentische Sämlingssorte, die sich auch für weniger optimale Standorte eignet. Benannt wurde sie nach Rudolf Goethe (1843–1911), einem anerkannten Fachmann für Weinbau und entfernten Verwandten des deutschen Dichterfürsten. Georg Arends sind noch weitere schöne Sorten der Berg-Aster zu verdanken, etwa die lilarosa blühende ‘Schöne von Ronsdorf’, eine Einführung aus dem Jahr 1911, die leider nicht mehr im Handel ist. Weitere von Georg Arends gezüchtete, ebenfalls nicht mehr handelsübliche, historische Sorten der Berg-Aster sind ‘Preziosa’ und ‘Triumph’ (beide 1904), ‘Rubellus’ (1911), ‘Emma Bedau’, ‘Gruppenkönigin’ und ‘Otto Rudolf’ (alle 1912) sowie ‘Oktoberkind’ (1914). Doch Liebhaber der schönen Sommerstaude finden zahlreiche neuere Sorten im Handel, darunter auch moderne Klassiker wie die von Karl Foerster bereits 1947 eingeführte ‘Veilchenkönigin’, eine reichblütige, sehr standfeste Sorte mit langer Blütezeit und dunkelvioletten Blüten. Wer die Sorten der Berg-Aster selbst durch Aussaat vermehren möchte (was grundsätzlich möglich ist), sollte jedoch wissen, dass die Sämlinge im Aussehen mitunter deutlich von der Ursprungssorte abweichen. Empfehlenswerter ist daher eine vegetative Vermehrung, etwa durch Stecklinge.

Aster amellus ‘Rudolf Goethe’.

Sterne im Garten

Der Name der Pflanzengattung *Aster* leitet sich vom lateinischen Wort für Stern ab. Wenn man die strahlenförmig um die Blütenmitte angeordneten, äußeren Blütenblätter der artenreichen Pflanzengattung betrachtet, weiß man auch warum. Wie Sterne strahlen die je nach Art und Sorte mal mehr, mal weniger großen Blüten der Astern pure Lebensfreude aus und sorgen im Blumenbeet mit ihrem unprätentiösen Charme eigentlich immer für gute Laune.

BLAUE WALD-ASTER

Obwohl diese schöne Herbstaster als erste nordamerikanische Asternart überhaupt im 17. Jahrhundert aus den französischen Kolonien Kanadas nach Europa kam, ist sie noch immer ein Geheimtipp. Der Wildcharakter und die späte Blütezeit machen die Pflanze zu einer Bereicherung herbstlicher Staudenbeete.

Aster cordifolius

Korbblütler, Asteraceae

Heimat: Nordamerika.

Wuchsform: Aufrecht, Gruppen bildend.

Blatt: Herzförmig, mittelgrün, bis 12 cm lang.

Blüte: Lockere Rispen mit 2 cm breiten, blassblauen Körbchenblüten mit gelber Mitte.

Blütezeit: August bis Oktober.

Frucht: Achäne (Spaltfrucht) mit Pappus.

Wuchs-/Blütenhöhe: 60–150 cm.

Standort: Sonnig bis halbschattig in mäßig fruchtbarem, frischem bis feuchtem, durchlässigem Boden.

Pflege: Hoch wachsende Sorten sollten gestützt werden.

Vermehrung: Durch Aussaat und Teilen der Horste im Frühling.

Besonderes: Die Pflanze verträgt zwar etwas Schatten, aber keine längeren Trockenperioden.

Bei der Blauen Herbst-Aster handelt es sich um eine Asternart mit langer Geschichte, die man noch heute selten in den Gärten findet. Die auch Herzblättrige Aster genannte Staude kam schon 1620 aus Nordamerika nach Europa, genauer nach Paris, wo sie im Garten von Jean Robin unter dem Namen *Aster Americanus flore violaceo* geführt wurde. Der Arzt und Botaniker Jacques Philippe Cornut (1606–1651) hat die Pflanze in seinem 1635 erschienenen Werk „Canadensium Plantarum Historia", übrigens eines der ersten botanischen Werke über die nordamerikanische Flora, als *Asteriscus latifolius autumnalis* beschrieben und abgebildet.
Da man in dieser Epoche der Entdeckungen begierig alle botanischen Neuheiten austauschte, gelangte die Pflanze auch bald nach England, wo John Tradescant der Ältere sie spätestens 1634 in seinem Garten kultivierte. Er nannte die Pflanze *Aster coeruleus serotinuns fruticans*. Der Braunschweiger Botaniker Johannes Chemnitius (1610–1651) listete die Art unter dem Namen *Aster americanus latifolius* in seinem 1652 postum erschienenen „Index plantarum" auf, einer Bestandsaufnahme aller Pflanzen, die damals in Braunschweig und der unmittelbaren Umgebung der Stadt kultiviert wurden. Bis weit ins 17. Jahrhundert war die Staude zunächst noch eine Liebhaberpflanze, aber im 18. Jahrhundert soll sie schon weit verbreitet gewesen sein. In den Gärten Leipzigs sei sie um 1790 *valde frequens*, also sehr häufig, anzutreffen gewesen. Zunächst pflanzte man nur die reine Art, aber gegen Ende des 19. Jahrhunderts entstand eine Reihe von Zuchtvarietäten mit eigenen Sortennamen.
So schrieb etwa „Möller's Deutsche Gärtner-Zeitung" im Jahr 1907 über die Sorte *A. cordifolius* (Syn. *A. Hybridus*) 'Photograph': „Erwähnen will ich noch von kleinblumigen milchweissen Sorten *Aster Hybridus* 'Photograph', die auch als Solitärpflanze im Rasen prächtig zu verwenden ist." Die Sorte 'Photograph' findet man auch heute noch im Sortiment zahlreicher Staudengärtnereien, allerdings mit recht unterschiedlichen Angaben zu Wuchshöhe, Blütezeit und auch zum Aussehen der Blüten. Manche Händler beschreiben die Blüten als blau, andere als fliederfarben oder hell violettblau und die Wuchshöhe variiert, je nach Anbieter, zwischen 80 und 120 cm. Dass die Blütezeit auch von der jeweiligen Region abhängig ist, versteht sich von selbst. Wie bei anderen historischen

Aster cordifolius 'Photograph'.

Staudensorten auch, ist es wohl im Lauf der Zeit zu unfreiwilligen Einkreuzungen anderer Sorten gekommen, die das ursprüngliche Aussehen der Pflanze entsprechend verändert haben.
Ungeachtet dessen ist die Blaue Herbst-Aster ein echter Gartenschatz, die wegen ihrer späten und sehr reichen Blüte gerade dann für etwas Farbe im Garten sorgt, wenn man Blütenzauber kaum noch erwartet. Wir empfehlen sie für naturnahe Pflanzungen, aber auch für gemischte Rabatten und das Staudenbeet. Weil sie Halbschatten toleriert, kann man sie auch gut an den Gehölzrand pflanzen.

Jean Robin

Der französische Apotheker und Botaniker Jean Robin (1550–1629) war Hofgärtner unter Heinrich III., Heinrich IV. und Ludwig XIII. Im Auftrag der Pariser Medizinfakultät legte er ab 1597 einen botanischen Garten in der Seine-Stadt an. Er führte die Scheinakazie (*Robinia pseudoacacia*), die nach ihm benannt wurde, sowie den Echten Roseneibisch (*Hibiscus syriacus*) in Frankreich ein. Sein Sohn Vespasien Robin (1579–1662), ebenfalls Botaniker, folgte seinem Vater 1629 im Amt des Hofgärtners nach. Robin Junior unternahm, anders als sein Vater, zahlreiche Reisen innerhalb Europas, ins westliche Afrika und in die Kolonien nach Nordamerika.

GROSSE STERNDOLDE

> Obwohl vielfach unbeachtet, kommt der Sterndolde im Garten eine nicht zu unterschätzende Rolle zu. Sie ist nicht nur ein schöner Rosenbegleiter, sondern hat auch einen ganz eigenen Charme. Die filigran aufgebauten Blütenstände lohnen ein näheres Hinsehen, denn sie sind kleine Kunstwerke der Natur! <

Astrantia major
Doldenblütler, Apiaceae

Heimat: Europa von Spanien über den Balkan bis zum Kaukasus.

Wuchsform: Aufrecht, Gruppen bildend, mit grundständigem Blatthorst und wenig verzweigten Blütenstängeln.

Blatt: Handförmig geteilt, grob gezähnt, mittelgrün, bis 15 cm breit.

Blüte: Dolden mit kleinen, köpfchenartigen, von derben Hüllblättern umgebenen Körbchenblüten in Grünlich-Weiß bis Rosa.

Blütezeit: Juni bis Juli und September.

Frucht: Dicht geschuppte Doppelachäne (Spaltfrucht).

Wuchs-/Blütenhöhe: 50–70 cm.

Standort: Sonnig bis halbschattig in fruchtbarem, humosem, nicht zu trockenem, kalkhaltigem Boden.

Pflege: Junge Triebe vor Schneckenfraß schützen.

Vermehrung: Durch Aussaat nach Samenreife oder Teilen im Frühjahr.

Besonderes: Ohne Rückschnitt zieht die Pflanze nach der Blüte ein.

Die Große Sterndolde, vom Volksmund auch Sternblume, Stränze, Moister, Rietdolde oder Holznägeli und im Englischen *Masterwort* genannt, ist eine unkomplizierte Staude mit charmanten Blüten, die an ein kleines Stecknadelkissen erinnern. Wo der Standort nicht zu heiß und zu trocken ist, passt sie sehr gut zu Rosen. Mit ihrer subtilen Farbigkeit kann sie allzu grelle Rosa- und Purpurtöne der Nachbarpflanzen abschwächen. Ist eine Selbstaussaat erwünscht, lässt man die verblühten Stängel stehen. Allerdings fallen nur die Nachkommen der Art echt aus, nicht aber die der Zuchtsorten. Wenn man die Pflanze direkt nach der Blüte zurückschneidet, verhindert man die reichliche Selbstaussaat und regt einen Neuaustrieb des Laubes sowie eine Nachblüte im Spätsommer an. Die Große Sterndolde ist eine Schnittblume mit langer Haltbarkeit und eignet sich auch gut zum Trocknen.

Die Wildstaude aus dem europäischen Bergland ist seit dem späten 16. Jahrhundert als Gartenpflanze in Europa überliefert. In Amerika fand sie erst hundert Jahre später ihren Weg in die Gärten. Im „Hortus Eystettensis" wird sie 1613 unter dem Namen *Veratrum nigrum Dioscordis* auf Tafel 261 abgebildet. Obwohl sie seitdem eigentlich immer in den Gärten präsent war, hat es lange gedauert, bis sie die Aufmerksamkeit erhielt, die sie eigentlich verdient. Philip Miller (1691–1771), Kurator des Apothekergartens von Chelsea (London) und damit verantwortlich für die Einführung vieler neuer Pflanzenarten, hielt nicht viel von dieser Staude. In der 1754 erschienen Ausgabe seines vielfach aufgelegten „Gardener's Dictionary" (erstmals erschienen 1731) urteilte er über die Große Sterndolde, dass sie „weder nützlich noch schön" sei. Dennoch wendete man sie in der Volksheilkunde lange Zeit bei Erkrankungen der Atemwege, Blutungen im Magen-Darm-Trakt sowie als Wundmittel an.

Seit dem ausgehenden 20. Jahrhundert ist die Sterndolde zu einer Art Trendpflanze geworden. Es gibt inzwischen zahlreiche schöne Zuchtsorten, darunter rötlich bis purpurrot blühende Varianten und mit 'Sunningdale Variegated' sogar eine weißlich-rosa blühende Sorte mit gelbbunt panaschiertem Laub. Viele dieser Sorten wurden von ihren Züchtern als registrierte Warenmarke („Registered Trade Mark") angemeldet. Aber trotz der beeindruckenden Vielfalt der neuen Sorten halten wir die Urform der Großen Sterndolde nach wie vor für eine gute Wahl für absonnige, naturhafte Gartenpartien, insbesondere dann, wenn man nicht jede Mode unbedingt mitmachen möchte.

Astrantia major 'Sunningdale Variegated'.

Chelsea Physic Garden

Der Apothekergarten von Chelsea ist einer der ältesten Botanischen Gärten in London. Er wurde 1673 als Apothekergarten gegründet. Schon 1680 richtete man ein erstes Gewächshaus ein. Im Jahr 1713 erwarb der Ire Sir Hans Sloane das an das Gartengrundstück angrenzende, etwa 1,6 Hektar große Areal und überließ es der Apothekergesellschaft gegen 5 Pfund Jahrespacht. Als Gegenleistung musste diese der Royal Society jährlich einen Bericht mit 50 neu beschriebenen Pflanzenarten vorlegen, bis 200 Erstbeschreibungen verfasst waren. Außerdem sollte das Gelände immer als Apothekergarten dienen. Unter Philip Miller, Kurator 1722–1770, entwickelte sich der Garten zu einem der artenreichsten seiner Zeit. Im Jahr 1983 ist der Chelsea Physic Garden in eine Stiftung übergegangen und seitdem für das Publikum geöffnet. Inzwischen gibt es im Garten auch ein Bildungszentrum für Schulklassen und für Vorträge. Längst beschränkt sich das Sortiment nicht allein auf Heilpflanzen. Unter anderem wächst hier der größte im Freiland gezogene Olivenbaum Großbritanniens. Zudem findet man hier im Frühjahr über hundert verschiedene Sorten von Schneeglöckchen (*Galanthus*).

BLAUKISSEN

> Blaukissen ist genau der richtige Name für diese Pflanze. Denn im Frühjahr sind die teppichartig wachsenden Polster von einer Vielzahl blauvioletter Blüten übersät, sodass wirklich der Eindruck eines lilablauen Kissens entsteht. Im Steingarten und auf Trockenmauern ein unwiderstehlicher Gartenschatz! <

Aubrieta-Hybriden
Kreuzblütler, Brassicaceae

Heimat: Gärtnerischer Herkunft, die Ahnen stammen aus dem Mittelmeerraum.

Wuchsform: Flache Polster bildend, immergrün.

Blatt: Ei- bis spatelförmig, ganzrandig oder gezähnt, behaart, hell- bis mittelgrün, bis 3 cm lang.

Blüte: Kreuzblüten in Blauviolett, Rosa oder Weiß, bis 1,5 cm breit.

Blütezeit: April bis Mai.

Frucht: Schote.

Wuchs-/Blütenhöhe: 5–10 cm.

Standort: Sonnig in mäßig durchlässigem, kalkhaltigem Boden.

Pflege: Bei anhaltender Trockenheit wässern.

Vermehrung: Durch Teilung im Herbst oder Frühjahr.

Besonderes: Die Hybriden lassen sich sortenrein nur vegetativ vermehren.

Die Blaukissenhybriden stammen vom Griechischen Blaukissen (*Aubrieta deltoidea*, s. Abb. S. 82) ab. Der französische Botaniker Joseph Pitton de Tournefort (1656–1708) entdeckte diese Staude auf einer Forschungsreise zwischen 1700 und 1702 auf der Insel Kreta. Er beschrieb sie 1703 in seinem Werk „Corollarium institutionum rei herbariae“ als *Alyssum creticum foliis angularis, flore violaceo*. Carl von Linné nannte sie *Alyssum deltoideum*, aber 1763 ordnete der französische Botaniker Michel Adanson (1727–1806) sie in eine neue Gattung ein, die er *Aubrieta* nannte. Der Name ehrt den Zeichner Claude Aubriet, der damals Joseph de Tournefort bei dessen Forschungsreise dienstbar begleitet hatte.
Zur Gartenpflanze wurde das Blaukissen erst Mitte des 19. Jahrhunderts. Damals kamen Steingärten in Mode und plötzlich interessierten sich auch die Züchter für die Pflanze. Durch Einkreuzen der Art *Aubrieta columnae* entstanden neue Blütenfarben. So gab es bereits 1855 mit ‘Purpurea’ eine Sorte mit purpurroten, später auch Sorten mit gefüllten Blüten. Viele der alten Sorten sind zwar inzwischen verschollen, aber einige historische *Aubrieta*-Hybriden sind bis heute im Handel. So etwa ‘Dr. Mules’, eine 1895 eingeführte Sorte mit dunkel violettblauen Blüten, oder ‘Tauricola’ (eingeführt vor 1889) mit hell violettblauen Blüten. Auch die *Aubrieta*-Hybride ‘Leichtlinii’ mit karminrosa Blüten ist eine historische, mehr als hundert Jahre alte Sorte. Sie wurde nach dem Baden-Badener Gärtner Maximilian Leichtlin (1831–1910) benannt. Leider sind generativ vermehrte Sorten wie ‘Leichtlinii’ inzwischen stark verändert und nicht mehr authentisch.
Eine weitere historische, heute noch erhältliche Sorte ist die *Aubrieta*-Hybride ‘Moerheimi’. Der niederländische Gärtner Bonne Ruys (1865–1950) brachte die großblütige, rosafarbene Selektion im Jahr 1902 auf den Markt. Auf der Temple Gardens Flower Show in London wurde sie kurz darauf mit einem Award of Merit, einer Verdienstmedaille, ausgezeichnet. Der Name ‘Moerheimi’ bezieht sich auf die gleichnamige Gärtnerei von Bonne Ruys in Dedemsvaart (Niederlande), die der mit Karl Foerster befreundete Staudenzüchter im Jahr 1888 gegründet hatte. Seine Tochter, die bekannte Gartenarchitektin Mien Ruys (1904–1999), setzte seine Arbeit fort und erweiterte die Gärtnerei auf 25 Schaugärten, die sich auf 2,5 Hektar erstrecken.

Aubrieta-Hybride ‘Dr. Mules‘.

Alle Blaukissenhybriden sind langlebige Polsterstauden, die sich gut für die Bepflanzung von Mauerkronen und sonnigen Hängen eignen. Allerdings muss man darauf achten, dass die Pflanzen auf Dauer nicht zu trocken stehen. Die immergrünen Blattpolster werden sonst schütter. Durch einen kräftigen Rückschnitt nach der Blüte fördert man das Wachstum und die Vitalität der Pflanze und regt bei manchen Sorten auch eine Nachblüte im Herbst an. Blaukissen kann man gut mit anderen Polsterstauden kombinieren, etwa mit Steinkraut (*Alyssum*), Gänsekresse (*Arabis*) und Polster-Phlox (*Phlox subulata*). Auch für die dauerhafte Bepflanzung von Balkonkästen eignet sich Blaukissen gut, insbesondere, wenn man die Polsterstaude mit aufrecht wachsenden Begleitpflanzen kombiniert. Übrigens fehlt – trotz des Namens „Blaukissen“ – reines Blau bis heute bei den Sorten. Selbst die blauesten Hybriden, wie etwa der beliebte Klassiker ‘Blaumeise’, haben im besten Fall blauviolette, aber keine wirklich blauen Blüten. In der Staudengärtnerei Gaißmayer werden alle Sorten des Blaukissens durch Stecklinge vermehrt, um eine möglichst hohe Sortenreinheit zu gewährleisten. Die über den Pflanzengroßhandel vertriebenen, in Gartencentern und Baumärkten angebotenen Blaukissen-Sorten entsprechen oft nicht mehr den ursprünglichen Sorten. Manchmal unterscheiden sie sich nur durch kleine Farbnuancen. Aber wer Wert auf authentische Sorten „mit Stammbaum“ legt, sollte beim Kauf auf vegetativ vermehrte Pflanzen achten.

GROSSBLÄTTRIGES KAUKASUSVERGISSMEINNICHT

Das kleine Blümchen mit dem langen Namen ist eine schöne, langlebige Frühlingsstaude mit dekorativen, herzförmigen Blättern und zauberhaften, kleinen Blütensternen in hellem Blau. Blüten- und Blattschönheit sind selten so vollendet mit einer bewundernswerten Robustheit in einer Gartenstaude vereint.

Bunnera macrophylla
Raublattgewächse, Boraginaceae

Heimat: Subalpine Wälder im Kaukasus und Westsibirien.

Wuchsform: Aufrecht, büschelige Horste bildend, mit kurzem Rhizom.

Blatt: Grundständige Blätter herzförmig mit rauer Oberfläche, lang gestielt, bis 30 cm lang.

Blüte: Rispen zahlreicher kleiner, hellblauer, radförmiger Einzelblüten.

Blütezeit: April bis Juni.

Frucht: Klausenfrucht.

Wuchs-/Blütenhöhe: 30–50 cm.

Standort: Im lichten Schatten in lehmig-humosem, mäßig nährstoffreichem, frischem Boden.

Pflege: Ein Rückschnitt nach der Blüte verhindert die Versamung und führt zu einem schönen Neuaustrieb.

Vermehrung: Durch Aussaat oder Teilen im zeitigen Frühjahr.

Besonderes: Sorten fallen bei der Aussaat nicht echt aus.

Die hübsche Schattenstaude wurde erst Anfang des 19. Jahrhunderts entdeckt. Der deutsch-russische Botaniker Johann Friedrich Adam (1780–1838) begleitete in den Jahren 1800 bis1802 den russischen Grafen Apollo Muskin-Puschkin (nicht zu verwechseln mit dem russischen Nationaldichter Alexander Puschkin) auf dessen naturkundliche Expedition in den Kaukasus. Noch während der Rückreise verfasste Adam 1802 eine Abhandlung, in der er 50 neu entdeckte Arten beschrieb, darunter eine Staude, die er „*Myosotis macrophylla* aus den schattigen Wäldern Iberiens" nannte. Iberien meint in diesem Fall das heutige Georgien, nicht etwa die spanische Halbinsel.
Die Abhandlung von Johann Friedrich Adam, der sich später Michael Friedrich Adams nannte, wurde 1805 in Kiel veröffentlicht. Der deutsche Botaniker Friedrich August Freiherr Marschall von Bieberstein erwähnte die Pflanze 1808 bald darauf in seiner „Flora taurico-caucasica". Johann Georg Christian Lehmann, Gründer des Hamburger Botanischen Gartens, ordnete sie 1817 der Gattung Ochsenzunge (*Anchusa*) zu und nannte sie *Anchusa myosotidiflora*, zu Deutsch: „vergissmeinnichtartig blühende Ochsenzunge". Der heute gültige botanische Gattungsname *Brunnera* wurde 1851 vom russischen Botaniker Christian von Steven eingeführt. Damit ehrte er den Schweizer Arzt und Botaniker Samuel Brunner (1790–1844), der als Naturforscher und Ethnologe Italien, Malta, die Krim, Westafrika und die Kapverden bereiste. Das lateinische Epitheton *macrophylla* bedeutet großblättrig.
Das Kaukasusvergissmeinnicht, das schon 1825 nach England kam, blieb in Deutschland noch lange Zeit eine echte botanische Rarität. Bis ins 20. Jahrhundert wurde es in der Literatur hierzulande immer noch unter dem alten Namen *Anchusa myosotidiflora* geführt. Gustav Schönborn, damals Geschäftsführer bei Foerster-Stauden in Bornim, schrieb 1913 über *Anchusa myosotidiflora*: „Eine herrliche Neueinführung von nur 25–30 cm Höhe mit weithin leuchtend vergissmeinnichtähnlichen Blüten von reiner himmelblauer Färbung (...)." Auch der deutsch-böhmische Dendrologe Erst Graf Silva Tarouca, seinerzeit eine Koryphäe der Botanik, erwähnte die Staude im gleichen Jahr in seinem Werk „Freiland-Stauden" unter dem alten Namen. Selbst „Pareys Blumengärtnerei" empfahl sie noch 1932 unter diesem Namen „für schattige Partien im Park". In älteren Publikationen sollte man deshalb nicht nur unter dem Gattungsnamen *Brunnera*, sondern auch unter *Anchusa* nach der Art suchen.

Brunnera macrophylla 'Betty Bowring'.

Eine größere Verbreitung in den Gärten fand das Kaukasusvergissmeinnicht erst nach dem Zweiten Weltkrieg. Die Züchtung hat in den letzten Jahrzehnten viele attraktive Sorten hervorgebracht, die vor allem mit weißbunt panaschierten Laubblättern Aufmerksamkeit erregen. Diese neigen bei zu viel Sonnenlicht zum Verbräunen, was man bei der Standortwahl berücksichtigen sollte. Eine besonders schöne, reinweiß blühende Sorte ist 'Betty Bowring', die nach dem ersten Flor im April den ganzen Sommer über nachblüht, wenn sie nach der Hauptblüte beherzt zurückgeschnitten wird und einen guten, nicht zu trockenen Boden vorfindet. Als Nachbarn im Staudenbeet empfehlen wir schattenverträgliche Storchschnabelarten, etwa Knotigen Storchschnabel (*Geranium nodosum*) oder Wald-Storchschnabel (*G. sylvaticum*), Gämswurz (*Doronicum*), Schaumblüte (*Tiarella*) und Golderdbeere (*Waldsteinia*). Wenn bei panaschierten Sorten des Kaukasusvergissmeinnichts grüne Blätter austreiben, sollte man diese möglichst bald entfernen. Sie sind wuchsfreudiger als die panaschierten Blätter und sie dominieren, wenn man sie nicht entfernt, früher oder später die gesamte Pflanze.

KNÄUEL-GLOCKENBLUME

Die einheimische Wildstaude wirkt mit ihren pomponartigen Blütenständen etwas bieder und altmodisch, aber durch ihre intensive Blütenfarbe ist sie ein schöner Blickfang in gemischten Staudenbeeten. Weil sie auch eine gute Schnittblume ist, pflanzte man sie früher gern in Bauerngärten.

Campanula glomerata
Glockenblumengewächse, Campanulaceae

Heimat: Europa bis zur Mongolei, dem Kaukasus und dem Iran.

Wuchsform: Aufrecht, Gruppen und kurze Ausläufer bildend.

Blatt: Grundblätter gestreckt herzförmig, gezähnt, rau und dunkelgrün, 5-10 cm lang, Stängelblätter lanzettlich, rau und kleiner.

Blüte: Bis zu 20 am Ende des Schafts und in den oberen Blattachseln in kompakten Knäueln stehende, blauviolette, 3-4 cm große Glockenblüten.

Blütezeit: Juni bis August.

Frucht: Aufrecht stehende Kapsel.

Wuchs-/Blütenhöhe: Bis 50 cm.

Standort: Sonnig bis halbschattig in durchlässigem, nicht zu trockenem Boden.

Pflege: Etwas anfällig für Mehltau.

Vermehrung: Durch Aussaat oder Teilen im zeitigen Frühjahr.

Besonderes: Ein Rückschnitt nach der Blüte verhindert eine Selbstaussaat und regt eine Nachblüte an.

Glockenblumen haben von Natur aus elegante, auffällige Blüten. Trifft man Wildarten in der Natur an, dann könnte man glauben, sie seien dort von Menschenhand gepflanzt worden. Deshalb hat man die einheimischen Stammformen verschiedener Glockenblumenarten wohl schon im Mittelalter als Zierpflanzen in Gärten kultiviert. Im „Hortus Eystettensis" von 1613 werden immerhin auf neun Tafeln verschiedene Glockenblumenarten abgebildet, vor allem verschiedenfarbig blühende Varietäten der Marien-Glockenblume (*C. medium*). Die Knäuel-Glockenblume sucht man dort allerdings vergeblich.

Als Gartenpflanze wurde sie zwar bereits im 16. Jahrhundert erwähnt, wuchs aber damals wohl meist in Botanischen Gärten und in denen von Pflanzenliebhabern. Eine zwergwüchsige Form wurde im 17. Jahrhundert in den Niederlanden unter dem Namen *C. glomerata* var. *pusilla* erwähnt. Eine Sorte dieses Namens ist vereinzelt noch heute im Handel zu finden. Sie wird nur etwa 30 cm hoch. Mitte des 18. Jahrhunderts soll es in England auch eine weiß blühende Form und hundert Jahre später eine (inzwischen verloren gegangene) gefüllte Varietät gegeben haben, die damals angeblich häufig in Cottage-Gärten gepflanzt wurde. Der dänische Botaniker und Herausgeber der „Flora Danica", Jens Wilken Hornemann (1770–1841), bezeichnete eine besonders großblütige Form als *C. glomerata* var. *speciosa*. Vier weitere Varietäten zählte Friedrich C. Laban 1867 in seiner „Garten-Flora für Norddeutschland" auf. Bis auf die Unterart *C. glomerata* subsp. *farinosa* sind diese aber verschollen.

Eine gezielte Züchtung der Knäuel-Glockenblume zur Verbesserung der Garteneigenschaften begann erst in der zweiten Hälfte des 19. Jahrhunderts. Über die dunkelviolett blühende Sorte 'Dahurica' schrieb „Möller's Deutsche Gärtner-Zeitung" im Jahr 1902: „Zu Bindezwecken sind sie vorzüglich zu verwenden, namentlich an Stelle von Veilchen als Untergrund von Kränzen, Kreuzen und Blumenkissen. Im Garten und Park bildet diese Sorte kräftig wachsende, weithin ins Auge fallende Büsche." Die Sorte 'Dahurica' hat sich bis heute erhalten und gilt nach wie vor als besonders wüchsig und wegen ihrer Höhe von bis zu 60 cm auch als gute Schnittblume.

Über die zwergwüchsige, dunkelviolett blühende Sorte 'Acaulis' findet man in „Möller's Deutscher Gärtner-Zeitung" im Jahr 1906 den Eintrag: „Bei

Campanula glomerata 'Acaulis'.

meinen verschiedenen Besuchen in der musterhaft geleiteten Staudengärtnerei von Georg Arends in Ronsdorf hatte ich bereits im Sommer 1904 Gelegenheit, seine prächtige Züchtung *Campanula glomerata acaulis* in grossen Mengen blühend zu bewundern. (...) Die Pflanzen sind kräftig wachsend und dürften als Topfpflanzen auch eine eigenartige Neuheit für Blumenläden bilden." Die zwergwüchsige, nur 15 cm hoch wachsende Sorte 'Acaulis' ist noch heute im Handel zu finden und liebt, anders als die Ausgangsart, eher trockene Böden. Wir empfehlen sie für die Randbepflanzung von Staudenbeeten und für den Steingarten. Eine andere bewährte, heute noch erhältliche Sorte der Knäuelglockenblume von Georg Arends ist die 1910 eingeführte, dunkel violettblau blühende, bis 60 cm hohe 'Superba'. Die Knäuel-Glockenblume stellt keine allzu großen Ansprüche an den Standort und ist deshalb nicht nur eine gute Schnittblume und schöne Bauerngartenpflanze, sondern aufgrund ihrer Blütenfarbe auch eine ideale Rosenbegleiterin. Allerdings sollte man bei der Standortwahl darauf achten, dass der Boden nicht zu trocken ist. In der Staudengärtnerei Gaißmayer wird die historische Sorte 'Acaulis' generativ, also durch Aussaat vermehrt. Da sie aber recht zuverlässig ausfällt, stellt das keine Beeinträchtigung der Sortenreinheit dar.

PFIRSICHBLÄTTRIGE GLOCKENBLUME

Eine der attraktivsten Stauden für Wald- und Naturgärten erlebte im Lauf ihrer (Garten-) Geschichte ein Auf und Ab ihrer Popularität. Doch inzwischen ist sie eine feste Größe sowohl im Staudenbeet, als Rosenbegleiterin wie auch in Steingärten und selbst in Mauerritzen und Pflasterfugen.

Campanula persicifolia
Glockenblumengewächse, Campanulaceae

Heimat: Südeuropa bis Zentral- und Südrussland.

Wuchsform: Straff aufrecht mit grundständiger Blattrosette, Rhizome bildend und Ausläufer treibend.

Blatt: Grundblätter immergrün, schmal lanzettlich, gezähnt, mittelgrün, 10–15 cm lang.

Blüte: Kurze, endständige Trauben mit etwa 5 cm großen blauen oder weißen Glockenblüten.

Blütezeit: Juni bis Juli.

Frucht: Aufrechte Kapsel.

Wuchs-/Blütenhöhe: 80–100 cm.

Standort: Sonnig in nährstoffreichem, sandig-lehmigem, gut durchlässigem Boden.

Pflege: Nach der Blüte zurückschneiden, um einen zweiten Flor im Hochsommer anzuregen.

Vermehrung: Durch Aussaat im Frühjahr oder Teilen im Frühjahr oder Herbst.

Besonderes: Eine eher kurzlebige Staude, die sich aber gut versamt.

Die einheimische Wildstaude kommt bei uns in trockenen Wäldern, an Waldrändern und auf Halbtrockenrasen vor. Zwar war die Pfirsichblättrige Glockenblume wohl eher ein seltener Gast in den Gärten, aber 1613 zeigte der „Hortus Eystettensis" auf Tafel 156 nicht nur die blaue, sondern auch eine weiße Varietät. Letztere wurde ebenda bereits botanisch relativ korrekt als *Campanula alba persicifolia* bezeichnet. Der Basler Botaniker Caspar Bauhin (1560–1624) nannte die Pflanze dagegen *Rapunculus persicifolius magno flore*. Gartenbücher und Floren des 17. und frühen 18. Jahrhunderts verzeichneten die Art entweder überhaupt nicht oder werteten sie als Wildpflanze, nicht aber als Gartenstaude. Eine größere Verbreitung fand die Pfirsichblättrige Glockenblume erst, nachdem der französische Botaniker Joseph Pitton de Tournefort (1656–1708) im Jahr 1700 gefüllte Formen in Weiß und Blau beschrieben hatte.
Die gefüllten Blüten scheinen die Wildstaude plötzlich gartenwürdig gemacht zu haben, denn 1736 waren beide Formen nachweislich im Garten des George Friedrich von Zieten (1689–1769) in Trebnitz bei Seelow vorhanden. Diesen privaten botanischen Garten hatte von Zieten vom Botaniker Johann Gottlieb Gleditsch anlegen lassen. Gleditsch empfahl 1773 in einer seiner Schriften die einfache und die gefüllte Form der „Waldglocke mit Pfirsichlaub" als Zierpflanze und meinte, sie „geben den Gärten ein gutes Ansehen". Doch schon nach rund hundert Jahren schwand die Wertschätzung wohl wieder, denn Carl August Bolle zählte um 1900 die Pfirsichblättrige Glockenblume zu den altmodischen Blumen. Die Züchter hingegen begannen sich zur gleichen Zeit für die anmutige Staude zu interessieren. Historische gefüllte Sorten sind leider kaum überliefert, denn insbesondere die gefüllten und daher sterilen Formen müssen bereits nach wenigen Jahren aufgenommen und verjüngt werden.
Der Ronsdorfer Staudenzüchter Georg Arends führte kurz nach der Jahrhundertwende mehrere neue Sorten der Pfirsichblättrigen Glockenblume ein, darunter 1901 'Die Fee', 1911 'Coerulea Coronata' und 1912 'Alba Coronata'. Die Sorte 'Die Fee' ist heute verschollen, aber die beiden anderen sind nach wie vor im Handel. Ebenfalls seit mehr als hundert Jahren gibt es die Sorte 'Moerheimi', eine weiße, gefüllte Sorte des niederländischen Züchters Bonne Ruys mit grüner, etwas verwachsener Mitte. Um die Namensrechte an dieser Sorte

Die Sorte 'Alba' gab es schon 1613 im Garten von Eichstett.

gab es damals Streit mit der Gärtnerei Jongkindt Coninck, was dazu führte, dass Pflanzen in der Fachwelt hinfort eine klare Umschreibung und Benennung erhielten. Nach dem Ersten Weltkrieg brachte die französische Firma Victor Lemoine aus Nancy noch eine größere Zahl von Sorten der Art in den Handel, die heute als verschollen gelten.

Johann Gottlieb Gleditsch

Der Arzt und Botaniker Johann Gottlieb Gleditsch wurde 1714 in Leipzig geboren, wo er auch Philosophie und Medizin studierte und 1732 zum Doktor der Philosophie promoviert wurde. Zwischen 1731 und 1735 war er Aufseher des Boseschen Gartens in Leipzig und wurde 1742 in Frankfurt an der Oder zum Doktor der Medizin promoviert. Seit 1744 war er Mitglied der Berliner Akademie der Wissenschaften. Sein wohl größter Verdienst war der Nachweis der zweigeschlechtlichen Vermehrung der Pflanzen. In seinem „experimentum berolinense" befruchtete er eine in Berlin wachsende, weibliche Dattelpalme mit einem blühenden Zweig von einer in Leipzig wachsenden, männlichen Pflanze derselben Art. Gleditsch starb 1786 in Berlin. Nach ihm ist die Gattung der Lederhülsenbäume oder Gleditschien (*Gleditsia*) benannt.

FLOCKENBLUME

> Von den weltweit rund 450 Arten der Gattung *Centaurea* haben es nur ganz wenige geschafft, als Gartenblumen anerkannt zu werden. Man findet diese Flockenblume nicht häufig in unseren Gärten. Dennoch sie ist eine unkomplizierte und robuste Staude für reizvolle, naturhafte Vegetationsbilder. <

Centaurea dealbata
Korbblütler, Asteraceae

Heimat: Kaukasus.

Wuchsform: Aufrecht, büschelige Horste und kurze Ausläufer bildend.

Blatt: Gefiedert, bis 20 cm lang, oberseits hellgrün, unterseits graugrün.

Blüte: Außen rosafarbene, innen hellere, bis 5 cm breite Köpfchen.

Blütezeit: Juni bis Juli.

Frucht: Braune Achäne (Spaltfrucht).

Wuchs-/Blütenhöhe: 50–80 cm.

Standort: Sonnig in locker humosem, durchlässigem Boden.

Pflege: Höher wachsende Exemplare brauchen eine Stütze.

Vermehrung: Durch Aussaat im Frühjahr oder Teilen im Frühjahr oder Herbst.

Besonderes: Ein Rückschnitt nach der Blüte fördert einen zweiten Flor im Herbst.

Einige wenige der einheimischen Flocken- oder Kornblumen (*Centaurea*-Arten) werden in Europa schon seit dem Mittelalter als Gartenblumen geschätzt. Die bekannteste, die leuchtend blau blühende Kornblume (*Centaurea cyanus*) kam in der jüngeren Steinzeit sozusagen als „blinder Passagier" zusammen mit Getreidearten aus dem östlichen Mittelmeerraum nach Europa. Varietäten der Art mit Farbabweichungen in Purpurrot und Weiß kannte Hieronymus Bock schon 1539 und auch Conrad Gesner erwähnte sie in seinem Werk „Horti Germaniae" von 1561. Seit dem Ende des 16. Jahrhunderts kannte man zudem gefüllte Formen der Art.

Die einjährige Kornblume hat hierzulande eine ausdauernde Schwester, die Berg-Flockenblume (*C. montana*), die in höheren Gebirgsregionen Europas heimisch ist. Auch sie fand im 16. Jahrhundert ihren Weg als Zierpflanze in die Gärten und zählt noch heute wegen ihrer Anspruchslosigkeit und Wüchsigkeit zu den häufigsten Beetstauden. Die weiß blühende Varietät 'Alba' kennt man spätestens seit dem Ende des 16. Jahrhunderts; seit Mitte des 19. Jahrhunderts entstanden durch züchterischen Fleiß weitere schöne Sorten. Ein Rückschnitt nach der Blüte verhindert unerwünschtes Versamen der Berg-Flockenblume. Sämlinge setzen sich gerne in anderen Stauden fest und lassen sich nur schwer wieder entfernen, da sie aus dem Wurzelstock wieder austreiben.

Eine ganz neue Farbnuance brachte die Kaukasus-Flockenblume. Sie wurde vom französischen Botaniker Joseph Pitton de Tournefort auf seiner Kaukasus-Expedition im Jahr 1701 in Georgien gefunden. Er beschrieb die Staude 1703 als *Cyanus orientalis Artemisiae foliis*, also als orientalische Kornblume mit wermutähnlichem Laub. Nach Europa kam zunächst nur ein getrocknetes und gepresstes Exemplar im Herbarium. Es sollte noch rund hundert Jahre dauern, bis lebende Pflanzen der Art nach England und Deutschland eingeführt wurden. Die heute gültige Namensgebung erfolgte im Jahr 1803 durch den damaligen Direktor des Botanischen Gartens in Berlin, Carl Ludwig Willdenow. Bald schon fand sich die Kaukasus-Flockenblume in vielen deutschen Gärten. In Leipzig wurde die Staude im Jahr 1817 kultiviert, in Frankfurt an der Oder seit dem Jahr 1824.

Der österreichische Pfarrer und Pflanzenfreund Johann Theophil Zetter empfahl sie in seinem 1837 in Leipzig erschienenen Buch „Über die perennirenden Gartengewächse und deren Cultur" als empfehlenswerte Gartenstaude.

Centaurea dealbata 'Steenbergii'.

Eine heute oft gepflanzte Sorte ist die bis 60 cm hoch wachsende *C. dealbata* 'Steenbergii'. Ihre Blütenköpfchen sind dunkel karminrot mit weißer Mitte. Ganz ähnlich sieht die um 1900 aus England nach Deutschland gekommene Sorte 'John Coutts' aus, nur dass die Blüten noch größer und heller rosarot gefärbt sind. Diese historische Sorte gehört jedoch nicht zur Art *Centaurea dealbata*, sondern zur nah verwandten Art *C. hypoleuca*.

Zentaurenblume

Der botanische Gattungsname der Flockenblumen, *Centaurea*, geht auf den Kentauren Cheiron zurück (im Lateinischen: Chiron), ein Sohn von Kronos und Phiya und ein Halbbruder des Zeus. Dieses Wesen aus der griechischen Mythologie, das halb Mensch halb Pferd gewesen sein soll (Ovid nennt es in seinen „Metamorphosen" taktvoll „doppelgestaltig"), wurde der Sage nach von Herakles mit einem vergifteten Pfeil verletzt und stillte die Blutung seiner Wunde mit Kornblumen. In der Pflanzensymbolik galt die Korn- oder Flockenblume früher als Zeichen für Treue und Beständigkeit und spielte auch eine Rolle als Liebesorakelpflanze.

ROTE SPORNBLUME

> Die im Mittelmeergebiet heimische Wildstaude ist so anspruchslos, dass sie fast überall gedeiht, wo sie genug Sonne vorfindet. Es gibt zwar auch einige Sorten der Art, aber meistens wird die Urform gepflanzt, die auch nach Jahrhunderten nichts von ihrem Reiz verloren hat. <

Centranthus ruber
Baldriangewächse, Valerianaceae

Heimat: Südeuropa, Nordwestafrika, Kleinasien. Auf den Kanarischen Inseln, Madeira und den Azoren vermutlich ausgewildert.

Wuchsform: Aufrecht, büschelige Horste bildend.

Blatt: Eiförmig bis lanzettlich, 3-8 cm lang, blaugrün bereift.

Blüte: Trugdolden mit kleinen, gespornten, dunkelrosa Blütchen.

Blütezeit: Juni bis September.

Frucht: Flugfrucht.

Wuchs-/Blütenhöhe: 60 cm.

Standort: Sonnig und warm in mäßig nährstoffreichem, kalkhaltigem, gut durchlässigem Boden.

Pflege: Verblühtes sollte ausgeschnitten werden.

Vermehrung: Durch Aussaat oder Teilen im Frühjahr.

Besonderes: Die Staude ist eher kurzlebig.

Centranthus ruber 'Album'.

Der Gattungsname der Roten Spornblume, *Centranthus*, leitet sich vom griechischen *kentron* (Sporn) und *anthos* (Blume) her und bezieht sich auf den spornartigen Fortsatz der Blütenkrone. Das Epitheton *ruber* bedeutet im Lateinischen rot. Die in Südeuropa weit verbreitete Staude kam Mitte des 16. Jahrhunderts nach West- und Mitteleuropa. Conrad Gesner nannte sie 1561 in seinem Werk „Horti Germaniae" *Limonium Monspeliensium* und verwies damit auf die vermeintliche Herkunft der Art aus dem südfranzösischen Montpellier. *Polemonii species*, *Ocymastrum Valeriathon* oder *Phu latifolium* – obwohl in der Folgezeit fast jeder Autor die Pflanze anders nannte, setzte sich im 17. Jahrhundert der Name *Valeriana rubra*, also roter Baldrian, durch. Auch der Basler Botaniker Caspar Bauhin nannte sie 1623 so, ebenfalls Carl von Linné im Jahr 1753. Erst Augustin-Pyrame de Candolle gab der Roten Spornblume den bis heute gültigen botanischen Namen *Centranthus ruber*. De Candolle (1778–1841) war ein Schweizer Naturwissenschaftler. Er gilt als einer der bedeutendsten Botaniker seiner Zeit und veröffentlichte 1813 ein neues Klassifikationssystem für Pflanzen.
Im „Hortus Eystettensis" von 1613 ist die Rote Spornblume auf Tafel 151 unter dem damals gebräuchlichen Namen *Valeriana Rubra* abgebildet. Tatsächlich ist die Rote Spornblume eng mit dem Echten Arznei-Baldrian (*Valeriana officinalis*) verwandt. Extrakte aus der Wurzel der Spornblume wurden früher sogar als Tagessedativum bei innerer Unruhe, Angst und Spannungszuständen benutzt. Heutzutage wird die Pflanze nicht mehr medizinisch verwendet.
Die weiß blühende Form der Spornblume, im Handel als *C. ruber* 'Album' zu finden, tritt als natürliche Mutation gelegentlich im ursprünglichen Verbreitungsgebiet auf. In Westeuropa wurde die weiße Form erstmals im Jahr 1672 vom englischen Botaniker Robert Morison erwähnt. Im 18. Jahrhundert tauchte sie dann auch in deutschen Gärten auf. Johann Gottlieb Gleditsch zählte sie 1737 als *Valerianoides flore albo* zum Inventar des Gartens George Friedrich von Zietens in Seelow. Die rote Form nannte er an gleicher Stelle *Valerianoides Knautii*. Im Jahr 1773 schrieb er in seinem „Pflanzenverzeichniß zum Nutzen und Vergnügen der Lust- und Baumgärtner und aller Liebhaber" über den „Breit- und schmalblättrigen Meer-Baldrian mit rothen und weißen Blumen", dass diese Art „mit ihren Abänderungen unter guten Sammlungen von Staudengewächs mit viel Fleiß unterhalten werden muss".
In Wirklichkeit ist die Staude am richtigen Standort anspruchslos und unkompliziert. Wir empfehlen, die Pflanze nach der Hauptblüte auf etwa die Hälfte zurückzuschneiden. Das verhindert ein starkes Versamen, fördert einen verzweigteren, kompakteren Wuchs und eine reiche Nachblüte. Als Nachbarn raten wir zu Katzenminze (*Nepeta*), Netzblattstern (*Coreopsis verticillata*), Pyrenäen-Aster (*Aster pyrenaeus*) und graulaubigen Stauden wie etwa Eberraute (*Artemisia abrotanum*) oder Woll-Ziest (*Stachys byzantina*). Die Selektion *Centranthus ruber* var. *coccineus* hat leuchtend rote Blüten. Sie wurde bereits in Band 1 von „Vilmorin's Blumengärtnerei" in der Auflage von 1896 erwähnt. Besonders schön wirkt sie zusammen mit der weißen Form, mit der sich durch natürliche Kreuzung allmählich ein Bestand bildet, der alle erdenklichen Farbnuancen von rosa bis weiß zeigt.

Zum Anbeißen

Die etwas fleischigen, leicht bitter schmeckenden Blätter, Blütenknospen sowie die Blüten der Roten Spornblume werden im Süden Italiens als Wildgemüse im Salat verwendet.

RÖMISCHE KAMILLE

> Für einen Duftrasen, Steingärten, breite Mauer- und Plattenfugen gibt es kaum eine reizvollere Staude. Die aromatisch duftenden Blätter sondern bei Berührung oder dem Betreten einen angenehmen Geruch ab, weshalb man die Pflanze früher auch für Rasenbänke verwendete. <

Chamaemelum nobile
Korbblütler, Asteraceae

Heimat: Westeuropa.

Wuchsform: Niederliegend und Matten bildend.

Blatt: Länglich, gefiedert, behaart, aromatisch, bis 5 cm lang.

Blüte: Lang gestielte Körbchenblüten mit gelber Mitte und weißen Zungenblüten, bis 2,5 cm breit.

Blütezeit: Juni bis Juli.

Frucht: Achäne (Spaltfrucht).

Wuchs-/Blütenhöhe: 15–20 cm.

Standort: Sonnig bis halbschattig in durchlässigem Boden.

Pflege: Ein kräftiger Rückschnitt nach der Blüte fördert einen kompakten, dichten Wuchs.

Vermehrung: Durch Aussaat oder Teilen im Frühjahr.

Besonderes: Ein Kontakt mit den Blättern kann Hautallergien verursachen.

Schon seit dem Mittelalter findet man die Römische Kamille als Heil- und Zierpflanze in den Gärten West- und Mitteleuropas. Wahrscheinlich fand sie ihren Weg nach Deutschland über den Umweg Italien. Das zumindest deutet der deutsche Trivialname an. Der Gattungsname *Chamaemelum* ist abgeleitet aus dem Griechischen: *kamai* bedeutet „auf dem Boden" und *melon* heißt Apfel. Der botanische Name beschreibt also treffend die wichtigsten Eigenschaften der Pflanze, denn sie wächst als teppichartiger Bodendecker und ihr Laub duftet beim Zerreiben nach Apfel.
Die eher unscheinbare Staude, die in älteren Floren auch unter den Namen *Ormenis nobilis*, *Chamomilla nobilis* und *Anthemis nobilis* geführt wird, besitzt nahezu die gleiche Heilwirkung wie die Echte Kamille (*Matricaria recutita*, früher: *M. chamomilla*). Sie wirkt vor allem antibakteriell, beruhigend und entkrampfend. Während man in Deutschland meist die Echte Kamille zu Heilzwecken verwendet, greifen Engländer und Franzosen öfter zur Römischen Kamille.
Die Römische Kamille war eine beliebte Pflanze für Rasenbänke. Schon im Mittelalter bepflanzte man diese „grünen Sitzmöbel" im Garten gern mit Duftpflanzen, die beim Hinsetzen ihr frisches Aroma verströmten. Wir wissen das heute so genau, weil Künstler wie Albrecht Dürer, Martin Schongauer oder Stefan Lochner Zeichnungen, Stiche und Gemälde hinterlassen haben, auf denen Maria mit dem Jesuskind auf einer solchen Rasenbank sitzt. Auch für die Anlage eines Duftrasens wurde – und wird – die Römische Kamille gern verwendet. Wir empfehlen für diesen Zweck in geschützten Lagen immer gern die nicht blühende und recht trittfeste Sorte 'Treneague', die manchmal auch als Englische Rasenkamille bezeichnet wird. Für weniger milde Lagen empfehlen wir die gefüllt blühende Form 'Plenum'. Diese muss allerdings gleich nach der Blüte zurückgeschnitten werden, damit der Rasen schön geschlossen bleibt. Bei der eigentlichen Art ist das nicht unbedingt notwendig, denn sie erneuert sich ständig durch Selbstaussaat.
Erstmals eindeutig identifizierbar beschrieben und abgebildet wurde eine gefüllte Varietät der Römischen Kamille 1570 vom flämischen Botaniker Matthias Lobelius in seinem zusammen mit Pierre Pena verfassten Werk „Stirpium adversaria nova". Im „Hortus Eystettensis" von 1613 sieht man auf Tafel 276 sowohl die einfache als auch eine gefüllte Varietät. Letztere wird dort als *Chamamelum Romanum flore multiplici* bezeichnet und ist wohl identisch mit der heute noch weit verbreiteten Sorte 'Plenum' (Syn. 'Flore Pleno'). Während man für Heilzwecke meist die einfache Form kultivierte, pflanzte man in Gärten bevorzugt die gefüllte Varietät als Zierpflanze, etwa zur Beeteinfassung. Die kleinen Blütenköpfchen der Sorte 'Plenum' bestehen nur aus weißen Zungenblüten, die gelben Röhrenblüten des „Knopfes" in der Mitte fehlen. Weil diese Sorte deshalb steril ist, kann sie nur durch Ausläufer und Stecklinge vermehrt werden.

Chamaemelum nobile 'Plenum'.

Matthias Lobelius

Der flämische Botaniker und Arzt Matthias Lobelius (eigentlich: Matthias de L'Obel, 1538-1616) hatte nach seinem Medizinstudium in Montpellier den Süden Frankreichs, Italien, die Schweiz, Deutschland und England bereist. Er war der Leibarzt König Jakobs I. von England und verfasste mehrere große Kräuterbücher. Darin beschrieb er über 2000 vorwiegend westeuropäische Pflanzen und klassifizierte sie nach Blattformen und Habitus. Charles Plumier benannte 1703 die Pflanzengattung *Lobelia* nach ihm. Carl von Linné übernahm später diesen Namen für die Gattung in seine Nomenklatur.

GARTEN-CHRYSANTHEME

Freilandchrysanthemen sorgen, wenn andere Stauden sich schon in die Winterruhe verabschiedet haben, mit ihrer späten Blütezeit und ihrer Sortenvielfalt für ein furioses Finale im Staudenbeet. Sie sind uralte Kulturpflanzen, die im fernen Osten schon vor mehr als zwei Jahrtausenden in Gärten wuchsen.

Chrysanthemum × grandiflorum
Korbblütler, Asteraceae

Heimat: Gärtnerischer Herkunft, die Stammformen aus Russland, China und Japan.

Wuchsform: Straff aufrecht, Horste bildend, an der Basis verholzend.

Blatt: Eiförmig bis lanzettlich, flach bis tief gelappt, dunkelgrün, ledrig, 5–15 cm lang.

Blüte: Körbchenblüten, 2,5–10 cm breit, mit verschieden gefärbten Zungenblüten und roten oder gelben Röhrenblüten. Es gibt einfache, halbgefüllte und gefüllte Formen.

Blütezeit: September bis Oktober/November.

Frucht: Achäne (Spaltfrucht).

Wuchs-/Blütenhöhe: 50–120 cm.

Standort: Sonnig in fruchtbarem, feuchtem, aber gut durchlässigem Boden.

Pflege: Schutz gegen Winternässe und Rückschnitt erst im Frühjahr.

Vermehrung: Durch Teilen im zeitigen Frühjahr oder Kopfstecklinge im Mai.

Besonderes: Frühjahrspflanzung empfehlenswert.

Die wegen ihrer späten Blütezeit auch als Winterastern bezeichneten Garten-Chrysanthemen haben in Asien eine lange Tradition als Zierpflanze. Schon zu Zeiten des Philosophen Konfuzius (um 551–479 v. Chr.) waren sie beliebte Gartengewächse und galten als Symbol für ein langes Leben. Von China aus gelangten die Gartensorten im Mittelalter nach Japan. Dort wurde die Chrysantheme bald zum Wappenbild des Kaisers und zur Nationalblume. Der Thron des Tenno, also des japanischen Kaisers, wird auch als Chrysanthementhron bezeichnet. In der Kunst und Kultur Ostasiens haben die schönen Korbblütler seit Urzeiten eine große Bedeutung.
Von Japan aus brachten Kapitäne der Niederländischen Ostindischen Kompanie in der zweiten Hälfte des 17. Jahrhunderts die Garten-Chrysanthemen nach Europa. In England kultivierte man sie seit Anfang des 18. Jahrhunderts. Doch bald waren die meisten Pflanzen wieder aus den Gärten verschwunden. Der Grund war wohl die mangelnde Winterhärte der damals gepflanzten Sorten. So konnte Carl von Linné 1753 in seinem „Species Plantarum" die Pflanze nur anhand von getrockneten Herbarienbelegen beschreiben.
Er nannte sie *Chrysanthemum indicum*, weil er glaubte, die Art stamme aus Ostindien. Zwar wurden immer wieder einzelne Exemplare von Chrysanthemen in europäischen Gärten gepflanzt, aber dauerhaft etablieren konnte sich die Staude hier erst nach 1789. Ein französischer Kaufmann brachte von einer Chinareise verschiedene Formen der Pflanze mit, die erst in Marseille, ein Jahr später dann in Paris kultiviert wurden.
In Deutschland tauchte die Chrysantheme Anfang des 19. Jahrhunderts auf. Der damalige Direktor des Berliner Botanischen Gartens, Carl Ludwig Willdenow, bezeichnete die Art als *Anthemis artemisiaefolia*. Schon bald gab es mehrere Sorten und 1837 schrieb Johann Christian Ludwig Wredow in der 5. Auflage seines Buches „Der Gartenfreund": „Wir besitzen jetzt an 30 Spielarten, die aus England zu uns herüber gekommen sind und bei den Kunstgärtnern in Hamburg, Berlin und Dresden zu haben sind."
Der englische Pflanzensammler Robert Fortune brachte 1846 von einer seiner Chinareisen weitere Chrysanthemen und 1862 aus Japan auch besonders großblütige Sorten der Art nach England. Dies gab den Züchtern neue Impulse, sodass bis zum Ende des 19. Jahrhunderts bereits

„Speisechrysantheme" (*Glebionis coronaria* var. *discolor*).

Chrysanthemen-Ausstellungen mit zahlreichen Sorten üblich waren. Viele der großblütigen Sorten wurden als reine Gewächshauspflanzen kultiviert. Als Kurztagspflanze blühen Chrysanthemen eigentlich nur im Herbst. Durch künstliche Verdunkelung konnten in den 1930er-Jahren die Pflanzen jedoch erstmals das ganze Jahr über zur Blüte gebracht werden. Die im Freiland kultivierten Garten-Chrysanthemen dagegen blühen nach wie vor nur in den Herbstmonaten. Die in den 1930er-Jahren eingekreuzte Art *Chrysanthemum zawadzkii* brachte eine bessere Frosthärte, eine frühere Blütezeit sowie neue rötliche Blütenfarbtöne mit in die von den Züchtern arrangierten Ehen.
Bezüglich des Namens hat es die Garten-Chrysantheme den Botanikern nie leicht gemacht. Im 17. Jahrhundert nannte man die Art *Matricaria japonica*, hundert Jahre später *Matricaria indica*. Linné nannte sie zwar schon 1753 *Chrysanthemum indicum*, aber Namen wie *Anthemis artemisiaefolia*, *Pyrethrum indicum* oder *Chrysanthemum × hortorum* waren noch lange im Umlauf. Der botanische Name *Chrysanthemum* leitet sich übrigens ab vom griechischen *chrysos* (Gold) und *anthemon* (Blume) und ist eine Anlehnung an die goldgelben Strahlenblüten des Korbblütlers *Chrysanthemum segetum*, der in Süd-, West- und Mitteleuropa vorkommt. Ironischerweise heißt diese Art heute botanisch korrekt *Glebionis segetum*. Zu dieser Gattung zählt auch die essbare Speisechrysantheme (*Glebionis coronaria*), die vor allem in Japan geschätzt wird.

HISTORISCHE GARTEN-CHRYSANTHEMEN

Von den historischen Sorten der Garten-Chrysantheme finden wir die folgenden Sorten besonders empfehlenswert:

▼ 'Herbstrubin'

Diese Sorte stammt aus dem Jahr 1913 und hat relativ große Blüten in tiefem Rubinrot. Sie wird 100–120 cm hoch, ist standfest und blüht relativ spät im Oktober/November. Sie ist zwar winterhart, aber wegen der späten Blütezeit sollten die Pflanzen vor frühen Frösten geschützt werden.

▲ 'Anastasia'

Die 1915 vom britischen Züchter Wells eingeführte Sorte 'Anastasia' hat eine große Anzahl pomponförmiger, lilarosafarbener Blüten und zeichnet sich durch eine besonders lange Blütezeit von September bis in den November hinein aus. Die mit 60–80 cm Wuchshöhe relativ kompakte Sorte ist zudem ausgesprochen winterhart und gilt nach wie vor als eine der besten Garten-Chrysanthemen.

▲ 'Nebelrose'

Die von Karl Foerster 1908 eingeführte Sorte 'Nebelrose' hat silberrosa gefüllte Blüten, wird 100–120 cm hoch und hat sich als gut winterhart bewährt. Die Blüten ähneln denjenigen der sehr alten Sorte 'Emperor of China', sind aber etwas lockerer aufgebaut als diese. Sie blüht von Oktober bis November.

Stützen und Schützen

Die höheren Sorten brauchen eine Stütze. Unbedingt sollte man mittel- und spätblühende Sorten vor den ersten Frösten schützen. Deshalb empfehlen wir, Pflanzplätze am Zaun oder vor Mauern zu wählen, wo dies auf einfache Weise durch ein in Frostnächten übergeworfenes Vlies möglich ist.

▼ 'Ordensstern'

Die alte, schwäbische, vom Züchter Ernst eingeführte Sorte 'Ordensstern' hat locker gefüllte, große Blüten in einem warmen goldbronzefarbenen Ton. Sie wird 60–70 cm hoch und hat eine recht lange Blütezeit, die im September beginnt und bis weit in den Oktober hinein andauern kann.

MAIGLÖCKCHEN

> Kaum zu glauben, dass eine kleine Frühlingsstaude eine so große Karriere in der Kulturgeschichte gemacht hat. Sie ist nicht nur als Mariensymbol, Arzneipflanze und Attribut bei kirchlichen Festen bekannt geworden, sondern auch als Parfüm und nicht zuletzt als lieb gewonnene Gartenstaude. <

Convallaria majalis

Maiglöckchengewächse, Convallariaceae

Heimat: Europa, in Nordamerika eingebürgert.

Wuchsform: Aufrecht mit kriechendem, verzweigtem Rhizom.

Blatt: Paarig stehend, direkt aus dem Rhizom sprießend, breit lanzettlich, dunkelgrün, bis 10 cm lang und 5 cm breit.

Blüte: Gebogene Trauben mit bis zu 10 hängenden, weißen, angenehm duftenden Glocken.

Blütezeit: Mai bis Juni.

Frucht: Kugelige Beere.

Wuchs-/Blütenhöhe: 20–25 cm.

Standort: Halbschattig in humosem, fruchtbarem, nicht zu trockenem, durchlässigem Boden.

Pflege: Im Herbst mit Blattmulch abdecken.

Vermehrung: Durch Rhizomteilung im Herbst.

Besonderes: Alle Pflanzenteile sind stark giftig, insbesondere die Blüten und Beeren.

Als Gartenpflanze gibt es das Maiglöckchen wohl schon sehr lange, spätestens aber seit dem 16. Jahrhundert. Doch schon im Mittelalter erkannte man die medizinische Wirkung des Maiglöckchens. Eine der frühesten Erwähnungen findet es bei Gabriel von Lebenstein im ersten Viertel des 15. Jahrhunderts in dem Traktat „Von den gebrannten Wässern" über alkoholische Pflanzenauszüge zu Heilzwecken. Die älteste farbige Abbildung der Pflanze stammt ebenfalls aus einem medizinischen Werk, dem von Jacob Meydenbach 1491 herausgegebenen „Hortus sanitatis". Auch die im 16. Jahrhundert verfassten Kräuterbücher der „Väter der Botanik" erwähnen das Maiglöckchen. In der Homöopathie wird die *Maiblumzauke*, wie der Begründer dieser alternativen Behandlungsmethode, Samuel Hahnemann, die Pflanze 1798 in seinem „Apothekerlexikon" nannte, als Herzmittel eingesetzt. In der Schulmedizin schwand die Popularität der einstmals so geschätzten Pflanze jedoch rapide, nachdem um 1785 der englische Arzt William Withering den Wirkstoff des Roten Fingerhuts, Digitalis, als Herzmittel eingeführt hatte.
Für Arzneizwecke verwendet wurde nur die ursprüngliche Art. Aber es gab schon früh Sorten mit andersgestaltigen Blüten, die in Gärten kultiviert wurden. Eine rosa blühende Varietät wurde 1588 von Tabernaemontanus beschrieben und 1613 im „Hortus Eystettensis" auf Tafel 131 neben der weißblütigen Form als *Lilium convallium flore incarnato* abgebildet. Auch Johann Gottlieb Gleditsch erwähnte die „rothe Mayenblume" 1773 in einer seiner Schriften. Seit der zweiten Hälfte des 18. Jahrhunderts tritt auch eine gefüllte Form auf. Eine Varietät mit weiß panaschiertem Laub ist etwa zur gleichen Zeit verbürgt.
Den heute noch gültigen botanischen Namen *Convallaria majalis* formte Carl von Linné im Jahr 1737. Das Maiglöckchen tauchte Anfang des 15. Jahrhunderts in der bildenden Kunst auf, meist am Rand religiöser Darstellungen. In der christlichen Ikonographie ist es ein Symbol für die keusche Liebe, Demut und Bescheidenheit Marias. Als Frühlingsbote und Zeichen der Wiederkehr wurde es auch mit der Ankunft und der Auferstehung Christi assoziiert. Eine der frühesten Darstellungen findet man auf dem Gemälde „Frankfurter Paradiesgärtlein", entstanden um 1410. Als Ornament war das Maiglöckchen im 15. und 16. Jahrhundert sogar so beliebt, dass die Kunstwissenschaft eine Stilrichtung dieser Zeit als „Maiblumenstil" bezeichnet. Ende des 19. Jahrhunderts entdeckte man die kleine Staude als Dekor für industriell gefertigte Gebrauchsgegenstände. Insbesondere die Künstler des Jugendstils waren geradezu vernarrt in Maiglöckchen.
Auch in der Literatur hat das Maiglöckchen Spuren hinterlassen. Beim schwäbischen Dichter Johann Ludwig Uhland (1787–1862) tauchte das Maiglöckchen in den Gedichten „Der Räuber" und „Maientau" auf und August Heinrich Hoffman von Fallersleben (1798–1874) schrieb mit „Maiglöckchen" ein Gedicht, das 1844 vom Komponisten Felix Mendelssohn-Bartholdy vertont wurde.
Am häufigsten begegnete man dem Maiglöckchen in den vergangenen zwei Jahrhunderten jedoch in ätherischer Form. Das erste bekannte Maiglöckchenparfüm wurde von Juan Famenias Floris 1765 in London kreiert. Dieselbe Firma schuf 1847 das Parfüm „Lily of the Valley", das bis heute erhältlich ist. Lange Zeit war Maiglöckchenparfüm sehr exquisit, weil die Extraktion des Duftes aus der Pflanze sehr aufwendig ist. Als 1908 Ferdinand Tiemann den Duft synthetisch herstellen konnte, ist Maiglöckchenduft in vielen Kosmetikprodukten enthalten. Eines der berühmtesten Parfüms der Welt, Chanel No. 5, enthält ebenfalls synthetisch erzeugten Maiglöckchenduft.
Im 19. Jahrhundert entwickelte sich in einigen Regionen Deutschlands durch die Maiglöckchentreiberei eine regelrechte Industrie, die in den Wintermonaten Millionen von Maiglöckchenblüten auf den Markt brachte. Auch waren Maiglöckchensträuße über lange Zeit die Hochzeitsblumen schlechthin. Um 1840 begann der Anbau von „Maiblumenkeimen", also zur Treiberei geeigneten, blühfähigen Rhizomen, unter anderem im Hamburger Umland. Ab 1860 wurden die Treibkeime schon in andere europäische Länder exportiert, ab 1880 auch in die ganze Welt. Mit der „Maiglöckchenindustrie" wurde in den 1930er-Jahren ein Jahresumsatz von 1,5 Millionen Reichsmark erzielt. Während des Zweiten Weltkriegs kam der Anbau von „Maiblumenkeimen" zum Erliegen und nach dem Krieg nicht mehr über den Rang eines Nebenerwerbs hinaus. Heutzutage gibt es noch einige wenige Betriebe, die sich der handarbeitsintensiven Produktion von Blühkeimen der „Blume für jede Jahreszeit" (so ein Werbeslogan aus damaliger Zeit) widmen.

HISTORISCHE MAIGLÖCKCHEN

Am häufigsten wird nach wie vor die reine Art des Maiglöckchens gepflanzt. Die unten genannten Sorten sind Liebhaberstauden, die man in gut sortierten Staudengärtnereien findet.

▾ 'Pleniflora'

Das gefüllt blühende Maiglöckchen 'Pleniflora', auch unter den Synonymen 'Plena' und *Convallaria majalis flore pleno* bekannt, ist eine historische, schon seit der zweiten Hälfte des 18. Jahrhunderts verbürgte Sorte.

▾ 'Prolificans'

Die Blüten der historischen Sorte 'Prolificans' wirken auf den ersten Blick so, als wären sie gefüllt. In Wirklichkeit sind die Blütenblätter nur verzweigt und etwas verdreht, wodurch sie der Blüte ein „volleres" Aussehen verleihen. Sie wurde bereits 1896 in „Vilmorin's Blumengärtnerei" erwähnt.

▼ 'Striata'

Die Sorte 'Striata', auch unter den Namen 'Albolineata' oder 'Variegata' bekannt, hat auffällig längsgestreiftes Laub und ist deshalb auch als Blattschmuckstaude beliebt. Sie blüht schwächer als die Art und wächst auch langsamer. Die auffallende Längsstreifung ist im Austrieb besonders intensiv, verblasst aber nach und nach. Es gibt offensichtlich unterschiedliche Herkünfte, bei denen die Streifung verschieden stark ausgeprägt ist.

▲ 'Rosea'

Zartrosafarbene Blüten hat die historische Sorte 'Rosea'. Sie wächst etwas schwächer als die Art und ist schon seit dem 16. Jahrhundert bekannt.

Symbol der Ärzte

Berühmte Ärzte und Botaniker ließen sich mit Maiglöckchen in der Hand als Symbol ihrer ärztlichen Tätigkeit porträtieren. So etwa Nikolaus Kopernikus (1473–1543, siehe Abb. rechts), der nicht nur Mathematiker und Astronom, sondern auch Arzt war. Auch der Zürcher Botaniker Conrad Gesner (1516–1565), der italienische Naturforscher Ulisse Aldovrandi (1522–1605) und der flämische Botaniker Rembert Dodoens (um 1516–1585) wurden mit Maiglöckchen porträtiert.

HOHER RITTERSPORN

Rittersporn hat sich im Lauf der Zeit zu einer unverzichtbaren Gartenstaude für Bauerngärten, Rabatten und Rosenbeete entwickelt. Ausgehend von der einheimischen Wildart wurden seit dem 19. Jahrhundert Tausende herrlicher Zuchtsorten geschaffen, die ein unvergleichliches Blau in den Garten bringen.

Delphinium elatum
Hahnenfußgewächse, Ranunculaceae

Heimat: Gebirge Europas (Alpen, Karpaten, Balkan).

Wuchsform: Straff aufrecht, Horste bildend.

Blatt: Grundständige Blätter bis 20 cm lang, gezähnt und gelappt.

Blüte: Ähren mit bis 6 cm breiten Einzelblüten in blauen Tönen sowie in Weiß oder Rosa.

Blütezeit: Juni und September.

Frucht: Balgfrucht.

Wuchs-/Blütenhöhe: 80–200 cm.

Standort: Sonnig in lehmig-humosem, tiefgründigem, sehr nährstoffreichem, ausgeglichen feuchtem Boden.

Pflege: Ein Rückschnitt nach der Blüte regt eine Nachblüte im Herbst an.

Vermehrung: Die reine Art durch Aussaat im Frühjahr (Kaltkeimer!) oder Teilen im zeitigen Frühjahr. Die Sorten nur durch Teilen im zeitigen Frühjahr oder Herbst.

Besonderes: Rittersporn verträgt die Konkurrenz anderer Stauden nicht gut und sollte einen möglichst freien Standort haben. Alle Pflanzenteile sind stark giftig.

Der Hohe Rittersporn wurde in Mitteleuropa spätestens seit Mitte des 16. Jahrhunderts als Gartenpflanze kultiviert. Der Zürcher Botaniker Conrad Gesner beschreibt ihn 1561 in seinem Werk „Horti Germaniae" *als Aconitum coeruleum aliund, Delphinium genus floribus coeruleus simile alique Lycoctono luteo* und nennt ihn auch *Aconitum coeruleum montanum minus*, also „kleinen, blauen Berg-Eisenhut". Der „Hortus Eystettensis" bildet 1613 auf Tafel 159 die Wildform mit lockerem Blütenstand unter dem Namen *Aconitum Lycoctonum flore Delphinij* ab. Man kultivierte den Hohen Rittersporn zunächst vor allem in Botanischen und Liebhabergärten. Dies blieb auch bis weit ins 18. Jahrhundert hinein so. Im Göttinger Botanischen Garten etwa wuchs er nachweislich im Jahr 1759 und im Berliner Botanischen Garten im Jahr 1746, dort unter dem Namen *Delphinium perenne, montanum, villosum, Aconiti folio*.

Der bis dahin in Mitteleuropa unbekannte Großblütige Rittersporn (*Delphinium grandiflorum*) aus Sibirien wurde im Jahr 1739 vom Leiter des Botanischen Gartens Sankt Petersburg, Johann Ammann, erstmals beschrieben. Schon kurz darauf, im Jahr 1741, führte man diese Art in England ein und 1743 tauchte sie im Botanischen Garten von Göttingen auf. Im Senckenbergschen Garten in Frankfurt am Main wuchs der Hohe Rittersporn im Jahr 1782. Der damalige Direktor des Berliner Botanischen Gartens, Johann Gottlieb Gleditsch, schrieb 1773 in seinem „Pflanzenverzeichniß": „Es verdienen beyde Arten dieses Geschlechtes die Unterhaltung in schönen Gärten." Bereits 1799 gab es von diesen beiden Arten gefüllte Formen im Park von Schloss Machern, das etwa 20 km östlich von Leipzig liegt.

Anfang des 19. Jahrhunderts wurden weitere *Delphinium*-Arten in Mitteleuropa eingeführt. Der österreichische Pfarrer und Pflanzenfreund Johann Theophil Zetter schrieb 1837 in seinem Buch „Ueber die perennirenden Gartengewächse und deren Cultur", dass man unzählige Arten von Rittersporn in Gärten finde und dass sie leicht miteinander zu kreuzen seien. Diese Eigenschaft machte sich die im 19. Jahrhundert einsetzende Staudenzüchtung zunutze. Das Ergebnis waren prächtig blühende Stauden-Rittersporne (*Delphinium × cultorum*), zu denen die meisten heute im Handel befindlichen Sorten gehören. Darunter befinden sich nicht nur blau, sondern auch weiß, rosa und sogar gelb blühende Formen.

Delphinium-Elatum-Hybride 'Berghimmel'.

Allein der 1851 gegründete englische Gartenbaubetrieb von James Kelway in Langport in der Grafschaft Somerset züchtete bis Ende des 19. Jahrhunderts 137 Sorten. In Deutschland war es vor allem Karl Foerster, der ab 1917 Rittersporne züchtete. Seine wetter- und standfesten Sorten, von denen er im Lauf seines langen Lebens rund 110 züchtete, waren in ganz Mitteleuropa bekannt. Die eigentliche Art *Delphinium elatum* findet man heutzutage so gut wie gar nicht im Handel, aber zahlreiche Hybriden, die diese Art als einen wichtigen Elternteil im Stammbaum haben. Auch Karl Foerster verwendete für seine Züchtungen vor allem *Delphinium elatum* und erzielte auf diese Weise natürlich wirkende, gegen Mehltau weitgehend resistente Sorten. Einige der beliebten Foerster-Sorten sind bis heute im Handel erhältlich.

Ritterliche Staude

Der Rittersporn erhielt seinen Trivialnamen angeblich wegen seiner ritterlichen (stets aufrechten) Erscheinung und seiner gespornten Blüten. Der botanische Gattungsname *Delphinium* bezieht sich auf die delphinartig geformten Knospen bzw. Blütenschiffchen.

FEDER-NELKE

> Nelken werden wegen ihrer schönen Blüten und ihres Dufts kultiviert. Nur wenige Gartenpflanzen waren so erfolgreich wie die Nelke, die seit Jahrhunderten sowohl bei professionellen Züchtern und Floristen als auch bei Hobbygärtnern geliebt und geschätzt wird. <

Dianthus plumarius

Nelkengewächse, Caryophyllaceae

Heimat: Kalkgebirge Südosteuropas, Österreich und Ungarn. In Deutschland eingebürgert.

Wuchsform: Wintergrün, lockere Matten bildend.

Blatt: Grasartig, schmal lanzettförmig, blaugrün bereift.

Blüte: Einzeln, selten zu mehr zusammenstehende Blüten mit gefransten Kronblättern in Weiß, Rosa oder Rot. Stark duftend.

Blütezeit: Juni bis Juli.

Frucht: Kapsel.

Wuchs-/Blütenhöhe: 10–25 cm.

Standort: Sonnig in durchlässigem, nicht zu feuchtem, mäßig nährstoffreichem, kalkhaltigem Boden.

Pflege: Nach der Blüte zurückschneiden.

Vermehrung: Durch Aussaat im Frühjahr und Stecklinge im Sommer.

Besonderes: Manche Sorten remontieren nach einem Rückschnitt.

Von über 300 in Europa, Asien und in afrikanischen Bergländern vorkommenden Nelkenarten sind in Europa nur fünf zu verbreiteten Gartenpflanzen avanciert. Eine davon ist die Feder-Nelke, die seit der zweiten Hälfte des 16. Jahrhunderts in Gärten nachweisbar ist. Carolus Clusius beschrieb sie 1583 in seinem Buch über die selteneren Pflanzen Österreichs und Ungarns als *Cariophyllus albo flore et laciniato* und bildete sie dort auch ab.

Nelken, insbesondere Garten-Nelken (*Dianthus caryophyllus*) wurden jedoch schon vorher als Zierpflanzen gezogen, wie das Porträt eines Mannes mit Nelke zeigt, das der flämische Maler Jan van Eyck in der ersten Hälfte des 15. Jahrhunderts malte. Auch auf dem Genter Altar dieses Meisters sind Nelken dargestellt. Sie galten in der Ikonographie des späten Mittelalters als Marienblume. Der altdeutsche Trivialname Nägelein wurde zudem als Hinweis auf die Passion Christi verstanden. Deshalb findet man Nelken bisweilen auch auf Kreuzigungsdarstellungen. Gleichzeitig galten Nelken als Symbol der irdischen Liebe, der Fruchtbarkeit und des Verlöbnisses. Hans Holbein porträtierte 1532 den jungen Danziger Kaufmann Georg Giese in London. Auf einem Tisch vor ihm stehen Nelken in einer Vase. Tatsächlich soll Giese bald nach Fertigstellung des Porträts geheiratet haben.

Im Lauf des 17. Jahrhunderts breitete sich die Feder-Nelke in deutschen Gärten aus. Im „Hortus Eystettensis" von 1613 werden schon fünf verschiedene Formen abgebildet, darunter auch gefüllte, allerdings noch unter dem damals gebräuchlichen Gattungsnamen *Caryophyllus*.

Einen Höhepunkt erreichte die Nelkenleidenschaft („Dianthomanie") Ende des 18. Jahrhunderts. Es gab Sammler und Gärtnereien, die unzählige verschiedene Sorten besaßen. Die leidenschaftlichen Nelkenliebhaber nannte man damals „Nelkenisten". Ein gewisser Charlottenburger Pfarrer namens Dressel soll Ende des 18. Jahrhunderts 500 Sorten in 900 Töpfen kultiviert haben. In der „Flora Lipsiensis", also der Flora von Leipzig, berichtete Johann Christian Gottlob Baumgarten im Jahr 1790, dass Nelken in allen Leipziger Gärten häufig waren. In Großbritannien war man noch nelkenverrückter: Ein englisches Nelkenverzeichnis führte im Jahr 1793 rund 1200 Sorten auf. Die Feder-Nelke oder *Pink*, wie sie dort genannt wird, war in England eine typische Blume der Arbeiterschaft. Sie wurde von Webern in Lancashire, von Bergarbeitern in Durham und Northumberland sowie von Musselinarbeitern in Paisley kultiviert. Man stellte Regeln zur Zucht auf und verfolgte bestimmte Moden. So wurden etwa ab 1820 Sorten favorisiert, die Blütenblätter mit glattem statt gefranstem Rand hatten. Viele der alten Sorten sind verloren gegangen, aber es haben sich – vor allem in England – auch erstaunlich viele erhalten. Eine davon ist 'Mrs. Sinkins'. Die etwas unordentlich gefüllte, gefranste, intensiv duftende, reinweiße Sorte wurde von John Sinkins, dem Leiter des Armenhauses der südenglischen Stadt Slough, im Jahr 1868 gezüchtet und nach seiner Frau benannt. Charles Turner, der Gärtner des Ortes, brachte sie 1872 in den Handel, das Paar zu drei Schillingen. Seit 1938 ist die Sorte im Stadtwappen von Slough verewigt. Weil diese schöne Sorte etwas heikel ist, raten wir dazu, sie im Topf zu kultivieren.

Jan van Eyck (um 1390–1441): Mann mit den Nelken.

Die Blume der Götter

Der botanische Gattungsname *Dianthus* setzt sich aus dem griechischen Wort *dios* (Gott) und *anthos* (Blume) zusammen. Der Name wurde 1753 von Carl von Linné aufgestellt und ersetzte den bis dahin üblichen Namen *Caryophyllus*.

TRÄNENDES HERZ

> Manchmal braucht es zwei Anläufe, bis eine Pflanze berühmt wird. So geschah es auch beim Tränenden Herz. Die Staude mit den markanten Blütenrispen ist eine der spektakulärsten Frühjahrsstauden und sowohl im Bauerngarten als auch im Staudenbeet ein echter Blickfang. <

Dicentra spectabilis

Erdrauchgewächse, Fumariaceae

Heimat: Sibirien, nördliches China und Korea.

Wuchsform: Aufrecht, Gruppen bildend, mit dicker, fleischiger Wurzel.

Blatt: Zwei- bis dreifach gefiedert und gelappt, 20–40 cm lang.

Blüte: Gebogene Traube mit bis zu 15 herzförmigen, rosaroten Blüten mit weißer Mitte.

Blütezeit: Mai bis Juni.

Frucht: Schote.

Wuchs-/Blütenhöhe: 60–80 cm.

Standort: Halbschattig in nährstoffreichem, humosem, frischem, durchlässigem Boden.

Pflege: Vor Schneckenfraß und Spätfrösten schützen.

Vermehrung: Durch Aussaat im Frühjahr oder Teilen im Frühjahr.

Besonderes: Die Pflanze zieht nach der Blüte ein, an sonnigeren Standorten besonders früh.

Eines der frühesten Zeugnisse über diese Staude stammt vom französischen Jesuiten und Amateurbotaniker Pierre Nicolas Le Chéron d'Incarville (1706–1757), der die Pflanze um 1740 auf einer Missionsreise in China sah. Etwa zur selben Zeit bereiste der deutsche Naturforscher Johann Georg Gmelin im russischen Auftrag Sibirien und erhielt dabei ein Exemplar des Tränenden Herzens, das auf diese Weise nach Moskau kam. Im schwedischen Uppsala erfuhr Carl von Linné von der Pflanze und beschrieb sie 1753 in seinem „Species Plantarum" als *Fumaria spectabilis*. Unter diesem Namen wurde sie 1765 auch im Botanischen Garten von Uppsala kultiviert. Vereinzelt soll die Art in den nachfolgenden Jahrzehnten in deutschen und englischen Gärten angepflanzt worden sein. Anfang des 19. Jahrhunderts wusste man zwar noch von dieser Pflanze, aber es wuchsen keine Exemplare mehr in Gärten.

Erst als der Pflanzensammler Robert Fortune 1846 die Pflanze aus China erneut eingeführt und in England bekannt gemacht hatte, eroberte sie die Gartenwelt. Schon 1852 hatte sie sich in englischen Gärten etabliert. Auch in Deutschland verbreitete sich die Pflanze rasch. Eduard Regel schrieb 1852 in Band 1 in der von ihm herausgegebenen „Gartenflora": „Wir halten sie nebst der *Weigelia rosea* für die werthvollste Acquisition, welche wir Herrn Fortune zu verdanken haben." Vier Jahre später nannte er sie eine „jetzt ziemlich verbreitete Prachtpflanze" und empfahl sie ein weiteres Jahr später sogar zur Treiberei. Tatsächlich war das Tränende Herz früher eine beliebte bäuerliche Zimmerpflanze, die im Frühjahr „angetrieben" wurde.

Die Art wurde züchterisch kaum verändert, doch 1859 entstand in Frankreich mit 'Alba' eine in unschuldigem, reinen Weiß blühende Form, die sich bei Staudenfreunden inzwischen fast einer größeren Beliebtheit erfreut als die eigentliche Art. Im Französischen heißt die Pflanze übrigens *Cœur de Maria*, also „Herz der Maria". Die Engländer, immer sehr erfinderisch bezüglich der Namensgebung von Pflanzen, nennen das Tränende Herz nicht nur *Bleeding heart*, also „Blutendes Herz", sondern auch *Dutchman's breeches*, was übersetzt so viel heißt wie „holländische Kniebundhose". Das beschreibt das Aussehen der Blüten recht gut, wie wir finden.

Die Art wurde früher auch unter dem Gattungsnamen *Dielytra* geführt – dies nur als Hinweis, wenn man in alten Publikationen nach der Staude sucht. Der botanische Name *Dicentra* leitet sich von griechisch *dis* (zwei) und *kentron* (Sporn) ab und bezieht sich auf den Zwillingssporn der Blüten. Außer *Dicentra spectabilis* gibt es weitere gartenwürdige Arten der Gattung, die meist als Kleines Tränendes Herz bezeichnet werden. Am häufigsten findet man die Zwerg-Herzblume *Dicentra eximia* im Handel, eine Staude aus den Gebirgen der östlichen USA. Sie kam durch John Lyson im Jahr 1812 nach England, wo sie zunächst als *Corydalis eximia* beschrieben wurde. Lange Zeit war sie eine reine Liebhaberpflanze und fand erst im 20. Jahrhundert eine stärkere Verbreitung. In Steingärten findet man manchmal die niedrigere Art *Dicentra formosa* (Kleines Tränendes Herz), die ebenfalls aus Nordamerika stammt. Sie wurde bereits Ende des 18. Jahrhunderts in England als *Corydalis formosa* eingeführt.

Dicentra spectabilis 'Alba'.

Susanna im Bade

Der Volksmund nennt das Tränende Herz auch Susanna im Bade. Wenn man die Blüte umdreht und aufbiegt, versteht man sofort, warum. Im Englischen heißt die Pflanze deshalb auch *Lady in a bath*, also „Dame in der Badewanne".

DIPTAM, BRENNENDER BUSCH

> Beim Diptam betören die stattlichen, sehr dekorativen Blüten nicht nur durch ihr Aussehen, sondern vor allem durch ihren Duft, der an Vanille- und Zitronenaromen erinnert. An heißen Sommertagen duftet die ganze Pflanze aromatisch. Diese Wildstaude passt besonders gut in sonnige Stein- und Kiesgärten. <

Dictamnus albus
Rautengewächse, Rutaceae

Heimat: Südosteuropa, Nordafrika, Asien.

Wuchsform: Aufrecht, Gruppen bildend, mit weißlichem Rhizom.

Blatt: Gefiedert, ledrig, bis 8 cm lang, duftend.

Blüte: Aufrechte Trauben mit rosafarbenen, seltener weißlichen, bis 6 cm großen Blüten mit dunkler Äderung.

Blütezeit: Juni bis Juli.

Frucht: Kapsel.

Wuchs-/Blütenhöhe: 80–100 cm.

Standort: Sonnig in trockenem, gut durchlässigem, mäßig nährstoffreichem, kalkhaltigem Boden.

Pflege: Der Austrieb muss vor Schneckenfraß geschützt werden.

Vermehrung: Durch Aussaat nach der Samenreife oder im Herbst.

Besonderes: Der Kontakt mit den Laubblättern kann zur Photosensibilisierung der Haut führen.

Der Diptam ist schon seit mehr als einem Jahrtausend als Gartenpflanze bekannt, denn bereits Karl der Große empfahl in seiner Landgüterverordnung „Capitulare de villis" im 9. Jahrhundert, ihn in die Gärten zu pflanzen. Die kräuter- und heilkundige Mystikerin Hildegard von Bingen (1098–1179) nutzte den Diptam als Wundheilmittel und bei Frauenleiden. In der Renaissance war die Staude eine geschätzte Gartenpflanze und ab der zweiten Hälfte des 16. Jahrhunderts ist sie für deutsche Gärten gesichert nachgewiesen. Dennoch war sie, wohl aufgrund ihrer sehr speziellen Standortansprüche, nie eine häufige Zierstaude. Das blieb bis zum 20. Jahrhundert auch so, denn noch 1879 klagte „Vilmorin's illustrirte Blumengärtnerei": „Diese Pflanze gehört zu den guten alten Stauden, deren Kultur in neuerer Zeit leider sehr vernachlässigt wird."

Der Gattungsname bezieht sich auf den Berg Dicte auf Kreta und das griechische Wort für Strauch, *thamnos*. Schon Aristoteles und Vergil erwähnten in ihren Schriften eine Pflanze namens *dictamnos*, wobei es sich aber wahrscheinlich um den Diptam-Dost oder Kretischen Diptam (*Origanum dictamnus*) handelt. Der Name *Dictamnus* für den Brennenden Busch wurde von Hieronymus Bock in seinem „New Kreütter Buch" 1539 eingeführt. Lange Zeit verwendeten Botaniker aber auch den Namen *Fraxinella* für die Staude, so auch Basilius Besler 1613 in seinem „Hortus Eystettensis", wo der Diptam auf Tafel 130 als *Fraxinella* abgebildet ist. Der Name *Fraxinella* bedeutet „Kleine Esche" und bezieht sich auf die Ähnlichkeit der Laubblätter des Diptams mit denen der Esche (*Fraxinus*). Der früher weit verbreitete Trivialname Aschwurz oder Aeschwurz bezieht sich ebenfalls auf die eschenähnlichen Laubblätter der Staude. Auch der englische Botaniker Philip Miller nannte die Pflanze 1754 in seinem „Gardener's Dictionary" noch *Fraxinella*, obwohl Carl von Linné schon 1753 den bis heute gültigen Gattungsnamen *Dictamnus* aufgestellt hatte. Das Epitheton *albus* verdankt der Diptam seinem dicken, walzenförmigen Wurzelstock, der meist horizontal wächst und weiß ist.

Der Name Brennender Busch rührt nicht von dem biblischen Strauch her, der Moses am Berg Horeb erschien, denn das war ein Dornbusch und der Diptam besitzt keine Dornen oder Stacheln. Der Name nimmt vielmehr Bezug auf das Phänomen, dass der Diptam reichlich ätherische Öle enthält,

Dictamnus albus 'Albiflorus.'

darunter das brennbare Gas Isopren. Bei lang anhaltender Trockenheit und Hitze kann es vorkommen, dass die Pflanze sich selbst entzündet. Die Flamme läuft rasch die Blütenrispe empor und erlischt dann. Das Gewächs selbst nimmt dabei keinen Schaden.

Der Diptam ist eine monotypische Gattung. Das bedeutet, dass es in dieser Gattung nur eine einzige Art gibt. Die variable Staude wurde früher in mehrere Unterarten gegliedert, aber inzwischen schätzt man die Unterschiede als zu gering ein, um eigene Arten abzuspalten. Eine reinweiß blühende Form wurde erstmals 1601 von Carolus Clusius als *Fraxinella niveo flore* erwähnt. Heute findet man sie unter dem Namen *Dictamnus albus* 'Albiflorus' im Handel. Die schöne Wildstaude entwickelt sich anfangs langsam, ist aber, wenn sie eingewachsen ist, sehr langlebig. Allerdings verträgt sie es nach unserer Erfahrung schlecht, wenn der Wurzelbereich gestört wird, insbesondere im Jugendstadium.

Springwurz

Der Volksmund nennt die Pflanze auch Springwurz. Bei warmem Wind trocknen die Früchte ein, die Fruchtschalen reißen auf, rollen sich ein und schleudern die kugeligen Samen mehrere Meter weit. Das Knallen der aufplatzenden Schalen kann man sogar hören.

ROTER FINGERHUT

Eigentlich ist der Fingerhut eine recht altmodische Staude und noch dazu mit dem Makel „zweijährig" behaftet. Doch die Wirkung der im Frühsommer hoch aufragenden Blütentriebe ist immer wieder beeindruckend – ganz gleich, ob man die Pflanze als charmanten Rosenbegleiter oder als Blickfang am Gehölzrand einsetzt.

Digitalis purpurea

Braunwurzgewächse, Scrophulariaceae

Heimat: Westeuropa, westliches Süd-, Mittel- und Nordeuropa, Marokko. In Amerika vereinzelt eingeschleppt.

Wuchsform: Rosetten bildende, variable Zweijährige mit hoch aufragendem Blütenspross.

Blatt: Die grundständigen Blätter sind eiförmig bis lanzettlich, gezähnt, behaart und bis 25 cm lang.

Blüte: Hohe Blütentrauben mit bis 6 cm langen, nickenden, glockenförmigen, rosafarbenen Blüten.

Blütezeit: Juni bis Juli.

Frucht: Eiförmige Kapsel.

Wuchs-/Blütenhöhe: 80–150 cm.

Standort: Sonnig bis halbschattig in lockerem, humosem, leicht saurem, nicht zu trockenem Boden.

Pflege: Hohe Pflanzen brauchen zur Blütezeit eine Stütze. Werden abgeblühte Blütenstände nicht rechtzeitig entfernt, sät die Pflanze sich stark aus.

Vermehrung: Durch Aussaat an Ort und Stelle im Spätfrühjahr.

Besonderes: Alle Pflanzenteile sind stark giftig.

Der einheimische Fingerhut, vom Volksmund auch Fuchskraut, Unser-Lieben-Frauen-Handschuh oder Waldglöckchen genannt, ist eine meist als Zweijährige kultivierte Staude, die im ersten Jahr eine grundständige Blattrosette ausbildet und im zweiten Jahr Blüten an einem hohen, meist unverzweigten, beblätterten Stängel treibt. Als Zierpflanze tritt der Fingerhut seit dem 16. Jahrhundert in deutschen Gärten auf. Schon 1576 kannte man eine weiß blühende Form und 1613 wurden im „Hortus Eystettensis“ bereits drei Farbformen abgebildet (*incarnato*, *rubro* und *albo*).
Der botanische Gattungsname des Fingerhuts ist abgeleitet vom lateinischen *digitus* (Finger) und bezieht sich auf die charakteristischen Blüten.
Die Engländer nennen ihn *Foxglove*, also Fuchshandschuh. Böse Feen sollen die Blüten einst den Füchsen als Handschuhe geschenkt haben, damit diese unbemerkt und lautlos in die Hühnerställe eindringen konnten. Die fleckige Zeichnung auf den Innenseiten der Blüten seien die Fingerabdrücke der bösen Feen. In Großbritannien erzählt man sich auch, dass die Fingerhutblüten den Elfen als Kopfbedeckung dienen – überaus charmant und nachvollziehbar.
In der Pflanzenheilkunde wird Fingerhut seit dem späten 18. Jahrhundert bei Herzschwäche verordnet. Merkwürdigerweise verkannten in der frühen Neuzeit die Ärzte und Botaniker Leonhart Fuchs und Tabernaemontanus den medizinischen Wert der Pflanze. Letzterer schrieb 1588: „Wozu diese Kreuter zu gebrauchen seyn, finde ich nicht bey den Authorn.“ Erst der englische Arzt William Withering behandelte 1775 durch Herzschwäche verursachte Ödeme erfolgreich mit Digitalis. 1785 veröffentlichte er seine Erfahrungen in der Abhandlung „An account of the Foxglove and its medical uses“. In der Folge löste der Fingerhut das bis dahin als Herzmedikament angewendete Maiglöckchen ab. Alle Pflanzenteile des Fingerhuts sind extrem giftig. Schon zwei Blätter gelten als tödliche Dosis für einen Erwachsenen. Aber die Pflanze schmeckt so bitter, dass kaum jemand davon naschen wird.
Eine historische, immer noch im Handel erhältliche Sorte mit dichteren Blütenständen und größeren Einzelblüten ist ‘Gloxiniaeflora’. „Vilmorin’s illustrirte Blumengärtnerei“ schrieb 1879 über diese Sorte: „Es ist eine der schönsten Zierpflanzen für Rabatten und für Gruppen großer Parterres, und kann auch dazu dienen, die Bloßstellen

Digitalis purpurea ‘Gloxiniaeflora’.

in Gehölzen auszufüllen.“ Und „Möller’s Deutsche Gärtner-Zeitung“ meinte 1903: „Besonders für Herrschaftsgärtner sind die *Digitalis gloxiniaeflora* als die schönsten der Gattung von unschätzbarem Wert. Und wie reizend nehmen sich die hohen Blütentrauben in ihrer Farbenmannigfaltigkeit neben Palmen und anderen Dekorationspflanzen aus!“
Im 16. Jahrhundert wurde Fingerhut in den Knotengärten oder in den aufwendig gestalteten Parterres von akkurat getrimmten, dunkelgrünen Buchsbaumhecken eingerahmt. Heute, wo man entspannter gärtnert, eignet sich Fingerhut für naturnahe Rabatten und Wildblumengärten. Einen schönen Effekt erzielt die Pflanze auch zwischen Farnen.

Blume von Jupiters Gnaden

Der französische Blumengärtner und Schriftsteller Louis Liger (1658–1717) erzählte 1716, wie der Fingerhut zu seinem Namen kam: Um sich die Zeit zu vertreiben, nahm die Göttin Juno eine Nähnadel, einen Faden und einen Fingerhut und fing an zu nähen. Aus Unachtsamkeit fiel ihr der Fingerhut auf die Erde. Ihr Gatte Jupiter, der höchste der römischen Götter, versprach ihr zum Trost über den Verlust, den Fingerhut in eine Blume zu verwandeln.

ROTER SCHEINSONNENHUT, IGELKOPF

Der Scheinsonnenhut ist in den letzten Jahren eine echte Trendpflanze geworden. Zahlreiche farbenprächtige Züchtungen, darunter solche mit büscheligen Blütenschöpfen, haben die Gärtnerherzen im Sturm erobert. Dabei wird oft vergessen, wie schön die Wildform in naturnah gestalteten Beeten wirkt.

Echinacea purpurea
Korbblütler, Asteraceae

Heimat: Osten und Mitte der USA; in Europa vereinzelt eingeschleppt.

Wuchsform: Aufrecht, Horste bildend.

Blatt: Grundblätter eiförmig, gezähnt, rau behaart, dunkelgrün, bis 15 cm lang. Die Stängelblätter sind kleiner.

Blüte: Bis 12 cm breite, margeritenähnliche Blütenkörbchen mit purpurrosa Strahlenblüten und braunroter Mitte.

Blütezeit: Juli bis September.

Frucht: Achäne (Spaltfrucht).

Wuchs-/Blütenhöhe: 80–100 cm.

Standort: Sonnig in nährstoffreichem, durchlässigem Boden.

Pflege: Verwelkte Blüten sollte man ausschneiden.

Vermehrung: Durch Aussaat im Frühjahr und Teilung im Frühjahr oder Herbst.

Besonderes: Die blühenden Pflanzen sind ein Bienenmagnet.

Der englische Geistliche und Naturforscher John Baptist Banister (1654–1692) sammelte seit 1679 im nordamerikanischen Virginia für englische Botaniker und Botanische Gärten Pflanzen. So stieß er auch auf den Roten Scheinsonnenhut, den er zusammen mit anderen Pflanzen in sein Heimatland schickte. Sein Landsmann, der Arzt und Botaniker Leonard Plukenet (1642–1706), beschrieb 1696 die schöne Wildstaude in seinem „Almagestum botanicum" als *Chrysanthemum americanum*, weil er eine gewisse Ähnlichkeit der Blüten mit denen der gerade ein Jahr zuvor aus Asien eingeführten Garten-Chrysanthemen zu erkennen glaubte. Carl von Linné gab der Art 1753 den Namen *Rudbeckia purpurea*. Der Gattungsname ehrt den schwedischen Anatom und Botaniker Olof Rudbeck den Jüngeren (1660–1740), einen Lehrer Carl von Linnés. Erst 1794 erhielt die Gattung ihren bis heute gültigen Namen *Echinacea* durch Conrad Moench (1744–1805), einem Ordinarius für Botanik an der Universität Marburg. Die Ironie der Geschichte will es, dass Moench ein Kontrahent von Linnés Sexualsystem für die Artenzuordnung der Pflanzen war. Moench wollte stattdessen die Zuordnung der Arten anhand der Stellung der Staubblätter vornehmen. Da Moench aber Linnés zweite große Innovation in der Botanik, die binäre Benennung der Arten, von diesem übernommen hatte, haben die von ihm eingeführten Pflanzennamen bis heute ihre Gültigkeit behalten.
In Deutschland taucht der Scheinsonnenhut erst in der zweiten Hälfte des 18. Jahrhunderts auf. Die Gärtnerei Buek in Hamburg bot die Staude 1779 an und 1782 wurde sie für den Senckenbergschen Garten in Frankfurt am Main nachgewiesen. Der war ein medizinischer Garten und Vorläufer des späteren Botanischen Gartens der Johann-Wolfgang-Goethe-Universität von Frankfurt am Main. Im Schlosspark von Machern östlich von Leipzig wurde der Scheinsonnenhut schon 1796 gepflanzt, noch bevor der Botanische Garten in Berlin 1808 die Pflanze in ihrem Bestand verzeichnete. Zwar nannte Johann Theophil Zetter sie 1837 in seinem Staudenbuch „eine höchst interessante Pflanze", aber eine wirklich weite Verbreitung des Scheinsonnenhuts in den Gärten ließ bis ins 20. Jahrhundert auf sich warten.
Noch in der Zeit vor den Weltkriegen suchte man die Art meist vergeblich in Pflanzenbüchern und in den Sortimentskatalogen von Staudenzüchtern.

Prärie-Igelkopf (*Echinacea pallida*).

Erst seit einigen Jahrzehnten, seit die Wildstauden durch die Hinwendung zu einer ökologisch orientierten, naturnahen Beetgestaltung populärer geworden sind, trat auch der Scheinsonnenhut stärker ins Bewusstsein der Gärtner. Gleichzeitig begann die züchterische Bearbeitung der Art, um das etwas blasse, trübe Purpur der Blüten zu intensivieren. Durch Einkreuzen gelb blühender *Echinacea*-Wildarten wurden Blüten mit zum Teil spektakulären Farbnuancen erzielt.
Der medizinische Wert des Roten Scheinsonnenhuts wurde bereits von den Ureinwohnern Nordamerikas entdeckt. Sie benutzten die Pflanze unter anderem als Antiseptikum bei Entzündungen. Auch bei uns werden in der Naturmedizin die Wirkstoffe aus dem Presssaft der Wurzelstöcke bei Kurzzeit-Anwendung zur Behandlung von Erkältungskrankheiten und zur Stimulierung des Immunsystems eingesetzt.

Schöne Verwandte

Neben dem Roten Scheinsonnenhut gibt es weitere gartenwürdige Arten dieser Gattung. Der Blasse Scheinsonnenhut oder Prärie-Igelkopf (*E. pallida*) hat schmale, zartrosafarbene, apart nach unten hängende Blütenblätter.
Der Schmalblättrige Sonnenhut (*E. angustifolia*) hat ähnliche Blüten wie *E. purpurea*, ist aber zierlicher. Beide Arten sind seit der ersten Hälfte des 19. Jahrhunderts bekannt und eignen sich für naturnahe Pflanzungen.

RUTHENISCHE KUGELDISTEL

Disteln für den Garten sind nach wie vor etwas für Liebhaber des Ausgefallenen und nicht jedermanns Geschmack. Die stahlblauen Blütenstände der Ruthenischen Kugeldistel jedoch haben dieser schönen Wildstaude schon vor Generationen einen festen Platz im Ziergarten gesichert.

Echinops ritro

Korbblütler, Asteraceae

Heimat: Süd- und Osteuropa.

Wuchsform: Aufrecht, Gruppen bildend.

Blatt: Tief eingeschnitten, am Rand bedornt, oberseits blaugrün, unterseits weißfilzig behaart, bis 20 cm lang.

Blüte: Kugelförmige, zunächst grüne, später stahlblaue Blütenköpfe, bis 4,5 cm breit.

Blütezeit: Juli bis September.

Frucht: Zylindrische Achäne mit Pappus.

Wuchs-/Blütenhöhe: 80–100 cm.

Standort: Sonnig in durchlässigem, nährstoffarmem, eher trockenem Boden.

Pflege: Um eine Selbstaussaat zu verhindern, müssen die Blütenköpfe vor der Samenbildung entfernt werden.

Vermehrung: Durch Aussaat nach der Samenreife oder im folgenden Frühjahr, durch Teilen im Herbst oder Frühjahr oder durch Wurzelschnittlinge im Winter.

Besonderes: Gute Schnittblume, auch für die Trockenfloristik geeignet.

Die Ruthenische Kugeldistel wurde vom flämischen Botaniker Matthias Lobelius (eigentlich: Matthias de L'Obel) in seinem 1581 in Antwerpen erschienenen „Cruydtboeck" unter dem Namen *Ritro floribus coeruleis* abgebildet. Der Basler Botaniker Caspar Bauhin nannte die Pflanze 1623 in seinem „Pinax Theatri botanici" dann *Carduus sphaerocephalus coeruleus minor*. Der heute gültige botanische Namen wurde 1753 von Carl von Linné aufgestellt.

Man kannte die ausgefallene Staude also schon, aber als Gartenpflanze war sie damals in Deutschland nicht gebräuchlich. In England dagegen, wo man immer schon etwas zur Exzentrik neigte, war die Pflanze bereits seit Mitte des 16. Jahrhunderts in Kultur. Seit dem frühen 17. Jahrhundert kannte man sogar schon niedriger und höher wachsende Sorten. Doch den ganz großen Durchbruch erlebte die Staude auch hier nicht. Philip Miller (1691–1771), Kurator des Apothekergartens von Chelsea, schrieb sogar in seinem „Gardener's Dictionary", sie sei nicht besonders schön. Nun liegt ja die Schönheit bekanntlich im Auge des Betrachters, und so empfahl der irische Gärtner und Gartenjournalist William Robinson, der als Vater der Naturgartenbewegung in England gilt, in seinem 1870 erschienenen Buch „The Wild Garden" Kugeldisteln zum Verwildern. Dabei nannte er die Drüsenlose Kugeldistel (*Echinops exaltatus*) und die Ruthenische Kugeldistel (*E. ritro*, die er allerdings als *E. ruthenicus* bezeichnet) als die besten Arten.

In deutschen Gärten ist die Ruthenische Kugeldistel erst seit der zweiten Hälfte des 18. Jahrhunderts als Zierpflanze nachweisbar. So zählte man sie beispielsweise 1782 im Senckenbergschen Garten in Frankfurt am Main zum Pflanzenbestand. Als einzige Zierpflanze der Gattung pflanzte man in Deutschland von der Mitte des 16. bis weit ins 19. Jahrhundert nur die Drüsige Kugeldistel (*E. sphaerocephalus*) in Gärten. Diese ursprünglich aus Südeuropa stammende Art ist als Gartenflüchtling mancherorts inzwischen zudem verwildert. Man kennt sie auch unter dem volkstümlichen Namen Jungfrauendistel.

Am häufigsten wird die Banater Kugeldistel (*E. bannaticus*) als Zierpflanze in unseren Gärten gepflanzt. Diese Art wurde 1823 vom österreichischen Botaniker Anton Rochel (1770–1847) auf dem Balkan gefunden. Johann Theophil Zetter stellte sie 1837 in seinem Staudenbuch als *Echinops banaticus* vor. Nachfolgend wurde diese Art aber oftmals mit der Ruthenischen Kugeldistel in einen Topf geworfen. Die Banater Kugeldistel wird mit 120 cm jedoch höher als die niedrigere und damit standfestere Ruthenische Kugeldistel. Kugeldisteln eignen sich gut für Naturgärten und versamen sich auch bereitwillig. Als gute Pflanzpartner empfehlen wir Schafgarbe (*Achillea*), Königskerze (*Verbascum*) und Indianergras (*Sorghastrum*). Kugeldisteln sind auch schöne Rosenbegleiter und zur Blütezeit wahre Bienenmagneten. Will man sie für die Trockenfloristik verwenden, dann sollte man sie schneiden, bevor die Blüten sich öffnen. Übrigens haben wir die Erfahrung gemacht, dass die Pflanzen zuverlässig remontieren, also einen zweiten Flor bringen, wenn man sie direkt nach der ersten Blüte beherzt zurückschneidet. Nach sechs bis sieben Wochen kann man sich dann erneut an den schönen, stahlblauen Blütenbällen erfreuen.

Drüsige Kugeldistel (*Echinops sphaerocephalus*).

Igelblume

Der Gattungsname der Kugeldisteln leitet sich ab von den lateinischen Worten *echinus* (Igel) und *opsis* (ähnlich) und bezieht sich auf das Aussehen der Blüten, die einem zusammengerollten Igel ähnlich sehen.

ALPEN-SOCKENBLUME

Oft werden Sockenblumen als Bodendecker für problematische Gartenstandorte degradiert. Doch sie haben mit ihren elfengleichen Blüten weit mehr zu bieten. Die robuste Staude verdient eine nähere Betrachtung, denn sowohl die Laubblätter als auch die filigranen Blüten sind kleine Kunstwerke der Natur.

Epimedium alpinum

Berberitzengewächse, Berberidaceae

Heimat: Südosteuropa.

Wuchsform: Ausläufer bildende, sommergrüne Rhizomstaude.

Blatt: Unregelmäßig herzförmig, 5–9 cm lang, stachelig berandet, dunkelgrün, unterseits behaart, im Herbst karminrot.

Blüte: Zierliche Rispen mit bis zu 25 nahezu spornlosen, braunroten und gelben, bis 1,5 cm großen Blüten.

Blütezeit: Mai bis Juni.

Frucht: Balgfrucht.

Wuchs-/Blütenhöhe: 30–40 cm.

Standort: Halbschattig in nährstoffreichem, humosem, durchlässigem, neutralem bis saurem Boden.

Pflege: Im Spätwinter etwa handhoch zurückschneiden.

Vermehrung: Durch Teilen im Spätwinter.

Besonderes: Die Laubblätter erscheinen nach der Blütezeit.

Von den vielen Arten und Sorten der Sockenblume ist allein die Alpen-Sockenblume eine seit Jahrhunderten in den Gärten anzutreffende Staude. Schon 1597 kultivierte der englische Chirurg, Botaniker und Pflanzensammler John Gerard (1545–1612) die Art in seinem Londoner Garten. Er will die Pflanze von Jean Robin erhalten haben, der Hofgärtner dreier französischer Könige war. Auch John Parkinson (1567–1650), der Apotheker des englischen Königs Jakob I. und ein ebenso leidenschaftlicher Pflanzensammler wie Gerard, mochte die Staude und pries sie für „die angenehme Vielfalt der Blüten".

Der Volksmund nennt die Sockenblume auch Elfenblume oder, wegen ihrer charakteristisch geformten Blüten, Bischofshut oder Bischofsmütze. Im Englischen heißt sie entsprechend *Bishop's hat* oder auch *Fairy wings* (Elfenflügel), was sich wohl auf die charakteristische Form der Laubblätter bezieht. Den mancherorts üblichen Trivialnamen Ziegenkraut erhielt die Pflanze, weil man beobachte, dass Ziegenböcke, die von der Pflanze gefressen hatten, sexuell besonders aktiv wurden. Im Englischen heißt sie deshalb auch *Horny goat weed* (Kraut des geilen Ziegenbocks). Tatsächlich hat man durch wissenschaftliche Untersuchungen herausgefunden, dass einige Sockenblumenarten Icariin enthalten, eine chemische Substanz, die bei erektiler Dysfunktion eingesetzt wird. Vor Selbstversuchen mit der Pflanze wird aber ausdrücklich gewarnt, denn wie schon der bekannte Arzt und Alchimist Paracelsus (1493–1541) wusste: „Allein die Dosis machts, das ein Ding kein Gift sei."

Man findet die Alpen-Sockenblume bis heute in den Gärten. Inzwischen sind aber auch andere Arten verbreitet, darunter einige immergrüne Stauden. So wurde etwa die Großblütige Sockenblume (*E. grandiflorum*) 1830 aus Japan eingeführt, eine sommergrüne Art, von der es mittlerweile zahlreiche schöne Sorten gibt. Die Gefiederte Sockenblume (*E. pinnatum*) kam 1849 aus Persien zu uns. Eine Unterart dieser immergrünen Staude, die Kolchische Gefiederte Sockenblume (*E. pinnatum* subsp. *colchicum*), wurde erst einige Zeit später aus dem Kaukasus eingeführt. Über diese schrieb „Möller's Deutsche Gärtner-Zeitung" im Jahr 1892: „Sie hat entgegen allen anderen, steil aufwachsende Blütenrispen von goldgelber Farbe." Die Pflanze wird auch unter dem Synonym *E. pinnatum* subsp. *elegans* geführt. Eine weitere Art, *E. perralderianum*, kam 1867 aus Algerien in unsere Gärten. Hierbei handelt es sich ebenfalls um eine immergrüne Staude. Der irische Gärtner und Gartenjournalist William Robinson schrieb in seinem 1870 erschienen Buch „The Wild Garden" über „Barren-wort", wie die Gattung *Epimedium* an dieser Stelle genannt wird: „Interessante Stauden mit hübschen Blüten und fein geformten Blättern." Er empfahl insbesondere die Gefiederte Sockenblume (*Epimedium pinnatum*) für tiefgründige Torfböden und schwärmte von den langen Trauben schöner, gelber Blüten im Frühjahr. Gustav Schönborn, damals Geschäftsführer bei Foerster-Stauden in Bornim, schrieb 1913 über die Sockenblumen: „Zur richtigen Beurteilung dieses schönen Frühblühers muß man mehrjährige Pflanzen in vollem Flor gesehen haben, sie entwickeln sich dann zu ihrer ganzen Schönheit und versetzen den Blumenfreund immer in Entzücken."

In „Vilmorin's Blumengärtnerei" aus dem Jahr 1879 findet man über Sockenblumen folgenden Eintrag: „Sie sind recht hübsche und interessante Pflanzen, nicht allein wegen ihrer zierlichen Belaubung, sondern auch wegen der eigenthümlichen Bildung ihrer Blumen. Sie eignen sich ganz besonders zu Einfassungen von Pflanzengruppen in Heideerde. Man verwendet sie auch zur Ausschmückung von Felsengruppen, Wasserfällen und Grotten." Nun hat man heutzutage kaum noch Felsengruppen, Wasserfälle oder Grotten im Garten, aber „recht hübsch und interessant" sind die Sockenblumen nach wie vor. Als schöne Pflanzpartner empfehlen wir Lenzrosen (*Helleborus*-Orientalis-Hybriden), Salomonssiegel (*Polygonatum*) und Christophskraut (*Actaea*).

Von Elfen und Socken

Woher der Name Elfenblume stammt, ist leicht nachvollziehbar. Tanzen doch die kleinen, filigranen Blüten tatsächlich wie kleine Elfen über den Laubblättern. Um den Namen Sockenblume zu verstehen, muss man die Blüten etwas näher betrachten. Dann sieht man, dass die Sporne der Blüten wie winzige Socken aussehen.

WEITERE HISTORISCHE SOCKENBLUMEN

Es gibt über 50 Sockenblumenarten und zahlreiche Hybriden. Manche davon sind schon so lange bekannt, dass sie als historische Stauden gelten.

▼ Zweiblättrige Elfenblume
Epimedium diphyllum

Die Zweiblättrige Elfenblume ist eine horstbildende, sommergrüne, zierliche Miniaturstaude, die weiße, ungespornte Blüten hat und in England seit 1830 in Kultur ist. Die Laubblätter zeigen im Herbst oft eine schöne Rotfärbung.

▲ Rote Elfenblume
Epimedium × rubrum

Die Rote Elfenblume ist eine Hybride aus *E. alpinum* und *E. grandiflorum* und entstand 1854 in England. Sie hat große, zweifarbige Blüten mit roten Sepalen und weißen Petalen. Die Art ist meist wintergrün. Die Laubblätter sind rotbraun gezeichnet und im Austrieb sowie im Winter bronzefarben.

◄ Schwefelgelbe Elfenblume
Epimedium × versicolor

Die Schwefelgelbe Elfenblume ist eine Hybride aus *E. grandiflorum* und *E. pinnatum* subsp. *colchicum*. Sie ist wintergrün, robust und bildet rasch große Bestände. Das Laub ist im Austrieb rötlich, im Sommer rotbraun gezeichnet und im Winter bronzefarben. Die Blüten sind schwefelgelb. Die Art ist seit über hundert Jahren in Kultur.

▼ *Epimedium × youngianum* 'Niveum'

Die sehr zierliche Sockenblume *Epimedium × youngianum* 'Niveum' ist eine Hybride aus *E. diphyllum* subsp. *diphyllum* und *E. grandiflorum*. Bei dieser Züchtung aus dem Jahr 1837 handelt es sich um eine sommergrüne, eher schwachwüchsige und kleinblättrige Form. Sie hat spornlose, glockige Blüten und eine bemerkenswert lange Blütezeit.

▲ *Epimedium × youngianum* 'Roseum'

Die schöne Hybride *Epimedium × youngianum* 'Roseum' ist eine Züchtung aus dem Jahr 1846 und hat die gleichen Eltern wie *E. × youngianum* 'Niveum'. Wuchsform und Eigenschaften sind gleich, aber die Blütenfarbe von 'Roseum' ist zart lilarosa.

ELFENBEIN-MANNSTREU

> Blüten wie von einem anderen Stern – der Elfenbein-Mannstreu ist wahrhaftig eine Staude mit einer außergewöhnlichen Erscheinung. Die Pflanze ist weder anmutig noch lieblich, aber wunderschön und ihr markanter Charakter sowie ihre Standortvorlieben machen sie in Kiesgärten zu einem echten Blickfang. <

Eryngium giganteum
Doldenblütler, Apiaceae

Heimat: Kaukasus, Iran.

Wuchsform: Rosetten bildende Zweijährige mit Pfahlwurzel.

Blatt: Die grundständigen Blätter sind herzförmig, mittelgrün und bis 15 cm lang, die Stängelblätter gelappt, gezähnt und stachelig.

Blüte: Verzweigte Blütenstände mit zylindrischen Dolden, umgeben von silbrig grauen Hochblättern.

Blütezeit: Juli bis August.

Frucht: Schuppige Achäne (Spaltfrucht).

Wuchs-/Blütenhöhe: 40–80 cm.

Standort: Sonnig in mäßig nährstoffreichem, durchlässigem Boden.

Pflege: Im Winter vor Nässe schützen.

Vermehrung: Durch Aussaat der Samen bei Reife.

Besonderes: Die Pflanze stirbt in der Regel nach der Blüte ab.

In Europa sind verschiedene Mannstreuarten heimisch und wurden spätestens seit dem 16. Jahrhundert in Gärten kultiviert. Der deutsche Theologe, Arzt und Botaniker Otto Brunfels (1488–1534) beschrieb bereits 1532 in seinem „Contrafayt Kreuterbuch" mehrere Mannstreuarten. Conrad Gesner zählte in seinem „Horti Germaniae" von 1561 vier Arten für deutsche Gärten auf: See-Mannstreu, besser bekannt als Stranddistel (*Eryngium maritimum*), Feld-Mannstreu (*E. campestre*), Amethyst-Mannstreu (*E. amethystinum*) und Alpen-Mannstreu (*E. alpinum*). Auch den Flachblättrigen Mannstreu (*E. planum*) kannte man bereits im 16. Jahrhundert, wie aus dem „Hortus Lusatiae" von Johannes Franke aus dem Jahr 1594 hervorgeht. Er nannte die Pflanze *Eryngium coeruleum Pannonicum*. Im „Hortus Eystettensis" wurde sie 1613 als *Eryngium Pannonicum latifolium* auf Tafel 283 abgebildet, die Tafeln 281 und 282 zeigen *E. maritimum* und *E. amethystinum*. Die aus Spanien und Nordafrika stammende Pyrenäendistel (*E. bourgatii*) wurde seit 1731 in Gärten kultiviert und war 1812 im Bestand des Botanischen Gartens Berlin.
Der Elfenbein-Mannstreu (*E. giganteum*) wurde jedoch erst um das Jahr 1800 aus dem Kaukasus und dem Iran eingeführt. Erstmals sicher nachgewiesen ist er 1824 für den Garten des Apothekers Johann Nikolaus Buek in Frankfurt an der Oder. Die Pflanze wird als Zweijährige kultiviert. Im ersten Standjahr bildet sie eine Blattrosette aus und im zweiten Jahr erscheinen die markanten Blüten. Sie gehörte zu den Favoriten der englischen Gartengestalterin und -autorin Gertrude Jekyll (1843–1932). Obwohl die Art wohl mit die auffälligsten Blütenstände bildet, werden auch oft andere Mannstreuarten gepflanzt, darunter auch Hybriden. Ende des 19. Jahrhunderts ging aus einer Kreuzung von *E. alpinum* und *E. bourgatii* die Hybride *Eryngium × zabelii* hervor. Der deutsche Züchter Georg Arends führte 1913 zwei schöne Sorten dieser Staude ein, nämlich 'Juwel' und 'Violetta', die beide noch heute im Handel erhältlich sind.
Der deutsche Name für die Staude rührt übrigens daher, dass der bei uns einheimische Feld-Mannstreu als Aphrodisiakum und Liebeszaubermittel galt. Die fleischige Wurzel wurde in den Mittelmeerländern als Heilpflanze gegen männliche Impotenz verwendet. Sie sollte die Liebe des Mannes zu seinem Weib erhalten und festigen, also den Mann treu machen. Als Heilmittel verwendete

Pyrenäendistel, Spanischer Mannstreu (*Eryngium bourgatii*).

man die Pflanze gegen Blähungen und Magen-Darm-Erkrankungen. In Frankreich und England galt die kandierte, fleischige Wurzel mancher Mannstreuarten als Leckerei und Würzmittel für Gebäck und Gelees.
Elfenbein-Mannstreu empfehlen wir als Strukturpflanze für sonnige, trockene und auch nährstoffarme Lagen. Die Pflanze ist zur Blütezeit ein echter Magnet für Bienen und Hummeln und wirkt auch im Mondlicht außergewöhnlich attraktiv. Sie ist zwar nur zweijährig, samt sich aber bereitwillig aus, ohne je wirklich lästig zu werden. Schön sieht eine Kombination mit farblich kontrastierend blühenden Stauden aus, etwa rot und purpurfarbener Bartfaden (zum Beispiel die *Penstemon*-Hybride 'Andenken an Friedrich Hahn').
Der Elfenbein-Mannstreu ist auch hervorragend als Trockenblume geeignet. Dafür hängt man die blühenden Pflanzen kopfüber auf.

Der Geist von Ellen Willmott

In England heißt der Elfenbein-Mannstreu *Miss Willmott's Ghost*. Die exzentrische Namensgeberin pflegte Ende des 19. und Anfang des 20. Jahrhunderts bei Besuchen fremder Gärten beim Lustwandeln unbemerkt hier und da einige Samenkörner der Staude aus ihrer Rocktasche fallen zu lassen. Wenn später die Sämlinge auftauchten, wurden die Gartenbesitzer an den Besuch von Miss Willmott erinnert.

BUNTE WOLFSMILCH

> Im Frühjahr ist man hungrig nach Farbe. Und die bietet diese Wolfsmilchart in Hülle und Fülle. Die gelben Hochblätter kontrastieren wirkungsvoll mit dem frischgrünen Laub der Staude. Eine wirklich schöne Ergänzung zu bunt blühenden Zwiebelpflanzen im Frühjahrsgarten mit einer attraktiven Herbstfärbung. <

Euphorbia epithymoides

Wolfsmilchgewächse, Euphorbiaceae

Heimat: Mittel- bis Südosteuropa, Balkan, Türkei und Libyen.

Wuchsform: Aufrecht, halbkugelige Gruppen bildend, wintergrün.

Blatt: Eiförmig, bis 5 cm lang, blassgrün, weich behaart.

Blüte: Kleine, gelbe Blüten mit leuchtend gelben Hüllblättern.

Blütezeit: April bis Mai.

Frucht: Kapsel.

Wuchs-/Blütenhöhe: 30–40 cm.

Standort: Sonnig in mäßig trockenem, durchlässigem, humosem, kalkhaltigem Boden.

Pflege: Sehr pflegeleicht. Die Pflanzen müssen nur ausgeputzt werden, wenn sie unordentlich wirken.

Vermehrung: Durch Aussaat nach der Samenreife oder Teilen im Frühjahr nach der Blüte. Grünstecklinge im Frühsommer bewurzeln.

Besonderes: Schöne, orangegelbe Herbstfärbung.

Diese farblich wohl auffälligste Wolfsmilchart in unseren Gärten bildet schöne, kuppelförmige Hügel, die einen kräftigen Farbakzent im Beet setzen. Als Wildpflanze kannte man die Staude spätestens seit dem 18. Jahrhundert. Carl von Linné beschrieb und benannte sie 1762 als *Euphorbia epithymoides*, dem heute (wieder) gebräuchlichen botanischen Namen. Der österreichische Botaniker und damalige Direktor des Botanischen Gartens in Wien, Anton Joseph Kerner von Marilaun (1831–1898) nannte die Staude 1875 *Euphorbia polychroma*, zu Deutsch: Vielfarbige Wolfsmilch. Dieser Name blieb über hundert Jahre in Gebrauch und wird noch heute als Synonym für die Bunte Wolfsmilch verwendet.

Ihren Weg in die Gärten fand die schöne Wildstaude aber erst im 19. Jahrhundert. Die ersten Exemplare wurden um das Jahr 1800 herum in Österreich kultiviert. Zunächst pflanzte man sie als Raritäten in Botanische Gärten. So ist die Art im Jahr 1808 im Bestand des Berliner Botanischen Gartens verzeichnet. Der naturwissenschaftlich interessierte Pfarrer Johann Theophil Zetter (1793–1869) urteilte in seinem Buch „Ueber die perennirenden Gartengewächse und deren Cultur" im Jahr 1837, die Bunte Wolfsmilch sei die einzige gartenwürdige Wolfsmilchart.

Ernst Graf Silva Tarouca (1860–1936), ein Dendrologe und zu seiner Zeit eine angesehene botanische Koryphäe, schrieb 1913 in seinem Werk „Unsere Freiland-Stauden" über die Bunte Wolfsmilch: „gute Rabattenpflanze, auch im großen Alpinum und Park in Massen verwendbar, für sehr trockene, sandige Lagen, unverwüstlich."

Und Gustav Schönborn, der damalige Geschäftsführer von Foerster-Stauden in Bornim, lobte 1913 die Bunte Wolfsmilch in seinem Buch „Die schönsten Stauden": „Von den mancherlei Gartensorten ist *E. polychroma* entschieden die dankbarste und schönste. Sie eignet sich sowohl als Rabattenpflanze, wie auch für Felsenanlagen und als Vorpflanzung in größeren Mengen vor niedrigen Gebüschen."

Ergänzend möchten wir hinzufügen, dass die Bunte Wolfsmilch sich auch gut für Stein- und Dachgärten sowie zur Dachbegrünung eignet. Da die Staude erstaunlich trockenheitsverträglich ist und sich gut ans Stadtklima anpasst, wird sie zudem gern im öffentlichen Grün, etwa auf Verkehrsinseln und selbst zur Grabbepflanzung, verwendet. Sie verträgt zwar in der Regel auch absonnige Standorte, aber in der Staudengärtnerei Gaißmayer verschwindet sie oft, wenn sie nicht vollsonnig steht. Gute Pflanzpartner sind etwa Diptam (*Dictamnus albus*), Gewöhnlicher Dost (*Origanum vulgare* 'Thumbles Variety') und Mittelhohe Bart-Iris (*Iris*-Barbata-Media-Hybriden), beispielsweise die purpurrote Sorte 'Vamp' oder die schwarzviolette 'Helen Proctor'. Wegen der frühen Blütezeit der Staude passen zudem Zwiebelblumen als Partner ganz wunderbar. Von der Bunten Wolfsmilch gibt es einige Auslesen. Insbesondere die Sorte 'Purpurea' begeistert mit ihren rötlich gefärbten Laubblättern. Im Lauf des Sommers vergrünen diese, um dann im Herbst wieder eine herrliche Rotfärbung anzunehmen. Die Sorte ist auch unter dem Namen 'Candy' im Handel. Bei der Sorte 'Bonfire' behalten die Laubblätter ihre rötliche Färbung den ganzen Sommer über. Historisch verbürgt ist jedoch nur die eigentliche Art, nicht aber die Sorten. Doch auch bei der Art ist im Herbst eine schöne, orangegelbe Verfärbung der Laubblätter zu beobachten. Dieser Farbton passt nicht nur hervorragend zur dritten Jahreszeit, sondern auch zu den gleichzeitig blühenden Herbstastern in Blau- und Violetttönen. Umgangssprachlich nennt man diese schöne Wildstaude übrigens auch Gold-Wolfsmilch, weil die gelben Hüllblätter ihrer Blüten im Frühjahr wirklich weithin sichtbar golden leuchten.

Giftige Gewächse

Alle Wolfsmilchgewächse sondern bei Verletzung einen weißen oder gelben, ätzenden, giftigen Milchsaft ab, der als Fraßschutz und Wundverschluss die Pflanze schützen soll. Früher verwendete man den Milchsaft, um Warzen auf der Haut zu beseitigen. Dazu gibt es heute bessere und vor allem weniger riskante Methoden. Der Milchsaft ruft bei Hautkontakt, insbesondere mit den Schleimhäuten, heftige Reaktionen hervor und sollte möglichst rasch entfernt werden. Frischer Saft lässt sich mit Wasser, eingetrockneter mit Emulsionen (Milch oder fetthaltiger Hautcreme) beseitigen.

WALZEN-WOLFSMILCH

> Für Steingärten, Trockenmauern und Kiesgärten ist diese Wolfsmilchart ein wahrer Schatz. Statt sich in die Höhe zu recken, schlängeln sich die immergrünen Triebe auf dem Boden entlang. Trockenheit und Hitze machen ihr nichts aus, weshalb sie in Zeiten des Klimawandels ein wertvoller Strukturbildner ist. <

Euphorbia myrsinites

Wolfsmilchgewächse, Euphorbiaceae

Heimat: Süd- und Osteuropa bis Mittelasien.

Wuchsform: Wintergrün mit niederliegenden Sprossen.

Blatt: Spiralig angeordnet, eiförmig, zugespitzt, fleischig, blaugrau, wachsartig bereift.

Blüte: Dolden mit grüngelben Blüten und Hochblättern.

Blütezeit: Mai bis Juni.

Frucht: Kapsel.

Wuchs-/Blütenhöhe: 15–25 cm.

Standort: Vollsonnig in gut durchlässigem, kalkhaltigem Boden.

Pflege: Sehr pflegeleicht. Wenn eine Selbstaussaat nicht erwünscht ist, entfernt man die Blütenstände vor der Samenreife.

Vermehrung: Durch Aussaat bei Samenreife oder im Frühjahr.

Besonderes: Sprosse, die Blütenstände tragen, sterben nach der Samenreife ab.

Die wintergrüne Walzen-Wolfsmilch ist eigentlich in Südeuropa von den Balearen bis zur Krim heimisch. Den Sprung über die Alpen in unsere Gärten schaffte sie erst im 16. Jahrhundert. Conrad Gesner nannte sie in seinem Buch „Horti Germaniae“ von 1561 *Tithymalus myrsinites* bzw. *Tithymalus myrtitis*. Als Zierpflanze wuchs sie nachweislich im Jahr 1570 im Leuschnerischen Garten in Meißen. Der Arzt und Naturforscher Joachim Camerarius der Jüngere (1534–1598) zählte sie in seinem Werk „Hortus medicus et philosophicus“, erschienen im Jahr 1588, zu den Pflanzen, die in seinem Garten wuchsen. Die seltsame Staude mit dem eigenartigen, niederliegenden Wuchs weckte zunächst die Neugierde der Pflanzensammler und Botaniker. Doch im 17. und 18. Jahrhundert schien das Interesse an der Pflanze nachgelassen zu haben. Sie wird jedenfalls in den meisten Gartenkatalogen dieser Zeit nicht mehr erwähnt. Auch der „Hortus Eystettensis“ bildete als einzige Wolfsmilchart auf Tafel 285 nur die aus Asien stammende und im Mittelmeerraum eingebürgerte Kreuzblättrige oder Spring-Wolfsmilch (*Euphorbia lathyris*) unter dem Namen *Cataputia vulgaris* ab. Erst mit der im 19. Jahrhundert aufkommenden Mode der Steingärten wurde die Walzen-Wolfsmilch wieder häufiger in den Gärten Mittel- und Westeuropas kultiviert. Auch heutzutage ist sie noch immer eine beliebte Staude für sonnige Steingärten. Gern wird sie aber auch – und dies vor allem optisch stimmig und durchaus standortgerecht – in Kiesgärten, auf Trockenmauern und wegen ihrer robusten Natur und ihrer Genügsamkeit sogar auf Verkehrsinseln gepflanzt. Letztere Eigenschaften machen sie auch zu einer beliebten Pflanze für Dachbegrünungen, etwa von Carports oder Flachdächern.

Der französische Botaniker Antoine-Tristan Dant d'Isnard (1663–1743) benannte die Gattung der Wolfsmilchgewächse nach dem aus dem Altertum tradierten Namen *Euphorbium*. Carl von Linné änderte die Schreibweise bei der Aufstellung seiner Nomenklatur in *Euphorbia*. Das Artepitheton *myrsinites* leitet sich von der Braut-Myrte (*Myrtus communis*) ab, mit der die Blatttriebe der Pflanze eine gewisse Ähnlichkeit haben sollen. Der deutsche Name Wolfsmilch rührt von dem ätzenden, giftigen, eben „beißenden“ Milchsaft her. Schon früher hat die seltsame Pflanze das Interesse der Menschen geweckt. So schrieb der griechische Arzt Dioskurides, der im ersten Jahrhundert n. Chr.

Kreuzblättrige oder Spring-Wolfsmilch (*Euphorbia lathyris*).

wirkte, über die Walzen-Wolfsmilch, ihr Saft habe die Kraft, den Bauch nach unten zu reinigen und er vertreibe, wenn er aufgestrichen werde, Geschwüre und gestielte Warzen sowie Feigwarzen und Flechten. Zudem sei er ein gutes Mittel bei übergewachsenen Nägeln und Karbunkeln sowie krebsigen, fressenden Geschwüren und Fisteln.

Im Mittelalter gehörte der Milchsaft von Euphorbien zu den Bestandteilen der legendären Hexensalben, die übernatürliche Kräfte verleihen sollten. Heutzutage werden die Wirkstoffe der Wolfsmilchgewächse nicht mehr in der Schulmedizin verwendet. Die Homöopathie setzt sie aber unter dem Namen Lac lupi gelegentlich ein. Wegen der großen Giftigkeit sollte man von einer Selbstmedikation unbedingt absehen und auch Fertigpräparate nur auf Anweisung eines Arztes verwenden

.

Euphorbus

Der botanische Gattungsname für die Wolfsmilchgewächse geht auf Euphorbus zurück, der Leibarzt des Königs Juba II. von Mauretanien (ca. 50 v. Chr.–23 n. Chr.) war. Der hoch gebildete und anscheinend auch an der Natur interessierte König der Numidier, übrigens ein Schwiegersohn der legendären ägyptischen Pharaonin Kleopatra, fand eine Pflanze dieser Gattung in der Natur und benannte sie nach seinem Leibarzt.

SCHARLACH-FUCHSIE

> Fuchsien kennen wir als hübsche Topf- oder Balkonpflanzen für absonnige bis schattige Standorte. Im Herbst werden die meist einjährig kultivierten Pflanzen nach den ersten Nachtfrösten auf dem Kompost entsorgt oder frostfrei überwintert. Doch es gibt auch eine winterharte Art, die durchaus gartenwürdig ist. <

Fuchsia magellanica
Nachtkerzengewächse, Onagraceae

Heimat: Südliche bis zentrale Anden, Feuerland bis Peru.

Wuchsform: Aufrecht, strauchartig, an der Basis verholzend.

Blatt: Eiförmig, gezähnt, dunkelgrün, bis 6 cm lang.

Blüte: Bis 5 cm lange Blüten in Rot- und Purpurtönen.

Blütezeit: Juli bis Oktober.

Frucht: Beere.

Wuchs-/Blütenhöhe: 60–100 cm.

Standort: Halbschattig in nährstoffreichem, feuchtem Boden.

Pflege: Im Sommer stets ausreichend feucht halten, im Winter mulchen und im Frühjahr bodennah zurückschneiden.

Vermehrung: Durch Aussaat im Frühjahr oder halb verholzte Stecklinge im Sommer.

Besonderes: Die in der Staudengärtnerei Gaißmayer erhältlichen Sorten überdauern seit Jahren mit einem leichten Winterschutz.

Die Scharlach-Fuchsie ist eine der wenigen Arten aus der Gattung *Fuchsia*, die in unseren Breiten winterhart sind. Sie wurde 1786 erstmals vom französischen Naturforscher Jean-Baptiste de Lamarck (1744–1829) als *Fuchsia magellanica* beschrieben. Doch schon Jahrzehnte zuvor hatte Louis Feuillée (1660–1732), ein französischer Geistlicher, Botaniker und Forschungsreisender, die Art in Chile gefunden und sie 1714 *Fuchsia coccinea* genannt. Die erste lebende Pflanze dieser Art kam im späten 18. Jahrhundert nach England. Einer Überlieferung nach entdeckte der englische Gärtner James Lee aus Fulham im Jahr 1789 eine blühende Fuchsie mit grazilen, purpurroten Blüten auf der Fensterbank eines Seemannes in England, der sie aus Südamerika mitgebracht hatte. Lee soll die Pflanze für acht Pfund Sterling gekauft und aus der Mutterpflanze Stecklinge gezogen haben. Es heißt, bis 1793 habe er schon eine große Anzahl daraus gezogener Jungpflanzen gegen gutes Geld verkauft – wohl auch an Pflanzensammler „vom Kontinent". Denn die Art tauchte bereits 1796 im Schlosspark von Machern östlich von Leipzig auf. Für den Berliner Botanischen Garten ist sie 1808 nachzuweisen und 1817 bot die Breitersche Gärtnerei in Leipzig die Pflanze zum Verkauf an.
Etwa zur gleichen Zeit, als James Lee die Scharlach-Fuchsie durch Zufall gefunden haben soll, erreichte ein weiteres Exemplar von *Fuchsia coccinea* den Botanischen Garten in Kew bei London. Weil man sie selten weiter vermehrte, galt die Art bald als verschollen – bis sie 1867 in einem Gewächshaus des Botanischen Gartens von Oxford wiedergefunden wurde. Bis weit ins 19. Jahrhundert hinein wurde die Art als *Fuchsia coccinea* gezogen und gehandelt. Erst später stellte sich heraus, dass es sich bei dieser Art um die gleiche handelt, wie die von James Lee vermehrte, nämlich *F. magellanica*. Inzwischen gibt es eine Vielzahl von Sorten, darunter auch reinweiß blühende und solche mit leuchtend gelbgrünem Laub. Am Naturstandort im Süden Patagoniens kommt die Art bis auf 1700 Höhenmeter vor. Dort wächst sie auch bis zu 3 m hoch, während sie bei uns meist nur 1 m hoch wird. Bei Frösten frieren die oberirdischen Triebe zurück, aber im Frühjahr erfolgt meist ein Neuaustrieb aus dem Wurzelstock. Dies aber nur, wenn die Pflanzen zuvor gut eingewurzelt sind. Deshalb empfehlen wir, die Staude im Frühjahr und etwas tiefer als gewöhnlich zu pflanzen. Wenn man die Triebe im Herbst nicht zurückschneidet, verkraftet die Pflanze eisige Temperaturen besser. Auch eine Mulchschicht verhindert Frostschäden. Wegen des späten Austriebs empfehlen wir eine Unterpflanzung mit Zwiebelblühern oder wintergrünen Stauden.

'Hawkshead', eine weiße Hybride von *Fuchsia magellanica*.

Leonhart Fuchs

Der Arzt und Botaniker Leonhart Fuchs (1501–1566) gilt neben Otto Brunfels und Hieronymus Bock als einer der drei „Väter der Botanik". Fuchs wurde im bayerischen Wemding geboren, studierte in Erfurt und Ingolstadt und hatte ab 1535 eine Professur für Medizin in Tübingen. Kaiser Karl V. erhob ihn in den Adelsstand. Er führte botanische Exkursionen durch und legte einen Apothekergarten an. Dies war der erste der Universität und er gilt als einer der ältesten der Welt. Fuchs verfasste über 50 Bücher und Streitschriften. Sein „De Historia Stirpium commentarii insignes" erschien 1542 in Basel auf Latein, ein Jahr später sein „New Kreüterbuch" auf Deutsch. Der französische Botaniker Charles Plumier (1646–1704) benannte in seinem Buch „Nova plantarum americanum genera" aus dem Jahr 1703 die Gattung *Fuchsia* zu Ehren von Leonhart Fuchs.

FELSEN-STORCHSCHNABEL

> Ein Staudengarten ohne Storchschnabel ist heute kaum vorstellbar. Es gibt zahlreiche Arten und Sorten für sonnige Standorte. Besonders wertvoll sind jedoch Arten, die auch an halbschattigen Standorten noch eine gute Figur machen. Der Felsen-Storchschnabel ist eine davon. <

Geranium macrorrhizum

Storchschnabelgewächse, Geraniaceae

Heimat: Süden und Südwesten der Alpen, Balkan und Apennin.

Wuchsform: Immergrün, Gruppen und Rhizome bildend.

Blatt: Rundlich gelappt, lang gestielt, 10–20 cm lang, klebrig, aromatisch duftend.

Blüte: Doldenartige Büschel aus aufrechten, flach ausgebreiteten, purpurrosafarbenen bis weißen, 2,5 cm breiten Blüten.

Blütezeit: Mai bis Juli.

Frucht: Kapsel.

Wuchs-/Blütenhöhe: 20–50 cm.

Standort: Sonnig bis halbschattig in mäßig nährstoffreichem, mäßig feuchtem, lehmig-humosem Boden.

Pflege: Bei Trockenheit muss im Sommer gegossen werden.

Vermehrung: Durch Teilen oder Risslinge im Frühjahr.

Besonderes: Im Handel findet man meistens Sorten.

Der Felsen-Storchschnabel wird manchmal auch Großwurzel-Storchschnabel genannt, was eine direkte Übersetzung des botanischen Namens ist und sich auf das recht kräftige Rhizom der Pflanze bezieht. Die wintergrüne Wildstaude aus Südeuropa besiedelt am Naturstandort kalkreiche, trockene, warme Regionen und Felsen bis in Höhen von 1700 m. Man kennt sie auch unter dem Namen Balkan-Storchschnabel. Sie fand schon in der zweiten Hälfte des 16. Jahrhunderts ihren Weg über die Alpen in unsere Gärten. Nach England kam sie 1576 und ist dort mancherorts auch verwildert anzutreffen. Der Nürnberger Arzt und Naturforscher Joachim Camerarius der Jüngere kultivierte die Pflanze in seinem Apothekergarten und beschrieb sie 1588 in seinem Buch „Hortus medicus et philosophicus“ als *Geranium macrorhizon*, *Gallis Banatica*, *gravissime odoris*, *praesertim radix*. *Praesertim radix* heißt übersetzt „mit außerordentlicher Wurzel“ und *gravissime odoris* „stark riechend“.

Und stark riechend ist fast schon untertrieben. Denn der Felsen-Storchschnabel riecht tatsächlich ziemlich streng. So streng, dass manche ihn nicht in den Garten pflanzen, weil ihnen der Geruch auf Dauer zu penetrant ist. Verantwortlich dafür sind die ätherischen Öle, die man früher zur Herstellung des sogenannten Zdravec-Öls extrahierte. Das „Geranienöl“ wurde für die Parfümherstellung verwendet, diente aber auch pharmazeutischen Zwecken. Man kann sich den intensiven Geruch aber zunutze machen, wenn man Hunde von bestimmten Gartenbereichen fernhalten möchte, denn die Vierbeiner mögen den Duft der Pflanzen überhaupt nicht. Auch dem Basler Arzt, Anatom und Botaniker Caspar Bauhin (1560–1624) war der intensive Geruch der Pflanze aufgefallen, denn er nannte sie 1623 in seinem Buch „Pinax Theatri botanici“ *Geranium batrachoides odoratum*, also duftend. Carl von Linné griff schließlich bei der Benennung der Art wieder auf den alten, bis heute gültigen Namen zurück, veränderte die Schreibweise jedoch zu *Geranium macrorrhizum*.

Der Felsen-Storchschnabel tauchte im 17. und 18. Jahrhundert in vielen Gärten auf. So zeigt auch der „Hortus Eystettensis“ von 1613 die Art unter dem Namen *Geranium Macrorhizon* auf Tafel 30. Deutlich erkennt man hier das kräftige Rhizom und die lang gestielten Laubblätter. Im 19. Jahrhundert war die Art dann weit verbreitet, wohl auch, weil die wintergrüne Staude ein guter Bodendecker für halbschattige Standorte und größere Flächen ist, etwa in Parks und Landschaftsgärten. Außerdem unterdrückt der Felsen-Storchschnabel zuverlässig Unkräuter und kann im Herbst eine Menge Falllaub schlucken. Das Laub des Felsen-Storchschnabels selbst färbt sich im Herbst in schönen Rottönen. Wir empfehlen die Teppiche bildende Art gern für die großflächige Verwendung, insbesondere für problematische Standorte wie etwa trockene, leicht schattige Lagen. Der Felsen-Storchschnabel ist übrigens eine der Elternpflanzen des Cambridge-Storchschnabels (*Geranium × cantabrigiense*). Der andere Elternteil ist der Dalmatische Storchschnabel (*G. dalmaticum*). Die sehr schöne und meist wintergrüne Hybride, die aus der Kreuzung hervorging, eignet sich hervorragend für kleinräumigere Pflanzungen, wo der Felsen-Storchschnabel zu groß und üppig wirkt.

Cambridge-Storchschnabel (*Geranium × cantabrigiense*).

Storch oder Kranich?

Der deutsche Name Storchschnabel ist eine nicht ganz korrekte Übersetzung des aus dem Griechischen stammenden Gattungsnamens. Dieser ist von *geranos* (Kranich) abgeleitet und bezieht sich auf den langen Fortsatz an der Samenkapsel, der an einen Kranichschnabel erinnert. Bei Samenreife öffnet sich die Kapsel oft explosionsartig, um den Samen herauszuschleudern.

BLUTROTER STORCHSCHNABEL

> Eine anmutige, zierliche Wildstaude, die in fast ganz Europa heimisch ist und schon früh als Gartenpflanze kultiviert wurde. Zwar gibt es inzwischen viele schöne Sorten mit abweichenden Blütenfarben, aber auch die Wildart verdient nach wie vor unsere Aufmerksamkeit. <

Geranium sanguineum
Storchschnabelgewächse, Geraniaceae

Heimat: Europa bis in die nördliche Türkei.

Wuchsform: Gruppen und Rhizome bildend, sommergrün.

Blatt: Tief gelappt und schwach gezähnt, bis 10 cm lang.

Blüte: Bis 4 cm breite, offene, magentarote Schalenblüten.

Blütezeit: Juni bis August.

Frucht: Kapsel.

Wuchs-/Blütenhöhe: 30–40 cm.

Standort: Sonnig in mäßig nährstoffreichem, mäßig feuchtem, lockererem, humosem Boden.

Pflege: Welkes Laub im Herbst zurückschneiden.

Vermehrung: Durch Aussaat oder Teilen im Frühjahr oder Stecklinge nicht blühender Triebe im Sommer.

Besonderes: Die Pflanze entwickelt nur wenige Grundblätter und hat daher einen sehr duftigen Habitus.

Die einheimische Wildstaude ist in Mitteleuropa seit mindestens 1561 als Gartenpflanze bekannt. Der englische Pflanzensammler John Gerard hatte den Blutroten Storchschnabel schon 1597 in seinem Garten in London. Auch der Apotheker des englischen Königs Jakob I., John Parkinson (1567–1650), kultivierte diese Art in seinem Garten am Londoner Stadtrand in Long Acres. Im „Hortus Eystettensis“ von 1613 ist die Pflanze auf Tafel 30 unter dem Namen *Geranium Sanguinarium* abgebildet. Auch wenn der Blutrote Storchschnabel in der Folgezeit nicht oft erwähnt wurde, ist er doch nie ganz aus den Gärten verschwunden. Aber erst im 19. Jahrhundert, mit dem Aufkommen der damals beliebten Steingärten, wurde er häufiger gepflanzt.

Einen nicht unwesentlichen Anteil an seiner zunehmenden Popularität hat der irische Gartenschriftsteller William Robinson (1838–1935), der sich für die Verwendung von Wildpflanzen in Gärten einsetzte. Er schrieb 1870 in seinem Buch „The Wild Garden“ über den Blutroten Storchschnabel: „*G. sanguineum* ist eine sehr hübsche Rabattenpflanze, oder auch, um Gruppen zwischen Sträuchern zu bilden.“ Er kannte auch die Unterart *Geranium sanguineum* var. *lancastriense* mit rosafarbenen Blüten, die auf der Isle of Walney gefunden wurde. Sie wuchs bereits 1732 im Garten des englischen Arztes und Botanikers James Sherard (1666–1738). Er war ein Sammler seltener Pflanzen, weit gereist und hoch gebildet. Sein Garten in Eltham (heute ein Stadtbezirk von London) galt damals als einer der feinsten in ganz England. Die Insel Walney in der Irischen See gehörte bis 1974 noch zur Grafschaft Lancashire, weshalb die dort gefundene Unterart des Blutroten Storchschnabels den Namenszusatz *lancastriense* erhielt. Heute gehört die Insel zur Grafschaft Cumbria, aber die Pflanze behielt ihren botanischen Namen.

William Robinson lobte 1883 in seinem Buch „The English Flower Garden“ diese Unterart: „Einige andere Arten [des *Geraniums*] sind prächtig, und die beste davon ist: die zwergige *G. sanguineum*; deren schöne Lancaster-Unterart, mit rosafarbenen Blüten, fein mit dunklen Linien gezeichnet ist.“ Auch der englische Botaniker George Nicholson (1847–1908) erwähnt diese Unterart 1885 in seinem „Illustrated Dictionary of Gardening“. Die kleine, aber feine Staude spielt auch heute noch eine äußerst wichtige Rolle. In der Staudensichtung wurde sie mit drei Sternen bewertet, also

Geranium sanguineum var. *striatum*.

der Bestnote. Allerdings findet man sie im Handel meist unter dem Namen *G. sanguineum* var. *striatum*.

Inzwischen gibt es viele moderne Sorten, an deren Entwicklung der britische Züchter Jack Drake großen Anteil hatte. Er gründete seine bis heute bestehende Gärtnerei 1938 in Aviemore in den schottischen Highlands. Doch auch schon vorher gab es Varianten mit Blüten in anderen Farbnuancen. So wurde schon um das Jahr 1900 eine weiß blühende Varietät in Gärten gepflanzt.

Wir empfehlen den Blutroten Storchschnabel gern für die Bepflanzung von Böschungen, Steingärten und Trögen. Sie ist eine bewährte, dauerhafte Staude. Nach unserer Erfahrung blüht sie an sonnigen Standorten reicher als im Halbschatten, kommt aber auch mit weniger sonnigen Standorten zurecht.

Wirksame Wurzel

Die Wurzel des Blutroten Storchschnabels enthält Gerbstoffe, die man früher tatsächlich zum Gerben verwendete. Die Gerbstoffe haben zudem eine blutstillende Wirkung. Dementsprechend setzte man die Pflanze zu Heilzwecken ein. Das Epitheton *sanguineum* (von lateinisch *sanguis* = Blut) soll sich auf diese Eigenschaft und nicht auf die Blütenfarbe beziehen.

NÖRDLICHE DREIBLATTSPIERE, GILLENIE

> Bei vielen Gärtnern ist diese Staude auch heute noch kaum bekannt, obwohl sie von Pflanzenliebhabern schon seit Jahrhunderten in Gärten kultiviert wird. Manchmal kann man also auch bei historischen Stauden interessante Neuentdeckungen machen. <

Gillenia trifoliata
Rosengewächse, Rosaceae

Heimat: Bergwälder in Kanada und den östlichen USA.

Wuchsform: Aufrecht, buschig, verzweigt.

Blatt: Dreigeteilte, gezähnte, rau behaarte, geaderte Blätter.

Blüte: Lockere Rispen mit zahlreichen weißen, sternförmigen Blüten, bei denen die beiden oberen Blütenblätter länger und rosa überhaucht sind.

Blütezeit: Juni bis Juli.

Frucht: Balgfrucht.

Wuchs-/Blütenhöhe: 60–80 cm.

Standort: Sonnig bis halbschattig in frischem, humosem, lockerem, eher kalkarmem Boden.

Pflege: Im Sommer bei starker Sonneneinstrahlung beschatten.

Vermehrung: Durch Aussaat oder Teilen im Frühjahr oder Herbst.

Besonderes: Gelb- und orangefarbene Herbstfärbung.

Die nordamerikanische Wildstaude ist in England schon seit 1713 in Kultur und wird für ihre schönen Blüten wie auch für die leuchtende Herbstfärbung der Laubblätter geschätzt. Carl von Linné beschrieb und benannte sie als *Spiraea trifoliata*. Den Namen *Gillenia* erhielt die Gattung erst Jahrzehnte später, nämlich 1802 vom deutschen Apotheker und Botaniker Conrad Moench (1744–1805). Ein US-amerikanischer Geologe und Botaniker, Nathaniel Lord Britton (1859–1934), meinte Ende des 19. Jahrhunderts jedoch, der Name ähnele zu sehr dem (damaligen) botanischen Namen des Scheinellers (auch Zimterle genannt): *Gillena*. Er taufte die Gattung im Jahr 1894 kurzerhand in *Porteranthus* (Porterblüte) um und ehrte damit Professor Thomas C. Porter. Dies entsprach ganz den Gepflogenheiten Brittons, denn er war der erste Direktor des damals neu gegründeten Botanischen Gartens von New York und fand Sponsoren für sein Projekt, indem er neu entdeckte Pflanzenarten nach ihnen benannte. Die Gattung *Gillena* wurde aber umbenannt in *Clethra* (der bis heute gültige Gattungsname für den Scheineller). Folglich wurde der alte Name *Gillenia* für die Dreiblattspiere wieder als gültig und *Porteranthus* seitdem als Synonym akzeptiert. In den angelsächsischen Ländern wird *Gillenia* auch *bowman's root*, *fawn's breath*, *indian physic* oder *american ipecac* genannt. Während *fawn's breath* („Atem eines Rehkitzes") sich auf das Aussehen der Pflanze bezieht, insbesondere auf ihre duftigen Blüten, leiten sich die anderen Trivialnamen vom medizinischen Nutzen der Staude ab. Die amerikanischen Ureinwohner – vulgo: Indianer – verwendeten die getrocknete und pulverisierte Rinde der Wurzel als Abführ- und Brechmittel. *Indian physic* heißt übersetzt „indianische Arznei" und *Ipecac* ist die Bezeichnung für ein aus einer Tropenpflanze (Ipecacuanha) hergestelltes Brechmittel. *Bowman's root* heißt übersetzt „Wurzel eines Bogenschützens", also eines amerikanischen Ureinwohners, dessen Waffen bekanntlich Pfeil und Bogen waren.
Man kann die Staude in Beete und Rabatten pflanzen, aber am besten passt sie an den Gehölzrand, wo sie insbesondere zur Blütezeit, aber auch im Herbst, wenn sich das Laub verfärbt, einen schönen Blickfang bietet. Langtriebig geschnittene Blütenrispen eignen sich auch als Schnittblumen, wie schon „Möller's Deutsche Gärtner-Zeitung" 1897 wusste: „An den dünnen Blütenstängeln

Herbstfärbung der Gillenie.

entwickeln sich die schönen, lang gestielten, ziemlich großen weißen Blumen, deren obere zwei Blumenblätter länger und am Rande rosenrot gefärbt sind. Die braunrote Färbung des Kelchs trägt noch wesentlich zur Erhöhung der Farbenwirkung (...) bei, und die langstielig geschnittenen Blütenrispen eignen sich besonders zu höheren Vasensträußen." Im Jahr 1909 erfahren wir aus derselben Quelle. „Diese Staude ist durch ihren zierlichen, lockeren Bau (die Stiele sind nur strohhalm- und stecknadelstark und bis zu 1 m hoch) und durch die überreiche Fülle weißer, in Rosa übergehender Blüten als Einzelpflanze von sehr vorteilhafter Wirkung." Ernst Graf Silva Tarouca empfiehlt sie in seinem 1913 erschienenen Buch „Unsere Freiland-Stauden" für „Rabatten und fürs Alpinum". Wir finden, dass sie vor allem eine schöne Strukturstaude ist, die noch viel zu selten gepflanzt wird.

Südliche Dreiblattspiere

Neben der Nördlichen Dreiblattspiere gibt es auch die Südliche Dreiblattspiere (*Gillenia stipulata*). Sie hat rosafarbene Blütenknospen und blüht ebenfalls weiß, aber etwas früher als die Nördliche Dreiblattspiere. Sie wird seltener kultiviert, ist aber im ausgesuchten Handel erhältlich.

GIPSKRAUT, SCHLEIERKRAUT

> Das Schleierkraut ist mehr als nur eine nette Beigabe zu Rosensträußen aus dem Blumenladen. Die duftig wachsende Staude ist außer in der Floristik auch im Beet ein wertvoller Weichzeichner und zur Blütezeit zudem ein echter Bienenmagnet. Grund genug, ihr einen Platz im Garten zu reservieren. <

Gypsophila paniculata

Nelkengewächse, Caryophyllaceae

Heimat: Mittel- und Osteuropa bis Westsibirien.

Wuchsform: Luftig, aufrecht und verzweigt.

Blatt: Lanzettlich, blaugrün bereift, 5–7 cm lang.

Blüte: Lockere, reich verzweigte Rispen mit kleinen, 1 cm großen, weißen Blüten.

Blütezeit: Juli bis August.

Frucht: Kapsel.

Wuchs-/Blütenhöhe: 80–100 cm.

Standort: Sonnig in leichtem, tiefgründigem, durchlässigem, kalkhaltigem Boden.

Pflege: Vor Schneckenfraß schützen und blühende Triebe stützen.

Vermehrung: Durch Aussaat im Frühjahr.

Besonderes: Weil die Pflanze eine lange Pfahlwurzel ausbildet, ist sie nur schlecht verpflanzbar.

Das Gipskraut wurde erstmals vom deutschen Arzt und Botaniker Traugott Gerber (1710–1743) beschrieben. Er fand die Art während seiner Expeditionen zwischen 1739 und 1741 an Don und Wolga und nannte sie *Alsine frutescens, caryophylli folio flore parvo albo*. Carl von Linné gab ihr 1753 dann den bis heute gültigen Namen *Gypsophila paniculata*. Der stammt vom griechischen *gypso* (Gips) und *philos* (Freund), was sich auf die Vorliebe der Pflanze für kalkreiche Böden bezieht. Schon bald nach der Entdeckung durch Gerber wurde die Pflanze im Botanischen Garten von Sankt Petersburg kultiviert. Von dort schickte man Samen der Art nach England und Deutschland. Mitte des 18. Jahrhunderts hatte der Arzt und Mediziner Johann Gottlieb Zinn (1727–1759), Direktor des Botanischen Gartens in Göttingen, die Pflanze bereits ebendort in Kultur, und in England pflanzte Philip Miller (1691–1771) sie 1759 im Apothekergarten in London-Chelsea.
In der zweiten Hälfte des 18. Jahrhunderts wurde das Gipskraut in vielen Ländern West-, Mittel- und Nordeuropas eingeführt. Zunächst kultivierte man es in Botanischen Gärten, etwa 1771 in Uppsala und 1808 in Berlin. Später hielt die Staude Einzug in Privatgärten, und Mitte des 19. Jahrhunderts war das Gipskraut eine häufige und beliebte Gartenstaude. Damals entstanden auch erste Zuchtsorten mit gefüllten, rosafarbenen oder weißen Blüten. Da sie bei der Aussaat nicht sortenecht ausfielen, mussten sie aufwendig durch Pfropfen vermehrt werden. Inzwischen gibt es aber auch Sorten, die samenecht sind.
Als Vasenschmuck und für die Trockenfloristik war das Schleierkraut schon in der Vergangenheit beliebt, wie „Vilmorin's illustirte Blumengärtnerei" bereits 1878 wusste: „Der Blüthenstand ist an Leichtigkeit einigen einjährigen Gräsern vergleichbar (...) Ihre Blüthenrispen eignen sich für die Bouquetbinderei und für Vasen, in dem einzelne Blüthenbüschel den in denselben arrangirten Blumen ein leichtes Ansehen verleihen. Im Schatten getrocknet eignen sie sich (...) deshalb für Dauerbouquets usw." Und Otto Schnurbusch schrieb 1914 in seinem Buch „Der praktische Schnittblumenzüchter der Neuzeit": „In manchen Gegenden ist dieses Schleierkraut noch sehr beliebt für die Binderei und wird von manchen Kunden sogar gewünscht. Man verarbeitet es vornehmlich in Kränzen und Girlanden und es sieht darin auch gar nicht übel aus." Man kann daraus

Kriechendes Gipskraut (*Gypsophila repens*).

lesen, dass Schleierkraut schon damals ein etwas angestaubtes Image hatte. Dennoch hat die Staude ihren Platz in der Binderei bis heute erhalten können und auch junge Floristen greifen nach wie vor gern zum Schleierkraut.
Im Garten sieht die Staude allein stehend etwas fade aus. Sie kann aber mit ihren luftigen Blütenständen Rosenbeete und Staudenpflanzungen sehr schön auflockern und andere Blumen besser zur Geltung bringen. Schleierkraut als Weichzeichner ist auch ein angenehmes Gegengewicht zu Blüten mit strengen Formen und grellen Farben. Die englische Gartengestalterin Gertrude Jekyll empfahl, das Gipskraut neben Türkischen Mohn (*Papaver orientale*) zu pflanzen. Zwar blühen die beiden Staudenarten nicht gleichzeitig, aber die Blütenschleier des Gipskrauts können die im Sommer durch das Einziehen des Mohns entstehenden Lücken im Beet kaschieren.

Kriechendes Gipskraut

Neben dem hoch wachsenden Gipskraut ist seit dem 18. Jahrhundert zudem das Kriechende Gipskraut (*Gypsophila repens*), auch Teppich-Schleierkraut genannt, vereinzelt in Kultur. Häufiger wurde es dann im 19. Jahrhundert mit dem Aufkommen der Steingärten gepflanzt.

GEWÖHNLICHE SONNENBRAUT

> Als Schnittblume für die Vase kann die Sonnenbraut gar nicht hoch genug gelobt werden. Aber auch im Staudenbeet ist sie ein echter Gartenschatz, denn die hübschen Körbchenblüten dieser unkomplizierten Staude machen einfach gute Laune. Wie schön, dass diese Staude ihren Weg in unsere Gärten fand. <

Helenium autumnale
Korbblütler, Asteraceae

Heimat: Südliches Kanada und USA.

Wuchsform: Aufrecht, verzweigt, Gruppen und kurze Rhizome bildend.

Blatt: Eiförmig bis lanzettlich, gezähnt, mittelgrün, 10–15 cm lang.

Blüte: Schirmrispen mit zahlreichen, bis 5 cm breiten, gelben Blütenköpfchen mit kugeligem Knopf.

Blütezeit: Juli bis September.

Frucht: Achäne (Spaltfrucht) mit Pappus.

Wuchs-/Blütenhöhe: Bis 150 cm.

Standort: Sonnig in nährstoffreichem, nicht zu trockenem, durchlässigem Boden.

Pflege: Alle 2–3 Jahre teilen, um die Wüchsigkeit zu erhalten.

Vermehrung: Durch Teilen im Herbst oder Frühjahr.

Besonderes: Ein Kontakt mit dem Laub kann Hautreizungen verursachen.

Schon um 1620 kam die Gewöhnliche Sonnenbraut aus den französischen Kolonien nach Frankreich. Im Garten der Botaniker und Hofgärtner Jean und Vespasien Robin in Paris wuchs sie nachweislich bereits im Jahr 1623. Vater und Sohn Robin bezeichneten sie als *Chrysanthemum Americanum cum volatoria caule*, also als „mit geflügeltem Stängel". Der französische Arzt und Botaniker Jacques Philippe Cornut (1606–1651) nannte die Art in seinem Werk „Canadensium Plantarum Historia" von 1635, übrigens eines der ersten Werke über die nordamerikanische Flora, *Aster luteus alatus*. Die Ausbreitung der Staude in andere europäische Länder verlief zunächst eher zögerlich. In Deutschland war sie bis in die erste Hälfte des 18. Jahrhunderts nur in einigen Botanischen Gärten zu finden. Erst danach setzte eine stärkere Verbreitung ein. Wissenschaftlich beschrieben wurde die Art erstmals 1753 von Carl von Linné in seinem Werk „Species Plantarum". Er hatte die Art 1735 in den Niederlanden kennengelernt.

Bei der Namensgebung übertrug Linné den alten Namen des einheimischen Alants (*Inula helenium*, bei Caspar Bauhin 1623: *Helenium vulgare*) auf die neue Art. Der damalige Direktor des Berliner Botanischen Gartens, Johann Gottlieb Gleditsch, nannte die Staude 1773 folglich auch „Der amerikanische unächte hohe Alantstrauch" und pries sie als „gute Abwechslung". In der Folge breitete sich die Staude als Zierpflanze weiter aus, sodass sie im 19. Jahrhundert eine allgemein bekannte und oft gepflanzte Gartenstaude war. Als weitere *Helenium*-Wildarten nach Europa kamen, darunter 1841 *H. flexuosum* (früher: *H. nudiflorum*) und 1896 *H. bigelovii*, begannen auch Züchter, sich für die Gattung zu interessieren. *Helenium autumnale* ist, zusammen mit *H. bigelovii* („Bigelows Sonnenbraut"), eine Elternart vieler Sonnenbrauthybriden. Durch das Einkreuzen dieser Art entstanden die vielen heute geschätzten Hybriden mit gelben, braunen und rotbraunen Blüten.

Einer der eifrigsten Züchter neuer *Helenium*-Hybriden war Karl Foerster. Er führte über 50 *Helenium*-Hybriden ein, allerdings keine vor 1940. Seiner ersten Sorte gab er den Namen 'Kupfersprudel'. Weitere Sorten trugen Namen wie 'Zwergsamkleinod', 'Bernsteinhexe' oder 'Goldpfeilerbündel' – ganz typische Wortkreationen für Foerster. Nur die wenigsten seiner *Helenuim*-Sorten sind noch im Handel. Bewährte, noch immer erhältliche historische Sorten der Sonnenbraut sind beispielsweise 'Riverton Beauty' (gelb mit braunem Knopf), 'Riverton Gem' (gelbrot geflammt mit braunem Knopf) und 'Julisonne' (goldgelb mit etwas dunklerem Knopf): Diese Sorten empfahl schon Ernst Graf Silva Tarouca 1913 in seinem Buch „Unsere Freiland-Stauden" ausdrücklich.

Hoopes Sonnenbraut (*Hymenoxys hoopesii*).

Die Engländer nennen die Pflanze übrigens *Sneezeweed*, also Nieskraut. Dies geht darauf zurück, dass man die getrockneten und zerstoßenen Blätter und Blüten als Schnupfpulver verwendete, um das Niesen zu fördern. In manchen Kulturen – und früher auch bei uns – galt das Niesen als probates Mittel, den Körper von bösen Geistern zu reinigen oder eine Erkältung loszuwerden. Weitere englische Trivialnamen für die Staude sind *Bitterweed*, also Bitterkraut, *Helen's flower* (Blume Helenas) und *False sunflower* (Falsche Sonnenblume).

Hoopes Sonnenbraut

Die im Jahr 1865 aus dem pazifischen Nordamerika in Deutschland eingeführte Art *Helenium hoopesii* ist eine früh, meist schon im Mai/Juni blühende Wildstaude. Sie wird in jüngster Zeit einer anderen Gattung zugeordnet und neuerdings als *Hymenoxys hoopesii* geführt.

STAUDEN-SONNENBLUME

Sonnenblumen kennen die meisten Gartenfreunde nur als immer hungrige und durstige, einjährig kultivierte Riesengewächse, deren Samen dann bei Reife den Vögeln als Winterfutter dienen. Aber es gibt auch mehrjährige, wenn auch weniger spektakuläre Arten, die im Staudengarten eine gute Figur machen.

Helianthus decapetalus

Korbblütler, Asteraceae

Heimat: Mittlere und südöstliche USA.

Wuchsform: Aufrecht, verzweigt, Gruppen und Rhizome bildend.

Blatt: Lanzettlich bis breit eiförmig, mittelgrün, bis 20 cm lang, oberseits glatt, unterseits rau behaart.

Blüte: Lockere Schirmrispen mit bis 8 cm breiten Körbchenblüten mit gelben Zungen- und gelbbraunen Röhrenblüten.

Blütezeit: August bis Oktober.

Frucht: Achäne (Spaltfrucht).

Wuchs-/Blütenhöhe: Bis 150 cm.

Standort: Sonnig und warm in nährstoffreichem, lehmig-humosem Boden.

Pflege: Hoch wachsende Pflanzen brauchen eine Stütze.

Vermehrung: Durch Teilen im Frühjahr oder Herbst.

Besonderes: Gute Bienenweide und schöne Schnittblume.

Nach der Entdeckung Amerikas kam zuerst die einjährige Gewöhnliche Sonnenblume (*H. annuus*) nach Europa. Erst Ende des 16. Jahrhunderts wurden auch staudige Vertreter der Gattung eingeführt. So gab es 1822 im Berliner Botanischen Garten insgesamt 17 Arten staudiger Sonnenblumen. Als Zierpflanzen in die Gärten haben es jedoch nur wenige geschafft. Aber wenn, dann konnten sie sich dauerhaft etablieren. Hans Grabbe, damals Gartenbaulehrer an der Gärtnerlehranstalt Köstritz, lobte sie 1897 in seinem Buch „Unsere Staudengewächse" ausdrücklich: „Schöne ornamentale Pflanzen liefert vor allem die Familie der Kompositen. Namentlich ist es die Gattung *Helianthus* (Sonnenblume), deren ausdauernde Arten zu den besten Dekorationsstauden gehören. Sie bilden meist kräftige Büsche mit saftig grüner Belaubung und goldgelben, weithin leuchtenden Blüten von edler Form."

Als eine der ersten Stauden-Sonnenblumen, die in botanischen Schriften erwähnt wird, gilt die Vielblütige Sonnenblume (*Helianthus × multiflorus*). Der Ursprung dieser Hybride ist ungeklärt, aber sie wurde bereits 1588 und 1591 von Tabernaemontanus in Ausgaben seines „Neuw Kreuterbuchs" unter dem Namen *Corona solis minor foemina* erwähnt. Diese Hybride ist steril, kann also nur vegetativ vermehrt werden. Sie gilt als Bastard der Gewöhnlichen Sonnenblume (*H. annuus*) und der Stauden-Sonnenblume (*H. decapetalus*). Letztere, auch Zehnstrahlige Sonnenblume genannt, kam als reine Art erst Mitte des 18. Jahrhunderts nach Europa. Nachweislich wurde sie 1748 im Botanischen Garten in Uppsala kultiviert. Man setzte sie damals aber mit *H. × multiflorus* gleich.

Tatsächlich ist die Zuordnung in diesem Fall selbst für Botaniker etwas heikel. So dürften die meisten Sorten von *H. decapetalus* eigentlich der Hybride *H. × multiflorus* angehören. Die echte Art ist nur selten in Kultur und auch nur sehr schwer im Handel erhältlich. Sucht man historische Stauden-Sonnenblumen-Sorten wie 'Soleil d'Or' oder 'Meteor' in aktuellen Händlerkatalogen, findet man sie mal unter *H. decapetalus*, mal unter *H. × multiflorus* aufgelistet. 'Meteor' ist eine Züchtung von Georg Arends aus dem Jahr 1897 und gilt bis heute als beste der „anemonenblütigen" Sorten. Sie übertrifft unserer Meinung nach jüngere Sorten wie die 1938 eingeführte 'Capenoch Star' in ihren Pflanzeneigenschaften und ihrem Blütenreichtum. Die Sorte ist eine Selektion aus einem Bestand

Helianthus decapetalus 'Meteor'.

von *H. decapetalus* 'Soleil d'Or', eine ebenfalls historische, vom irischen Züchter William Baylor Hartland eingeführte Sorte mit dicht gefüllten Blüten. Er entdeckte die Sorte im Jahr 1880. Weil er in der Benennung ausdrücken wollte, dass die Sorte dichter gefüllt blüht als die damals populäre Sorte 'Plenus', nannte er sie 'Grandiplenus'. Der Name 'Soleil d'Or' ist ein Synonym für 'Grandiplenus' und der heute gebräuchliche Name für die schöne Sorte mit dicht gefüllten, an gefüllte Kamelien erinnernden Blüten (siehe Abbildung auf Seite 140).

Alle Stauden-Sonnenblumen sind auffallende, meist langlebige und hoch wachsende Stauden. Sie eignen sich für den Bauerngarten, als Schnittblume und als Rabattenpflanze. Am besten wirken sie im Hintergrund einer Staudenkomposition. Gute Pflanzpartner sind unter anderem Sonnenbraut (*Helenium*), Prärie-Sonnenhut (*Rudbeckia fulgida* 'Goldsturm'), Stauden-Phlox (*Phlox paniculata*) und Chinaschilf (*Miscanthus sinensis*).

Blüten wie ein Sonnenrad

Der Gattungsname *Helianthus* leitet sich vom Griechischen ab. So heißt *helios* Sonne und *anthos* Blume. Keine schlechte Namenswahl für eine Blume, die nicht nur sonnig wirkt, sondern auch die Sonne liebt!

WEIDENBLÄTTRIGE SONNENBLUME

Die exotisch wirkende Riesenstaude ist zwar schon lange Zeit bekannt, war aber nie eine verbreitete Gartenpflanze. Dennoch hat sie ihren Platz im Garten stets behauptet. Sie wird vor allem als Strukturpflanze, weniger wegen ihrer Blüten kultiviert und gilt als echte Liebhaberstaude.

Helianthus salicifolius
Korbblütler, Asteraceae

Heimat: Südliche USA.

Wuchsform: Aufrecht, Ausläufer und Horste bildend.

Blatt: Praktisch ungestielt, schmal lanzettlich, 8–20 cm lang und etwa 1 cm breit, quirlartig um den Stängel angeordnet.

Blüte: Lockere Schirmrispen mit bis 7 cm breiten, goldgelben Körbchenblüten mit dunkler Mitte.

Blütezeit: Oktober bis November.

Frucht: Achäne (Spaltfrucht).

Wuchs-/Blütenhöhe: 200–250 cm.

Standort: Sonnig in nährstoffreichem, durchlässigem Boden.

Pflege: Im Frühjahr vor Austriebsbeginn eine Handbreit über dem Boden zurückschneiden.

Vermehrung: Durch Teilen im Frühjahr oder Herbst.

Besonderes: Auf schweren Böden nicht sehr standfest. Die Blüten erscheinen nur nach langen, warmen Sommern.

Im Jahr 1832 sammelte der junge Albert Graf von Pourtales (1812–1861), der später als Diplomat in Europa Karriere machte, auf einer Reise im nordamerikanischen Arkansas Samen der Weidenblättrigen Sonnenblume und schickte sie nach Europa. Der Berliner Botaniker Albert Dietrich (1795–1856) versuchte sein Glück erfolgreich mit der Aussaat, beschrieb das Ergebnis seiner Bemühungen erstmals in der „Allgemeinen Gartenzeitung" und benannte die Art als *Helianthus salicifolius*. Das Epitheton, also der botanische Namenszusatz *salicifolius*, heißt übersetzt soviel wie weidenblättrig. Die Benennung bezieht sich auf die schmalen, graugrünen, tatsächlich weidenblattähnlichen Laubblätter der Staude.

Die Pflanze wurde im Jahr 1836 vom Genfer Botaniker Augustin-Pyrame de Candolle (1778–1841) nochmals beschrieben. Fortan kultivierte man die auffällige, aber nicht unbedingt liebliche Riesenstaude wohl immer wieder, aber stets als Liebhaberpflanze und nicht als gebräuchliche Gartenstaude. Der Botaniker, Historiker, Ethnograph und Sprachforscher Paul Friedrich August Ascherson (1834–1913) erwähnte sie in seiner „Flora der Provinz Brandenburg" und schrieb, sie habe die „Tracht einer kolossalen *Aster linosyris* [Goldhaar-Aster] oder *Hieracium umbellatum* [Doldiges Habichtskraut]". Die Vergleiche zeigen, dass man die Staude damals nicht in ein gängiges Verwendungsschema für Zierstauden einordnen konnte. Ganz offensichtlich wusste damals keiner der Botaniker, welchen (Garten-)Schatz er da vor sich hatte. Die Weidenblättrige Sonnenblume ist kein wirkliches Blütenwunder und auch für den Schnitt als Vasenschmuck nicht gerade bestens geeignet, da sie in unseren Breiten nur selten zur Blüte kommt und wenn, dann nur mit eher unscheinbarem Flor. Als Strukturpflanze gewinnt sie aber in jüngster Zeit immer mehr Freunde. Denn gerade im Spätsommer, wenn sich die meisten Blütenschönheiten verabschiedet haben, kann man mit dieser charaktervollen Staude interessante Blickfänge schaffen.

Gustav Schönborn, damals Geschäftsführer von Foerster-Stauden in Bornim, schrieb 1913 in seinem Buch „Die schönsten Stauden" über die Weidenblättrige Sonnenblume: „Besonders diese Pflanze ist als älteres Exemplar in Einzelstellung ein prächtiges Dekorationsstück." In der Tat kommt diese Riesenstaude am besten zur Geltung, wenn man sie als Solitär pflanzt und sich daraus ein großer Horst entwickeln darf, der aus der Ferne fast wie ein Strauch wirkt. „Vilmorin's illustrirte Blumengärtnerei" schrieb 1879 über die Unterart *H. salicifolius* var. *orgyalis*: „Diese Pflanze, von majestätischem und pittoreskem Habitus, ist hauptsächlich zur Ausschmückung der Landschaftsgärten geeignet; wenn man sie mit Verständnis verwendet, so kann man durch sie ausgezeichnete Effekte hervorbringen, hauptsächlich in der Nähe der Teiche." Tatsächlich ist die hier beschriebene Unterart *H. salicifolius* var. *orgyalis* mit einer Wuchshöhe von 160–200 cm etwas niedriger und kompakter als die reine Art und dadurch wesentlich standfester, allerdings nur auf nicht zu schwerem Grund. Sie blüht früher und hat auch etwas größere Blüten als die reine Art, weshalb wir diese Unterart auch bestens empfehlen können.

Helianthus salicifolius var. *orgyalis*.

Topinambur

Die Erdbirne, Indianerknolle oder Knollige Sonnenblume (*Helianthus tuberosus*) genannte Staude wird seit Jahrhunderten wegen ihrer essbaren, kartoffelähnlichen Knollen kultiviert. Sie kam 1607 aus den französischen Kolonien Nordamerikas nach Europa. Als Zierpflanze spielt sie kaum eine Rolle, wird aber als Nutzpflanze vor allem in Süddeutschland angebaut, aus der auch eine beliebte Spirituose gebrannt wird.

RAUES SONNENAUGE

> Die stattliche Blütenstaude ist seit ihrer Einführung vor mehr als zweihundert Jahren eine verlässliche Größe in unseren Gärten geworden. Sie eignet sich sowohl für das Prachtstaudenbeet als auch für den Bauerngarten und ist durch ihre lange Blütezeit besonders wertvoll. <

Heliopsis helianthoides var. *scabra*
Korbblütler, Asteraceae

Heimat: Mittleres und östliches Nordamerika.

Wuchsform: Aufrecht, Gruppen und Rhizome bildend.

Blatt: Eilanzettlich, gespitzt, gezähnt, grün, behaart, bis 15 cm lang.

Blüte: Langstielige, bis 8 cm breite Körbchenblüten mit goldgelben Zungen- und braungelben Röhrenblüten.

Blütezeit: Juli bis September.

Frucht: Achäne (Spaltfrucht) mit Pappus.

Wuchs-/Blütenhöhe: 100–140 cm.

Standort: Sonnig in nährstoffreichem, nicht zu trockenem Boden.

Pflege: Das Entfernen abgeblühter Stängel führt zu einer Nachblüte.

Vermehrung: Durch Teilen im Frühjahr oder Herbst. Die reine Art kann durch Aussaat im Frühjahr vermehrt werden.

Besonderes: Hervorragende Schnittblume.

Vom Sonnenauge war im 17. Jahrhundert in Europa bereits eine Unterart mit glatten Stängeln und Blättern bekannt. Wir kennen sie heute als *Heliopsis helianthoides* var. *helianthoides*. Der englische Botaniker Leonhard Plukenet (1642–1706) nannte sie im Jahr 1696 *Chrysanthemum scrophulario folio, americanum*. Bei Robert Morrison hieß sie 1699 *Chrysanthemum virginianum, foliis glabris scrophulariae vulgaris aemulis*, und John Martyn nannte sie 1728 *Corona solis caroliniana, parvis floribus, folio trinervi amplo aspero, pediculo alato*. Als *Chrysanthemum Virginianum* beziehungsweise *C. Americanum* wurde die Staude zwischen 1630 und 1651 im Garten in der herzoglich-braunschweigischen Residenz Hessen am Fallstein in Sachsen-Anhalt, sowie 1699 im Boseschen Garten in Leipzig kultiviert.
Im Jahr 1748 kam die Pflanze auch in den Botanischen Garten von Uppsala in Schweden. Dort gab ihr 1753 Carl von Linné den Namen *Buphtalmum helianthoides*. Später nannte Linnés Sohn, der ebenfalls Carl hieß und gleichfalls Botaniker war, die Pflanze *Helianthus laevis*. Unter diesem Namen pflanzte sie auch Johann Wolfgang von Goethe in seinen Garten in Weimar. Doch 1807 benannte der Botaniker Christian Hendrik Persoon die Gattung in *Heliopsis* um. Die nächsten Jahre trug die Art den Namen *Heliopsis laevis*. Der heutige Name der Art, *Heliopsis helianthoides*, wurde vom englischen Botaniker und Gärtner Robert Sweet (1783–1835) im Jahr 1827 eingeführt und ist aus dem Griechischen abgeleitet: *Helios* heißt Sonne und *opsis* soviel wie ähnlich. Der Name bezieht sich auf das Aussehen der Blüten. Das Epitheton *helianthoides* bedeutet, dass die Pflanze der Gattung *Helianthus*, also den Sonnenblumen, ähnlich sieht.
Das Gewöhnliche Sonnenauge mit glatten Sprossen und Blättern wurde in der zweiten Hälfte des 18. Jahrhunderts in Deutschland verbreitet. So bot der Hamburger Handelsgärtner Johann Nikolaus Boek die Pflanze 1779 in seinem Sortiment an, und 1808 ist sie im Bestand des Berliner Botanischen Gartens verzeichnet. Im 19. Jahrhundert gab es vereinzelt sogar verwilderte Bestände in der Natur, so etwa am Ufer der Pfaueninsel in der Havel bei Berlin und im Park Muskau des gartenverrückten Fürsten Pückler.
Im Jahr 1819 tauchte eine weitere Sonnenaugen-Sippe neu in Europa auf, die rau behaarte Stängel und Blätter besitzt. Der französische Botaniker Michel Félix Dunal (1789–1836) beschrieb und benannte sie als *Heliopsis scabra*. Heute wird sie als Unterart *H. helianthoides* var. *scabra* geführt und ist die Stammform vieler im Handel befindlicher Zuchtsorten. Seit den 1870er-Jahren widmete sich vor allem der französische Züchter Victor Lemoine in Nancy der Zucht dieser Staude, einige Jahrzehnte später auch der deutsche Züchter Karl Foerster. Historische, aber heute verschollene Sorten des Sonnenauges sind 'E. Ladhams' und 'Pitcheriana'. Die herrliche Rabatten- und Schnittblumenstaude eignet sich hervorragend für Bauerngärten. Sie zeichnet sich durch Robustheit aus und verträgt zeitweise auch Trockenheit. Daher ist das Raue Sonnenauge sehr pflegeleicht. Wenn nach der Blüte ein Teilrückschnitt erfolgt, verhindert das ein willkürliches Versamen. Gute Nachbarn im Staudenbeet sind Rittersporn (*Delphinium*), Sonnenbraut (*Helenium*), Indianernessel (*Monarda*) und höhere Ziergräser wie etwa Eulaliagras (*Miscanthus*), das auch unter dem Namen Chinaschilf bekannt ist.

Christian Hendrik Persoon

Der 1761 in der Kapkolonie in Südafrika geborene Persoon wurde, als er 13 Jahre alt war, zur Ausbildung nach Europa geschickt. Er studierte in Halle, Leiden und Göttingen und ließ sich schließlich 1802 in Paris nieder. Dort lebte er, ehelos und ganz der Forschung ergeben, in ärmlichen Verhältnissen. Persoon gilt als einer der Väter der modernen Mykologie (Pilzkunde). Zwischen 1805 und 1807 veröffentlichte er drei Bände seiner „Synopsis plantarum", in denen er rund 20 000 Pflanzen beschrieb. Sein größter Verdienst war aber wohl die Etablierung der Unterart (Subspecies) als Rangstufe in der Nomenklatur. Persoon starb 1836 völlig verarmt in Paris.

SCHWARZE NIESWURZ, CHRISTROSE

Zierstaude, Arznei-, Zauber-, Symbol- und Orakelpflanze: Die Schwarze Nieswurz, auch Christrose, Schneerose oder Eisblume genannt, hat eine lange Geschichte. Obwohl man sie schon seit Jahrhunderten als Gartenblume schätzt, entwickelte sie sich in jüngster Zeit zu einer echten Trendpflanze.

Helleborus niger
Hahnenfußgewächse, Ranunculaceae

Heimat: Europa (Nord- und Südalpen, Apennin und nördlicher Balkan).

Wuchsform: Gruppen bildend, aufrecht, wintergrün.

Blatt: Geteilt, ledrig, dunkelgrün, zur Spitze hin gezähnt, bis 20 cm lang.

Blüte: Flach schalenförmig, weiß, zum Teil rosa überlaufen, bis 8 cm breit

Blütezeit: Januar bis März.

Frucht: Balgfrucht.

Wuchs-/Blütenhöhe: 15–25 cm.

Standort: Halbschattig in kalkhaltigem, lehmigem, durchlässigem, humosem Boden.

Pflege: Die Pflanze braucht bis Juni ausreichend Feuchtigkeit, danach relative Sommertrockenheit. Wenn das vorjährige Laub im Frühjahr braun wird, entfernt man es.

Vermehrung: Durch Aussaat nach der Samenreife. Ältere Pflanzen können im Herbst oder nach der Blüte geteilt werden.

Besonderes: Alle Pflanzenteile sind stark giftig. Die äußerst langlebige Staude mag einen ungestörten Standort und sollte vor Schneckenfraß geschützt werden.

Angeblich sollen bereits die alten Römer die Christrose als Gartenpflanze verwendet haben. Gesichert ist, dass sie spätestens im ausgehenden Mittelalter in west- und nordeuropäischen Gärten wuchs. So schrieb Otto Brunfels im Jahr 1532 in seinem „Contrafayt Kreuterbuch“, die „Christwurtz oder Nyeswurtz“ wachse „an den hohen vnd rauchen [= rauen] bergen, ... wiewol man sye auch yetzundt in die gärten pflantzt.“ Und Leonhart Fuchs schrieb 1546: „Die Christwurtz wechset schier allenthalben in gärten.“

Man nutzte die Christrose aber auch als Heildroge. Schon der griechische Arzt Dioskurides empfahl sie im 1. Jahrhundert nach Chr. als Mittel gegen Melancholie. Im Mittelalter war sie Bestandteil der okkulten Hexensalben. Seit dem 15. Jahrhundert wurde die Christrose als *Radix hellebori nigri* als offizinell, also als anerkanntes Heilmittel in den Arzneibüchern geführt. Die Kräuterbücher des 16. und 17. Jahrhunderts empfahlen sie gegen Epilepsie, Lepra, Gelbsucht, Gicht und Ischias. Der Arzt, Mystiker und Astrologe Paracelsus (1493–1541) behauptete im 16. Jahrhundert, man müsse die Pflanze pulverisieren und mit Zucker vermischen, dann mache sie alte Leute wieder jung und kräftiger. Weil bei einer Überdosierung Vergiftungen nicht ausblieben, wurde jedoch zur vorsichtigen Anwendung geraten. Tatsächlich enthält die Christrose giftige Glykoside und das Saponin Helleborin. Wegen der starken Giftigkeit wurde die Pflanze seit dem späten 17. Jahrhundert nicht mehr medizinisch verwendet. Der schwäbische Dichter Eduard Mörike (1804–1875) widmete ihr 1841 ein Gedicht („Auf eine Christblume“). Darin spielt er darauf an, dass man die Christrose früher auch als Marienblume verehrte.

Der Zürcher Botaniker Conrad Gesner beschrieb 1561 in seinem Buch „Horti Germaniae“ bereits eine rosablütige Form der Christrose. Doch erst im 19. Jahrhundert begann die Auslese und Züchtung von Formen mit größeren Blüten und früherer Blütezeit.

Ende des 19. Jahrhunderts fing man damit an, Christrosen zur Gewinnung von Schnittblumen kommerziell anzubauen. Die Blüten von Christrosen wurden damals unter anderem auf dem Covent Garden Market in London verkauft. Eine der beliebtesten Sorten für die Schnittblumenproduktion war ‘St. Brigid’. Doch schon 1932 galt die einst sehr beliebte Sorte als selten und verschwand wenige Jahre später ganz aus den

Tafel 361 aus dem „Hortus Eystettensis“.

Katalogen der Gärtnereien. Auch andere alte Sorten wie ‘Mr. Poë’s Variety’ und ‘Apple Blossom’ sind heute verschollen. Moderne Züchtungen sind oft markenrechtlich geschützte Sorten, die zuverlässig früh im Jahr zur Blüte kommen und zum Teil sehr große, reinweiße, grünweiße oder rosaweiße Blüten haben. Wir finden die Urform mit porzellanweißen Blüten nach wie vor am charmantesten. Christrosen sollten nicht zu tief gepflanzt werden.

Niesen gegen den Wahnsinn

Der Name Nieswurz geht auf die frühere Verwendung des pulverisierten Rhizoms der Pflanze als Niespulver zurück. Damals wurde die Schwarze Nieswurz als Medizin gegen Wahnsinn und Epilepsie verabreicht. Nach Auffassung der antiken Humoralpathologie („Vier-Säfte-Lehre“) sei ein Überschuss an schwarzer, bitterer Galle verantwortlich für psychische Krankheiten. Niesen galt als Abhilfe. Mit dem Niespulver des Rhizoms behandelte – oder eher: traktierte man die Patienten. Das Epitheton *niger* bezieht sich auf die schwarze Farbe des Rhizoms.

BRAUNROTE TAGLILIE

Taglilien gehören zu den ältesten vom Menschen kultivierten Pflanzen. Schon vor Tausenden von Jahren wurden sie in China wegen ihrer essbaren Blüten angebaut. Auch die alten Ägypter und die Römer kannten sie bereits. Heutzutage gibt es, durch Einkreuzung anderer Arten, eine kaum noch überschaubare Vielzahl an Zuchtsorten.

Hemerocallis fulva
Tagliliengewächse, Hemerocallidaceae

Heimat: Ostasien, in Europa und Nordamerika eingebürgert.

Wuchsform: Mit grasartigem Blattschopf, kurze Ausläufer und Rhizome bildend.

Blatt: Schmal riemenförmig, gekielt, blaugrün, bis 90 cm lang.

Blüte: An schlanken, aufrechten Stängeln erscheinende, bis 10 cm breite, orangebraune, trichterförmige Blüten mit zurückgeschlagenen Blütenblättern.

Blütezeit: Juni bis Juli.

Frucht: Längliche Kapsel.

Wuchs-/Blütenhöhe: 80–120 cm.

Standort: Sonnig bis halbschattig in humosem, nährstoffreichem, frischem Boden.

Pflege: Nach der Blüte sollten die Blütenstängel ausgeschnitten werden, damit die Pflanzen wieder ordentlich aussehen.

Vermehrung: Durch Teilen im zeitigen Frühjahr oder Herbst.

Besonderes: Sehr langlebige, robuste und pflegeleichte Staude.

Die auch Bahnwärter-Taglilie oder Lilien-Affodill genannte Staude ist in Ostasien seit spätestens 300 v. Chr. in Kultur. Sie wurde dort von Dichtern verehrt und galt als „Blume des Vergessens“, weil sie (wohl wegen ihrer schönen Blüten) selbst Liebeskummer rasch vergessen lasse. Über die Seidenstraße, und sehr wahrscheinlich mit einem Zwischenstopp in türkischen Gärten, kam die Braunrote Taglilie in der zweiten Hälfte des 16. Jahrhunderts nach West- und Mitteleuropa. Der Zürcher Botaniker Conrad Gesner erwähnte sie im Jahr 1561 unter dem Namen *Lilium rubens arundinarium*. Wegen ihrer Wüchsigkeit wurde die Staude rasch verbreitet. Schon 1601 berichtet Carolus Clusius in seinem Buch „Rariorum plantarum historia“ („Von der Geschichte der seltenen Pflanzen“), dass *Lilioasphodelus puniceo flore*, wie er die Pflanze nannte, in den meisten deutschen und fast allen österreichischen Gärten zu finden sei. So durfte sie auch im Pflanzenverzeichnis des Basilius Besler, dem „Hortus Eystettensis“ von 1613, nicht fehlen. Auf Tafel 133 wird sie unter dem Namen *Lilium fatuum* abgebildet. Der dort verwendete Namen wird oft falsch mit Schicksals- oder Totenlilie übersetzt. *Fatuus* heißt jedoch nicht böses Schicksal oder Tod, sondern – im spätmittelalterlichen Latein – einfältig, närrisch oder eben einfach: fade. Dies lässt vermuten, dass die Pflanze schon kurz nach ihrer Einführung so gewöhnlich war, dass man sie etwas langweilig fand.

Die damals häufigste Form mit braunroten Blüten trägt heute dem Namen ‘Europa’. Sie ist steril und wird deshalb ausschließlich durch Teilung vermehrt. Der Arzt, Ethnologe und Japan-Reisende Philipp Franz von Siebold (1796–1866) brachte 1830 eine gefüllte Form der Braunroten Taglilie nach Europa. Sie war ab 1861 in Londoner Gärtnereien erhältlich und ist unter dem Namen ‘Kwanso’ bis heute im Handel. Im Jahr 1864 wurde eine Form dieser gefüllten Sorte mit panaschiertem Laub in Europa eingeführt. Unter dem Sortennamen ‘Kwanso Variegata’ findet man sie noch vereinzelt in Liebhaberkreisen. Beide Sorten sind weniger starkwüchsig als die reine Art. Eine intensive Züchtung neuer Sorten, darunter auch solche mit gefüllten und zweifarbigen Blüten, begann in Europa erst um 1890.

Den Namen Bahnwärter-Taglilie erhielt die Pflanze, weil damals die Bahnwärter die Schranken noch von Hand bedienten und in ihrer Freizeit gärtnerten. Die Taglilie besiedelte, weil sie einfach zu vermehren, damit also preiswert und dennoch prächtig war, in großen Beständen die Bahndämme. Lilien-Affodill nannte man sie, weil die Pflanze in ihrem Habitus an den in Südeuropa heimischen Weißen Affodill (*Asphodelus albus*) erinnert. Den Namen Taglilie trägt sie übrigens deshalb, weil jede Blüte sich nur einen Tag lang öffnet und dann verwelkt. Der botanische Name nimmt ebenfalls Bezug darauf. Im Griechischen heißt *hemera* Tag und *kallos* Schönheit. Welch ein treffender Name für die wirklich schöne Pflanze, die von vielen leider etwas geringschätzig betrachtet wird. Und das nicht nur heutzutage, denn schon 1879 wusste „Vilmorin’s illustrirte Blumengärtnerei“ zu berichten: „Die braunrote Taglilie ist eine jener guten alten Pflanzen, die man früher in allen Gärten fand, die aber jetzt, sehr mit Unrecht, in Vergessenheit geraten sind.“

Hemerocallis fulva ‘Kwanso’ mit gefüllter Blüte.

Goldene Nadeln

Die Knospen und Blüten der Taglilie sind in China seit alters her eine Delikatesse. Die Blütenblätter werden dort auch als „goldene Nadeln“ bezeichnet. Sie schmecken frisch, knackig und ein wenig süßlich. Man verwendet sie in der Küche für Salate, kalte und warme Suppen, als Gemüse oder, fein gehackt, zu kurzgebratenem Fleisch und Fisch.

GELBE TAGLILIE, WIESEN-TAGLILIE

> Die Staude war nach ihrer Einführung in Europa wegen ihrer zitronengelben Blütenfarbe, aber insbesondere wegen ihres Dufts eine Bereicherung für die Gärten. Sie wurde seltener als die Braunrote Taglilie gepflanzt, eignet sich aber gut für naturnahe Pflanzungen auf feuchteren Böden. <

Hemerocallis lilioasphodelus
Tagliliengewächse, Hemerocallidaceae

Heimat: Östliches Asien; In Nordamerika eingebürgert.

Wuchsform: Rhizome, kurze Ausläufer und Horste bildend.

Blatt: Schmal riemenförmig, bis 65 cm lang.

Blüte: An langen Blütentrieben stehende, bis 10 cm breite, duftende, zitronengelbe Blüten.

Blütezeit: Mai bis Juni.

Frucht: Längliche Kapsel.

Wuchs-/Blütenhöhe: 70–80 cm.

Standort: Sonnig bis halbschattig in humosem, frischem Boden.

Pflege: Nach der Blüte sollten die Blütenstängel ausgeschnitten werden, damit die Pflanzen wieder ordentlich aussehen.

Vermehrung: Durch Teilen im Frühjahr oder Herbst.

Besonderes: Die Staude erblüht in den Abend- und Nachtstunden. Die Blüten bleiben bis in den nächsten Tag hinein geöffnet.

Abbildung der Gelben Taglilie aus Dodoens' „Stirpium historiae" von 1583.

Die Gelbe Taglilie ist wohl schon in der ersten Hälfte des 16. Jahrhunderts nach Mittel- und Westeuropa gekommen. Durch wen und auf welchem Weg ist nicht bekannt, aber bereits 1579 fand Carolus Clusius im südöstlichen Alpenrandgebiet verwilderte Bestände der Art, die offenbar aus Gartenkultur stammten. Er nannte die Art *Lilioasphodelus luteus*. In England kultivierte der Botaniker John Gerard die Staude seit 1570 und auch in Deutschland tauchte sie um diese Zeit immer wieder in den Gärten von Pflanzensammlern auf. Die erste farbige Abbildung der Staude findet sich im 1553 vollendeten, sogenannten Öllinger-Florilegium. Diese Sammlung besteht aus Pflanzenzeichnungen des Nürnberger Arztes und Botanikers Georg Öllinger (1487–1557), der auch selbst einen großen Apothekergarten pflegte. Den Namen *Liliosphodelus luteus liliiflorus*, den Matthias Lobelius der Art im Jahr 1581 gab, fügte man jedoch später hinzu. Unklar ist, ob Öllinger die Pflanze selbst in seinem Garten hatte oder ob er sie nach einer Vorlage aus einer anderen Quelle zeichnete.

Auch in Handschriften des Botanikers Leonhart Fuchs aus der Mitte des 16. Jahrhunderts finden sich Abbildungen der Gelben Taglilie, die dort aber als *Asphodelus luteus latifolius liliaceo flore* bezeichnet wird. 1568 zeigte der flämische Arzt und Botaniker Rembert Dodoens (1516–1585) einen Holzschnitt der Pflanze in seiner Schrift über wohlriechende Pflanzen. Er nannte sie *Lilium non bulbosum flos luteo*. Der Nürnberger Arzt und Botaniker Joachim Camerarius der Jüngere (1539–1598) hatte die Gelbe Taglilie bald nach 1579 in seinem Garten. Er nannte sie etwas umständlicher *Lilium non bulbosum sive Arundinaceum alterum luteo odorato admodum*. Lange Zeit wuchs die Gelbe Taglilie nur in den Gärten des Adels, des hohen Klerus und in Botanischen Gärten. So kultivierte man sie auch im Jahr 1610 im fürstbischöflichen Garten von Eichstätt. Im „Hortus Eystettensis" von 1613 ist sie unter dem Namen *Asphodelus Liliaceus* auf Tafel 130 abgebildet.

In den Garten der herzoglich-braunschweigischen Residenz Hessen am Fallstein gelangte die Gelbe Taglilie zwischen 1607 und 1630 unter dem Namen *Asphodelus Liliaceus luteus*. Der Basler Botaniker Caspar Bauhin nannte sie in seinem „Pinax Theatri botanici" von 1623 *Lilium luteum Asphodeli radice*. Auch andere Botaniker versuchten sich in einer mehr oder weniger fantasievollen Namensgebung. Carl von Linné gab der Gelben Taglilie 1753 in seinem Werk „Species Plantarum" den bis heute gültigen botanischen Namen *Hemerocallis lilioasphodelus*. Doch 1762 nannte er sie auch *Hemerocallis flava*, was lange Zeit ein gebräuchliches Synonym war. Die Namen wechselten, die Beliebtheit der Pflanze blieb. Mitte des 17. Jahrhunderts war sie in England eine weit verbreitete Gartenstaude und im 19. Jahrhundert pflanzte man sie in Amerika gern in Cottage-Gärten. Dennoch blieb ihr eine so spektakuläre Karriere wie die der Braunroten Taglilie versagt, was wohl auch daran lag, dass die Pflanze nicht so wüchsig ist wie ihre braunrot blühende Verwandte. Als Ende des 19. Jahrhunderts mit der Züchtung neuer Taglilienhybriden begonnen wurde, erzielte man durch die Einkreuzung der Gelben Taglilie früh und lang blühende, duftende Hybriden.

Schmackhafte Taglilien

Ähnlich wie die Braunrote Taglilie können Blütenknospen und Blüten der Gelben Taglilie roh oder gegart verzehrt werden. Die Knospen schmecken nach grünen Bohnen. Auch die verdickten Wurzelteile können gegart gegessen werden. Sie schmecken nach Zuckermais und Schwarzwurzeln.

LEBERBLÜMCHEN

Dieser blauviolett blühende Frühlingsbote war früher oft in der Natur anzutreffen. Inzwischen ist die Wildstaude so selten geworden, dass sie streng geschützt ist. Als Gartenpflanze schätzt man sie seit alters her und schon vor Hunderten von Jahren kannte man auch Sorten mit andersfarbigen und gefüllten Blüten.

Hepatica nobilis

Hahnenfußgewächse, Ranunculaceae

Heimat: Laubwälder der Nordhalbkugel.

Wuchsform: Wintergrün, kuppelförmig, langsamwüchsig.

Blatt: Rundlich bis nierenförmig, mittelgrün, dreilappig, bis 6 cm groß, unterseits purpurviolett.

Blüte: Offen schüsselförmig, 2,5 cm breit, violettblau.

Blütezeit: März bis April.

Frucht: Sammelfrucht mit einsamigen Nüsschen.

Wuchs-/Blütenhöhe: 10 cm.

Standort: Halbschattig bis schattig in humus- und kalkreichem, feuchtem, aber durchlässigem Boden.

Pflege: Nach dem Pflanzen möglichst nicht mehr stören. Im Spätwinter altes Laub entfernen.

Vermehrung: Durch Aussaat nach der Samenreife.

Besonderes: Der Austrieb ist anfällig für Schneckenfraß.

Das Leberblümchen wurde in seiner ursprünglichen Form schon sehr früh als Gartenpflanze kultiviert. Aber wie bei allem galt das besondere Augenmerk der Pflanzenfreunde den Formen, die von der Norm abweichende Blüten hatten. So kultivierte der Zürcher Botaniker Conrad Gesner 1561 eine weiß blühende Form. Matthias Lobelius beschrieb im Jahr 1576 und Tabernaemontanus im Jahr 1588 eine rot blühende Form. Auch der englische Botaniker John Gerard hatte 1597 rot, weiß und blau blühende, ungefüllte Formen in seinem Londoner Garten. Eine gefüllt blühende blaue Form bildete zuerst Lobelius im Jahr 1576 in seinem Buch „Plantarum seu stirpium historia“ ab. Carolus Clusius kannte die gefüllte blaue Form ebenfalls und beschrieb sie 1601 in seinem Buch über seltene Pflanzen „Rariorum plantarum historia“. Im „Hortus Eystettensis“ von 1613 werden auf den Tafeln 34 und 35 vier verschiedene Formen abgebildet, darunter auch eine rot blühende und eine blaue, gefüllt blühende.

Eine rote, gefüllte Form erwähnte erstmals der Basler Botaniker Caspar Bauhin im Jahr 1623. Er nannte sie *Hepatica nobilis flore rubro, purpureo, pleno*. Der englische Pflanzensammler John Parkinson führte sie 1629 in seinem Buch „Paradisi in sole, Paradisus terrestris“ auf. In den folgenden Jahrzehnten blieb sie eher die Ausnahme und erschien erst im 18. Jahrhundert häufiger in der Gartenliteratur. Eine weiße, gefüllt blühende Form wurde 1738 im Bestand des Botanischen Gartens der Universität Wittenberg erwähnt. Mitte des 19. Jahrhunderts waren gefüllt blühende Formen des Leberblümchens noch sehr beliebt und weit verbreitet, aber gegen Ende des Jahrhunderts galten sie als „altmodische Blumen“, wie der Berliner Botaniker Carl Bolle 1899/1900 meinte. Während die Sortenfülle beim Leberblümchen früher sehr groß war (John Parkinson zählte schon 1629 zehn verschiedene Formen auf), sind besondere Sorten heutzutage selten und manche ziemlich teuer in der Anschaffung. Die Stauden sind übrigens recht langlebig, aber bis sie das erste Mal blühen, können Jahre vergehen. Sie sollten möglichst ungestört bleiben. Insbesondere im Frühjahr geteilte Pflanzen wachsen nur schlecht wieder an.

Der deutsche Trivial- sowie der botanische Gattungsname (von lateinisch *hepar* = Leber) beziehen sich auf die Laubblätter der Pflanze, die im Umriss einer menschlichen Leber ähneln.

Siebenbürger Leberblümchen (*Hepatica transsilvanica*).

Linné nannte die Pflanze 1753 *Anemone hepatica*. Tatsächlich sind sich die Botaniker bis heute nicht ganz einig, ob das Leberblümchen nicht doch zur Familie der Anemonengewächse gezählt werden sollte. Wie dem auch sei, im Jahr 1771 stellte der Mediziner und Naturforscher Johann Christian von Schreber (1739–1810) die Gattung *Hepatica* auf und gab dem Leberblümchen seinen bis heute gültigen botanischen Namen. Hieronymus Bock meinte in seinem „New Kreütter Buch“ von 1539, das Kraut solle eine „verstopfte“ Leber eröffnen und heilen. Heute spielt die Pflanze in der Schulmedizin keine Rolle mehr.

Das Siebenbürger Leberblümchen

Etwas größere und etwa zwei Wochen früher erscheinende Blüten hat das Siebenbürger Leberblümchen (*Hepatica transsilvanica*). Diese Art ist deutlich wüchsiger als unser heimisches Leberblümchen und bildet mittels kurzer Ausläufer mit der Zeit dichte Matten. Es wurde 1846 beim rumänischen Kronstadt (heute: Brasov) gefunden. Schon kurz nach der Entdeckung kam es nach Deutschland, später auch in andere europäische Länder. In der Gartenkultur wurden Formen mit rosafarbenen (im Jahr 1896) und weißen (im Jahr 1897) Blüten kultiviert. In alten Katalogen findet man die Art auch unter dem Namen *H. angulosa*.

NACHTVIOLE

Ob als Bauerngartenpflanze oder charmante Rosenbegleiterin, die Nachtviole ist eine zauberhafte, historische Zweijährige mit betörendem Duft, der an Veilchen erinnert. Leider sieht man die früher so beliebte, schöne und ein wenig nostalgisch wirkende Staude nur noch selten in unseren Gärten.

Hesperis matronalis

Kreuzblütler, Brassicaceae

Heimat: Europa, Mittel- und Südwestasien, in Nordamerika eingebürgert.

Wuchsform: Aufrecht, verzweigt, Horste bildend.

Blatt: Eiförmig bis lanzettlich, gezähnt, rau behaart, dunkelgrün, 10–20 cm lang.

Blüte: Trauben aus 1,5 bis 2,5 cm breiten, fliederfarbenen, abends und nachts angenehm duftenden Blüten.

Blütezeit: Mai bis Juli.

Frucht: Schote.

Wuchs-/Blütenhöhe: 60–70 cm.

Standort: Sonnig bis absonnig in nährstoffreichem, kalkhaltigem, humosem, leicht feuchtem, aber durchlässigem Boden.

Pflege: Wird in der Regel als Zweijährige oder kurzlebige Staude kultiviert.

Vermehrung: Durch Aussaat an Ort und Stelle im Frühjahr oder durch grundständige Stecklinge im Frühjahr.

Besonderes: Alle Pflanzenteile sind schwach giftig.

Die Nachtviole wurde seit dem klassischen Altertum in Gärten kultiviert. Schon der griechische Arzt Dioskurides erwähnte im 1. Jh. n. Chr. eine *Viola matronalis* mit veilchenähnlichem Duft. Weil die Nachtviole in der Vergangenheit häufig mit der Levkoje (*Matthiola incana*) verwechselt wurde, weiß man jedoch nicht mit Sicherheit, ob Dioskurides wirklich die Nachtviole meinte. Eindeutiger beschrieb der römische Naturforscher Plinius der Ältere im 1. nachchristlichen Jahrhundert die Pflanze als *hesperis noctu magis olet*, also eine Pflanze, „die nachts stark duftet".
Der Botaniker Leonhart Fuchs berichtete 1542 in seinem Buch „De Historia Stirpium", dass die Nachtviole fast überall in den Gärten zu finden sei. Die lila blühende Form nannte er *Braun Veiele* (braunes Veilchen) und die damals schon bekannte weiße Form *Weiß Veiel*. Letztere wurde auch im „Hortus Eystettensis" von 1613 auf Tafel 119 abgebildet. Selbst gefüllt blühende Formen kannte man bereits im 16. Jahrhundert. Der Professor der Medizin und Botanik Tabernaemontanus (eigentlich Jakob Dietrich aus Bergzabern, 1522–1590, der seinen Namen der damaligen Mode entsprechend nach seinem Geburtsort latinisierte), nannte die Pflanze in seinem „Neuw Kreuterbuch" von 1588/1591 *Viola hyemalis*. Sein Berufskollege Matthias Lobelius nannte sie *Viola Damascena*. Aus dieser Bezeichnung entstand durch Verballhornung der deutsche Trivialname Damaschkenblume. Der Basler Botaniker Caspar Bauhin führte dann 1623 den Namen *Hesperis hortensis* ein. Dieser Name war allgemein gebräuchlich, bis Carl von Linné 1753 der Art den bis heute gültigen botanischen Namen *Hesperis matronalis* gab.
Der von Linné gewählte Gattungsname leitet sich vom griechischen *hesperos* (Abend) ab und bezieht sich auf den intensiven Duft, den die Blüten vor allem am Abend und in der Nacht verströmen. Das Epitheton *matronalis* heißt übersetzt soviel wie „von Frauen gezogen" und verweist darauf, dass die Nachtviole einst zu den Lieblingspflanzen von Frauen gehörte. Volkstümliche Namen für die Nachtviole lauten denn auch Matronenblume, Frauenviole und Mutterveigele. Die Engländer nennen sie auch *dame's violet*, also Frauenveilchen.
Bis Mitte des 19. Jahrhunderts war die Nachtviole eine der häufigsten und beliebtesten Zierpflanzen. Die englische Gartengestalterin Gertrude Jekyll (1843–1932) beklagte daher auch, dass sie nicht mehr überall zu sehen sei. Sie meinte, es sei „eine der freundlichsten und mit Sicherheit eine der süßesten Gartenblumen". Vielerorts war die Nachtviole damals aber noch verwildert anzutreffen und selbst heute findet man sie mitunter in der Natur.
Früher wurden die Blätter und Samen der Nachtviole bei Bronchialerkrankungen und Hautausschlägen sowie als harn- und schweißtreibendes Mittel empfohlen, heute spielt die Pflanze in der Schulmedizin keine Rolle mehr. Nicht zu unterschätzen ist aber die Wirkung der Duftpflanze als stimulierendes Mittel, um Gartenfreunde in den Abendstunden zu betören. Auch Johann Wolfgang von Goethe (1749–1832) kannte die reizvolle Staude und verewigte sie in seinem Gedichtzyklus „Vier Jahreszeiten": „Nachtviole, dich geht man am blendenden Tag vorüber; doch bei der Nachtigall Schlag hauchest du köstlichen Geist".

Hesperis matronalis 'Alba'.

'Alba Plena'

Die weiße, gefüllte Sorte 'Alba Plena' duftet am intensivsten. Die alte Sorte ist kaum mehr verfügbar, da sie durch Inzucht degeneriert ist. Der Gärtnerei Gaißmayer ist es gelungen, von einem gesunden Exemplar in Weihenstephan durch pflanzliche Gewebekultur (Meristemvermehrung) gesunde Nachkommen zu erzielen.

LANZENBLATT-FUNKIE

> Einst als Preziosen aus Asien importiert sind Funkien als Blattschmuckstauden in unseren Gärten mittlerweile unverzichtbar geworden. Sie eignen sich bestens für schattige Standorte, aber auch für Kübel. Gern verwendet man die Blätter auch als Schnittgrün zum Veredeln von Sträußen. <

Hosta lancifolia
Funkiengewächse, Hostaceae

Heimat: Japan, Korea.

Wuchsform: Lockere Horste und bedingt Ausläufer bildend, aufrecht bis überhängend.

Blatt: Lanzettlich, glänzend grün, 10–17 cm lang.

Blüte: Lockere Trauben mit trichterförmigen, purpurnen Blüten an hohen, schlanken Blütenstielen.

Blütezeit: August bis September.

Frucht: Kapsel.

Wuchs-/Blütenhöhe: 30–60 cm.

Standort: Halbschattig bis schattig in nährstoffreichem, frischem, humosem Boden.

Pflege: Im Sommer den Boden nicht austrocknen lassen.

Vermehrung: Durch Teilen im Spätsommer oder im Frühjahr.

Besonderes: Der Austrieb ist extrem gefährdet für Schneckenfraß.

Der erste Bericht über die Gattung *Hosta* stammt von Engelbert Kaempfer (1651–1716), der zwischen 1690 und 1692 als Stationsarzt der Niederländischen Ostindischen Kompanie im japanischen Nagasaki tätig war. Zurückgekehrt nach Europa veröffentlichte er 1712 zwei Zeichnungen von *Hosta*-Arten unter ihrem japanischen Namen. Dabei handelte es sich offenbar um die Arten *Hosta lancifolia* und die später nach Philipp Franz von Siebold benannte Art *Hosta sieboldiana*. Der Botaniker und Linné-Schüler Carl Peter Thunberg (1743–1828) unternahm in den Jahren 1775–1776 eine Japan-Reise und veröffentlichte seine Forschungsergebnisse im Jahr 1784 in seinem Werk „Flora japonica". Darin beschrieb er auch die Lanzenblatt-Funkie. Er nannte sie damals jedoch *Alotris japonica*.

Die ersten lebenden *Hosta*-Pflanzen kamen in den 1780er-Jahren durch den damaligen französischen Konsul von Macao, Charles de Guignes, in den Botanischen Garten von Paris. Der französische Botaniker Jean-Baptiste de Lamarck (1744–1829) sah die damals dort ausgestellte *Hosta*-Art im Jahr 1789 und nannte die Pflanze *Hemerocallis plantaginea*. Die Einordnung in die Gattung *Hemerocallis* (Taglilie) scheint bezüglich der damaligen botanischen Kenntnisse nachvollziehbar. Die lilienartigen Blüten sowie der horstartige Wuchs ließen eine Verwandtschaft mit der Taglilie vermuten. Heute heißt die damals präsentierte Art *Hosta plantaginea*.

Die Lanzenblatt-Funkie kam als lebende Pflanze erst im 19. Jahrhundert nach Europa. Philipp Franz von Siebold, der 1823 bis 1830 in Japan weilte, sandte im Jahr 1829 Exemplare von *Hosta lancifolia*, *H. undulata*, *H. sieboldiana* und *H. marginata* nach Leiden in den Niederlanden, wo er sich nach seiner Rückkehr aus Asien niederließ und einen Akklimatisationsgarten anlegte. Die von ihm importierten *Hosta*-Arten wurden später von Leiden aus in Deutschland und Großbritannien verbreitet. Schon 1835 führte man die Lanzenblatt-Funkie im Bestand des Berliner Botanischen Gartens auf. In der zweiten Hälfte des 19. Jahrhunderts kamen weitere *Hosta*-Arten nach Europa, darunter *Hosta elata* (1856) und die vom Pflanzensammler Robert Fortune 1862 nach England eingeführte Art *H. tokudama*, die zunächst als *H. fortunei* geführt wurde. Die heutige als *Hosta fortunei* bezeichnete Staude kam erst 1875 nach Europa. Im selben Jahr wurde auch *H. decorata*

Blaublatt-Funkie (*Hosta sieboldiana* 'Elegans').

in Europa eingeführt und ein Jahrzehnt später *H. tardiflora*.

In der Gartenkultur entwickelten sich viele Sorten, darunter auch weiß- und gelbbunt panaschierte Sorten. Als Blattschmuckstauden erfreuen sich Funkienhybriden inzwischen größter Beliebtheit. Heute gibt es über 1000 Sorten, die manche Liebhaber dazu verführen, nahezu unanständige Summen für Raritäten zu bezahlen. Die ursprünglichen Sorten werden dagegen nur noch selten gepflanzt. Es gibt jedoch einige historische Sorten, die heute noch im Handel sind, etwa die von Georg Arends 1905 eingeführte *Hosta fortunei* 'Robusta', heute auch als *Hosta sieboldiana* 'Elegans' bezeichnet.

Funkie oder Hosta?

Der botanische Name der Staude, aufgestellt vom österreichischen Botaniker Leopold Trottinnick im Jahr 1812, ehrt den kaiserlichen Wiener Hofarzt und Botaniker Nikolaus Thomas Host (1761–1834). Kurze Zeit später, im Jahr 1817, nannte der Hallenser Professor Kurt Sprangel die Gattung zu Ehren des Apothekers und Moosforschers Heinrich Christian Funck (1771–1839) Funkie. In Fachkreisen durchgesetzt hat sich der botanische Name *Hosta*. Der Name Funkie hat sich dennoch als deutscher Name für die Gattung erhalten.

DEUTSCHE SCHWERTLILIE

Unvergleichlich sind die Blüten der Deutschen Schwertlilie. Zwar gibt es inzwischen unzählige prächtige *Iris*-Sorten, aber trotz deren Reizen blüht nicht ohne Berechtigung schon seit Jahrhunderten die Deutsche Schwertlilie in unseren Gärten. Sie ist anmutig, aber zugleich eine robuste Schönheit.

Iris × germanica

Irisgewächse, Iridaceae

Heimat: Hybride aus Südosteuropa und Kleinasien.

Wuchsform: Aufrecht, Rhizome bildend.

Blatt: Schwertartig, etwa 2 cm breit, graugrün, 30-40 cm lang.

Blüte: Violettblau mit dunkler gefärbten Hängeblättern und helleren Domblättern, gelblichem Bart und brauner Äderung im Schlund.

Blütezeit: Mai bis Juni.

Frucht: Weitgehend steril, bei Fremdbestäubung wird manchmal eine Kapselfrucht ausgebildet.

Wuchs-/Blütenhöhe: 50-60 cm.

Standort: Sonnig in mäßig nährstoffreichem, gut durchlässigem Boden.

Pflege: Alle paar Jahre sollten die Rhizome geteilt werden, um die Blühwilligkeit zu erhalten.

Vermehrung: Durch Teilen im Sommer.

Besonderes: Die Rhizome werden flach gepflanzt und dürfen nur wenig mit Erde bedeckt sein.

Schon die alten Ägypter kannten die Schwertlilie. Pharao Thutmosis I. (er regierte – die Forscher sind sich da nicht ganz einig – um 1504–1492 v. Chr.) brachte sie angeblich von seinem Feldzug nach Syrien mit nach Hause an den Nil. Wie es damals üblich war, untersuchten Ärzte und Priester die neue Pflanze auf ihre Nützlichkeit für medizinische und magische Zwecke. Offensichtlich fand die Schwertlilie ihre Zustimmung. Denn im innersten Bereich des Amun-Re-Tempels von Karnak sind nicht nur Thutmosis I. und seine Siege bildlich dargestellt, sondern auch eine Irisblüte. Später trug sein Enkel Thutmosis III. (um 1486–1425 v. Chr.) bei seinem Triumph nach einem Feldzug in Syrien eine Schwertlilie wie ein Zepter vor sich her. Seitdem war die Schwertlilie als Siegeszeichen ein Emblem in der ägyptischen Kunst und wurde auf Tempelfassaden, Statuen und am Pharaonenzepter abgebildet.

Der heutige botanische Namen der Gattung stammt aus dem Griechischen. *Iris* heißt dort Regenbogen. Und bunt wie ein Regenbogen sind die Blüten dieser artenreichen Pflanzengattung tatsächlich. Man findet bei ihnen alle Farben außer einem echten Rot. Die Römer nannten die Pflanze *gladiolus* (kleines Schwert), was sich auf die charakteristischen, schwertförmigen Blätter der Pflanze bezieht. Im Mittelhochdeutschen wurde die Pflanze Swertula genannt, später Schwertel. Der botanische Name der Deutschen Schwertlilie, *Iris × germanica*, lässt zwar vermuten, dass die Pflanze aus Germanien, also dem heutigen Deutschland stammt. Dies ist jedoch ein Trugschluss. Denn die seit Jahrhunderten in vielen unserer Gärten wachsende Staude ist nach der Meinung der Botaniker eine in Südosteuropa oder Kleinasien durch eine Kreuzung verschiedener *Iris*-Arten entstandene Hybride, die schon vor vielen Jahrhunderten nach West- und Mitteleuropa gebracht wurde.

Die Deutsche Schwertlilie wird mitunter auch als Ritter-Schwertlilie bezeichnet. Der Name rührt daher, weil sie als sogenannte „Burgenpflanze" von reisenden Rittern verbreitet wurde. Sie galt früher als Zaubergewächs. Man pflanzte sie zur magischen Feindesabwehr auf Burgfelsen. Bei Belagerungen durch feindliche Ritter gruben diese die Rhizomstaude aus und verschleppten sie zur eigenen Burg, um die magischen Kräfte der Pflanze zu ihrem Vorteil zu nutzen. Die Schwertlilie galt zudem früher als Symbol der Ritterlichkeit: Das Blatt stand für das gezückte, zum Kampf bereite Schwert und die edle Blüte für ein reines Herz. Viele Länder und europäische Adelsgeschlechter nahmen daher die Schwertlilie auch in ihr Wappen auf. Am berühmtesten ist wohl die als „Fleur-de-Lys" bezeichnete Iris als Symbol der französischen Monarchie, die oft (fälschlich) Lilie genannt wird. Noch heute ziert die Iris die Wappen vieler Städte, darunter auch die von Paris und Wiesbaden.

Von den Burgbergen aus verbreitete sich die Pflanze dann weiter bis in die Zier- und Bauerngärten sowie in die Weinberge. In Südwestdeutschland findet man noch heute scheinbar wild wachsende Bestände der Deutschen Schwertlilie auf Weinbergsmauern.

Im Mittelalter galt die Deutsche Schwertlilie als Marienpflanze und wurde auf zahlreichen Tafel- und Altarbildern dargestellt. So findet man sie auch auf dem „Frankfurter Paradiesgärtlein", das ein Oberrheinischer Meister um 1410 schuf. In der christlichen Symbolik ist die Schwertlilie eine Überbringerin göttlicher Botschaften. Zusammen mit der Madonnenlilie (*Lilium candidum*) ist sie die Blume der Verkündigung Mariä und auf zahlreichen Tafelbildern in diesem Kontext zu finden. Der Regenbogen selbst gilt als Zeichen der Versöhnungsbereitschaft Gottes nach der Sintflut, denn laut 1. Buch Mose, Kapitel 9, Vers 13 schloss Gott mit Noah einen Bund: „Meinen Bogen habe ich in die Wolken gesetzt; der soll das Zeichen sein des Bundes zwischen mir und der Erde." Noch tiefer als in der christlichen Symbolik ist die Schwertlilie in der griechischen Mythologie verwurzelt. Dort ist sie die Personifikation des Regenbogens und hat den Rang einer Göttin. Iris gilt als Tochter des Thaumas und der Elektra und als Schwester der Harpyen. Homer bezeichnete sie in seiner „Ilias" als Botin der Götter, das weibliche Äquivalent zu Hermes. Sie diente vorzugsweise Hera, der Gattin des Zeus, die von den Römern mit Juno gleichgesetzt wurde. Auch in den Werken der antiken römischen Dichter Vergil und Ovid kommt der Göttin Iris die Aufgabe als Vermittlerin göttlicher Botschaften zu.

Wann genau und wie die Deutsche Schwertlilie wirklich in europäische Gärten gelangte, wird wohl auf immer ein Rätsel bleiben. Gesicherte Nachweise, dass sie schon vor mehr als tausend Jahren hierzulande gepflanzt wurde, findet man in der Landgüterverordnung Karls des Großen,

Florentiner Schwertlilie (*Iris × germanica* subsp. *albicans*, Syn. *Iris florentina*).

der „Capitulare de villis" aus dem frühen 9. Jahrhundert sowie im Klosterplan von St. Gallen aus dem Jahr 820, wo sie als *Galdiolus* bzw. *Gladiola* erwähnt wird. Der Benediktinermönch Walahfrid Strabo (808/809–849), später Abt auf der Bodenseeinsel Reichenau, widmete der Pflanze in seinem Gartengedicht „Hortulus" einige Zeilen, in denen er die Farbe der Blüten als purpurn bezeichnet und sie mit denen von Veilchen vergleicht. Die Mystikerin und Heilkundige Hildegard von Bingen (1098–1179) empfahl sie als Heilmittel gegen unreine und „harte" Haut sowie bei Nieren- und Lepraerkrankungen. Als Heilpflanze erwähnten sie auch der Universalgelehrte Albertus Magnus (um 1200–1280) in seinen Schriften und der Theologe, Naturforscher und Schriftsteller Konrad von Megenberg (1309–1374) in seinem „Buch der Natur" aus dem Jahr 1475.

In Gärten kultivierte man die Deutsche Schwertlilie wegen ihrer schönen Blüten und ihres Dufts, gelegentlich aber auch als Heilpflanze. In den Kräuterbüchern des 16. und 17. Jahrhunderts tauchte die Deutsche Schwertlilie regelmäßig als Heilpflanze auf. Man empfahl sie als galle- und harntreibendes Mittel sowie als Brechmittel. Otto Brunfels (1488–1534), einer der „Väter der Botanik", schrieb 1532 in seinem „Contrafayt Kreuterbuch" über die Staude: „Blawe Gilgen [= Schwertlilien] werden auch gezylet in den Gärten/für eine zyerde/bey etlichen uff den mauren. Dann ir anblick ist lyeblich vund lustig/seind auch eines guten Geruches." Noch der Berliner Arzt und

Botaniker Johann Gottlieb Gleditsch schrieb 1773 in seinem „Pflanzenverzeichniß zum Nutzen und Vergnügen der Lust- und Baumgärtner und aller Liebhaber“: „Von diesem Gewächse wird die scharfe Wurzel in der Arzney besonders gebraucht.“ Bis heute wird die Iris aufgrund ihres Gehalts an ätherischen Ölen, Flavonoiden und Gerbstoffen in ihren Wurzelstöcken als Heilpflanze genutzt. Auch in der Parfümindustrie wird das aus den Wurzeln gewonnene ätherische Öl als Duftstoff verwendet. Das wegen seines charakteristischen Geruchs auch „Veilchenwurzel“ genannte Irisöl wird durch Wasserdampfdestillation aus den geschälten, getrockneten und gemahlenen Wurzelstöcken der Pflanze gewonnen und gehört zu den kostbarsten natürlichen Duftstoffen. In der Zeit des Absolutismus verwendete man getrocknete, zermahlene, mit Talkum vermischte Iriswurzel, um den Körpergeruch zu neutralisieren, denn aus Angst vor der Pest pflegte man sich nicht zu waschen. Kleinkindern gab man früher kleine Stückchen getrockneter Iriswurzeln zum darauf Herumkauen, weil dies die Zahnung erleichtern sollte.

In der Neuzeit wird die Deutsche Schwertlilie gern für naturnahe Gärten verwendet. Der irische Gartenschriftsteller und Nestor der Naturgartenbewegung, William Robinson (1838–1935), meinte 1870 in seinem Buch „The Wild Garden“, dass nach einem verregneten britischen Frühjahr „... die Deutschen Schwertlilien mit ihren großen, orchideenähnlichen Blüten überall durch das Gesträuch zu sehen sind, deutlich oberhalb des Grases und anderer Kräuter – prächtige Blüten, die wie Narzissen, kein Wetter fürchten, und Farbschattierungen, die von keiner tropischen Blume übertroffen werden können. (...) Die Schwertlilien sind in der Pflanzung zwischen dem Gras und den Wildblumen perfekt zuhause. Wenn ihre Blütezeit vorüber ist, sind sie nicht im Wege wie sonst in einer „gemischten Rabatte“, sondern bleiben im Gras verborgen, bis sie im Frühjahr wieder erwachen.“ Wie viele andere bärtige Irisarten ist die Deutsche Schwertlilie sehr trockenheitsverträglich und anspruchslos. Dies macht sie tatsächlich zu einer geeigneten Staude für Beete im „Naturlook“. Nur sonnig, warm und mit durchlässigem, leicht kalkhaltigem Boden gesegnet sollte der Standort sein. Dann kann man die Pflanze getrost einige Jahre sich selbst überlassen. Wie alle hohen Bart-Iris ist die Deutsche Schwertlilie eine Prachtstaude, die gut in Einzelstellung wirkt. Sie macht sich aber auch hervorragend in Kombination mit anderen Stauden, etwa mit Roter Spornblume (*Centranthus ruber*) und Storchschnabel-Arten (*Geranium*-Arten). Man sollte bei der Pflanzung immer darauf achten, dass die Nachbarpflanzen die Rhizome der Schwertlilien nicht bedrängen. Denn bekommen diese nicht genügend Licht und Luft, beginnen sie leicht zu faulen. Übrigens lohnt es sich, alle paar Tage die verwelkten Einzelblüten der Schwertlilien auszubrechen, damit der Gesamteindruck schöner ist.

Florentiner Schwertlilie

Die mit bläulich weißen Blüten besonders vornehm wirkende Florentiner Schwertlilie (*Iris × germanica* subsp. *albicans*, Syn. *Iris florentina*) wird heute als eine Form der Deutschen Schwertlilie angesehen. Die aus Italien stammende „Sippe“ der Iris kommt in Italien noch oft vor, insbesondere in der Toskana. Schon Plinius der Ältere berichtete im 1. nachchristlichen Jahrhundert, dass man ihren getrockneten Wurzelstock zahnenden Kleinkindern um den Hals gehängt habe. Die edlen Blüten dieser Staude wurden in der Renaissance zum Wappenbild von Florenz, daher auch der heutige Name der Pflanze. Im Mittelalter gelangte die Florentiner Schwertlilie von Italien auch nach West- und Mitteleuropa. Der flämische Maler Hugo van der Goes (um 1435–1482) stellte sie auf seinem Tafelbild „Die Anbetung der Hirten“ von 1475/76 (s. Abb. auf S. 71) im Vordergrund zusammen mit anderen Blüten in einer Vase dar. Conrad Gesner erwähnte sie in seinem Buch „Horti Germaniae“, erschienen im Jahr 1561. Im „Hortus Eystettensis“ von 1613 wurde sie auf Tafel 120 anschaulich abgebildet. Im 17. und 18. Jahrhundert war die Pflanze dann eine verbreitete Zierstaude in deutschen Gärten. Heutzutage findet man sie jedoch nur noch selten gepflanzt, obschon sie in der Umgebung von Florenz immer noch auf großen Flächen zur Gewinnung von Irisöl angebaut wird. Das aus dem Wurzelstock destillierte Öl duftet besonders intensiv nach Veilchen.

SIBIRISCHE SCHWERTLILIE, WIESEN-SCHWERTLILIE

> Im Frühjahr gibt es kaum eine andere Staude, die eleganter und zugleich unprätentiöser die Beete bereichert. Die Wiesen-Schwertlilie ist ein echtes Juwel. Außer der reinen Art gibt es zahlreiche Selektionen und Züchtungen, die alle Liebhaber dieser pflegeleichten Staude begeistern. <

Iris sibirica

Irisgewächse, Iridaceae

Heimat: Mittel- und Osteuropa, Westsibirien. Im Osten Nordamerikas eingebürgert.

Wuchsform: Aufrecht bis überhängend, Horste bildend.

Blatt: Schmal riemenförmig, überhängend.

Blüte: Violett mit schmalen Domblättern und breiteren Hängeblättern mit weiß-brauner Äderung.

Blütezeit: Mai bis Juni.

Frucht: Kapsel.

Wuchs-/Blütenhöhe: 50–120 cm.

Standort: Sonnig in frischem, leicht saurem Boden.

Pflege: Bei anhaltender Trockenheit im Sommer wässern.

Vermehrung: Durch Teilen im zeitigen Frühjahr oder nach der Blüte, die Wildform auch durch Aussaat.

Besonderes:Auch die Blattschöpfe sehr attraktiv.

Die Wiesen-Schwertlilie ist eine bartlose Iris, die wild auch in manchen Gegenden Deutschlands auf wechselfeuchten Wiesen, in Gräben und Niedermooren vorkommt. Die Bestände sind durch Trockenlegung und intensive Landwirtschaft jedoch in der jüngeren Vergangenheit stark reduziert worden. Man findet die schöne Wildstaude noch vereinzelt im östlichen Niedersachsen, am Oberrhein und Bodensee sowie in Sachsen und Mecklenburg-Vorpommern. Als Gartenpflanze trat sie seit etwa 1560 auf, jedoch vor allem in Liebhaber- und Botanischen Gärten. Die Botaniker des 16. Jahrhunderts kannten sie nur als Wildpflanze, nicht aus der Kultur. So nennt Carolus Clusius sie im Jahr 1585 *Iris angustifolius*, also schmalblättrige Schwertlilie, und Johannes Franke erwähnte sie in seinem Buch „Hortus Lusatiae“ über die Flora der Lausitz von 1594.

Im „Hortus Eystettensis“ von 1613 wurde eine weiße Form auf Tafel 119 unter dem Namen *Iris pratensis major* abgebildet und auf Tafel 185 die violettblaue reine Art unter dem Namen *Iris folys angustis prima Clusii*. Im Garten der herzoglich-braunschweigischen Residenz Hessen am Fallstein kultivierte man die Wiesen-Schwertlilie schon vor 1630. In Aufzeichnungen wird sie unter dem Namen *Iris angustifolia coerulea* erwähnt. In der Regel wurde damals wohl die violettblaue reine Art gepflanzt. Die weiße Form muss sehr selten gewesen sein, doch wird sie vom Schweizer Arzt und Botaniker Johannes Bauhin (1541–1612) in seiner „Historia plantarum universalis“ beschrieben. Das dreibändige Werk erschien allerdings postum erst in den Jahren 1650 und 1651.

Nachweislich wuchs die weiße Form dann aber 1736 im privaten Botanischen Garten des George Friedrich von Zieten (1689–1769) in Trebnitz bei Seelow in Brandenburg. Der rund 30 Hektar große Schlosspark von Trebnitz, das heute zur Stadt Müncheberg gehört, wurde ab dem Jahr 1730 mit erlesenen Pflanzenschätzen angelegt.

Den botanischen Artnamen *Iris sibirica*, der auf ihre geographische Herkunft anspielt, erhielt die Wiesen-Schwertlilie 1753 von Carl von Linné. Zu dieser Zeit wurde die Staude kaum als Zierpflanze verwendet. Bis weit ins 19. Jahrhundert hinein führte sie ein Schattendasein. Erst mit dem Aufkommen der Staudengärten hielt die Wiesen-Schwertlilie vermehrt Einzug in die Gärten. Gleichzeitig begannen Züchter, sich für die Art zu interessieren. Durch das Einkreuzen der Frühen

Iris sibirica 'Snow Queen'.

Sibirischen Schwertlilie (*Iris sanguinea*) entstanden neue Sorten. Die Frühe Sibirische Schwertlilie hat ihr Naturvorkommen im östlichen Sibirien, Korea, Japan und Nord-China und ist seit spätestens 1792 in Kultur.

Die meisten heute im Handel erhältlichen Sorten der Wiesen-Schwertlilie sind modern, nur einige wenige können als historisch eingestuft werden. Die dunkelblau blühende Sorte 'Alexander von Humboldt', die Anfang des 20. Jahrhunderts noch sehr beliebt war, gilt aber als verschollen. Noch erhältlich ist 'Snow Queen' eine reinweiß blühende, mehr als hundert Jahre alte Sorte, ebenso wie die 1914 vom englischen Züchter Barr eingeführte Sorte 'Elfe'. Letztere hat gut verzweigte Blütenstände und zierliche Blüten, ist besonders reich und früh blühend sowie robust und starkwüchsig.

Moderne Sorten

Bei den modernen Züchtungen der Wiesen-Schwertlilie gibt es neben blauviolett und weiß blühenden Formen auch Sorten mit weinrot oder gelb getönten Blüten. Manche Sorten haben Blüten, bei denen die Hängeblätter rundlich geformt sind und eher waagerecht stehen, statt zu hängen. Viele dieser modernen Sorten sind bezüglich Standort und Pflege etwas anspruchsvoller als die reine Art und oft auch nicht so wüchsig.

SCHOPF-FACKELLILIE

Wie feurige Raketen ragen die Blütenstände der Fackellilien aus den Blattrosetten der exotisch wirkenden Staude empor. Tatsächlich stammt die Pflanze vom anderen, südlichen Ende der Welt. Sie fühlt sich aber an geeigneten Standorten auch hierzulande wohl – und das seit mehreren hundert Jahren.

Kniphofia uvaria

Affodillgewächse, Asphodelaceae

Heimat: Südafrika.

Wuchsform: Immergrün, büschelig, Rhizome und Horste bildend.

Blatt: Riemenförmig, graugrün, fein gesägt, gekielt, bis 60 cm lang und überhängend.

Blüte: Kolbenartige Blütenstände an langen Trieben, bis 20 cm lang und 10 cm breit. Die Knospen sind rot, die unteren Blüten gelb, die oberen rot-orange.

Blütezeit: Juli bis September.

Frucht: Kapsel.

Wuchs-/Blütenhöhe: 60–80 cm.

Standort: Sonnig in tiefgründigem, nährstoffreichem, sandigem, frischem, gut durchlässigem Boden.

Pflege: Eine Frühjahrspflanzung ist ebenso ratsam wie ein Winterschutz (Mulchdecke).

Vermehrung: Durch Teilen älterer Horste.

Besonderes: Die Staude ist besonders empfindlich für winterliche Nässe.

Von den rund 70 bekannten Arten der Gattung *Kniphofia* sind nur die wenigsten für eine Freilandkultur in unseren Breiten geeignet. Als relativ winterhart hat sich die aus der südwestlichen Kapprovinz stammende Schopf-Fackellilie (*Kniphofia uvaria*) erwiesen. Sie wurde bereits 1630 in Südafrika entdeckt. Der niederländische Arzt und Botaniker Johannes Bodaeus van Stapel (1602–1636) beschrieb sie in seinem 1644 postum von seinem Vater Egbert Bodaeus herausgegebenen Werk über den griechischen Philosophen und Naturforscher Theophrast von Eresos (um 370–288 v. Chr.). Bodaeus nannte die Staude allerdings *Iris uvaria Promontorii bonae speii*. Erstmals in Europa kultiviert wurde die Fackellilie im Jahr 1686 im Botanischen Garten von Leiden. Als sie 1701 im Botanischen Garten von Amsterdam wuchs, war man sich über die Gattungszuordnung nicht sicher. Hier nannte man sie *Aloe Africana*, wohl weil die Blüten an die der Aloe erinnern. Carl von Linné sah die Staude ebenfalls als eine Aloe an und nannte sie 1753 in seinem Werk „Species Plantarum" *Aloe Uvaria*. Ihren heutigen botanischen Namen erhielt die Gattung vom Marburger Botaniker Conrad Moench im Jahr 1794. Er benannte sie nach dem Erfurter Arzt und Botanikprofessor Johann Hieronymus Kniphof (1704–1763). Doch wer glaubt, damit sei das Verwirrspiel um die Namensgebung beendet, der täuscht sich: Der Berliner Botaniker Carl Ludwig Willdenow (1765–1812) stellte die Art Anfang des 19. Jahrhunderts zur ebenfalls aus Südafrika stammenden Gattung *Veltheimia*. Unter dem Namen *Veltheimia Uvaria* wurde sie 1808 dann auch im Berliner Botanischen Garten kultiviert. Doch schon 1805 hatte der englische Botaniker John Bellenden Ker-Gawler (1764–1842) der Gattung den Namen *Tritoma* gegeben. Den sollte sie fast ein Jahrhundert behalten. Synonyme der Gattung waren außerdem *Notosceptrum*, *Rudolphoroemeria*, *Triclissia* und *Trithomanth*. Erst gegen Ende des 19. Jahrhunderts setzte sich *Kniphofia* als gültiger botanischer Gattungsname durch.
Bis heute sind Fackellilien eher selten gepflanzte Stauden. Dies mag zum einen an der nicht ganz einfachen Kultur der Pflanze liegen. Zum anderen ist sie wegen ihrer auffälligen Erscheinung für viele Gärtner eine gestalterische Herausforderung. Schon „Vilmorin's illustrirte Blumengärtnerei" befand 1879: „Eine prächtige Pflanze, welche häufiger kultiviert zu werden verdient. (...) Die *Tritoma*-Arten sind zur Ausschmückung des Gartenrasens vorzüglich geeignet und machen, entweder in kleinen Trupps zusammen oder auch wohl zerstreut an den Wasserläufen einen sehr guten Effekt. Vorzugsweise aber sind sie für die Rabatte geeignet."
Nicht nur Vilmorin, sondern auch Grabbe empfahl 1897 die Pflanzung von Fackellilien in Gewässernähe („...von hoher malerischer Wirkung, besonders an Teichufern und Bassins..."), obwohl man heute weiß, wie empfindlich die Wurzeln der Pflanze auf andauernde Nässe reagieren. Die Pflanzen wirkten wohl so exotisch, dass die Herren sie in Gewässernähe platzieren wollten. Wir empfehlen jedoch, auf die dauerhaft gute Durchlässigkeit des Bodens zu achten und für strengere Frostperioden im Winter Schutz bereitzulegen.

Porträt Carl Ludwig Willdenows.

Arten und Hybriden

Im Laufe der Jahrhunderte wurden weitere Fackellilienarten aus Südafrika in Europa eingeführt, darunter *Kniphofia citrinis*, *K. ensifolia*, *K. rooperi* und *K. triangularis*. Die meisten heute in Gärten kultivierten Fackellilien sind jedoch Hybriden. Die reinen Arten findet man meist nur noch in Botanischen Gärten.

ÄHRIGE PRACHTSCHARTE

Die Ährige Prachtscharte ist eine aparte, lange Zeit unterschätzte Blütenstaude für gemischte Rabatten und Staudenbeete. Am schönsten wirkt sie, wenn sie in kleinen Gruppen gepflanzt wird. Sie ist zudem eine haltbare Schnittblume und im Beet ein wahrer Schmetterlingsmagnet.

Liatris spicata
Korbblütler, Asteraceae

Heimat: Östliches Nordamerika.

Wuchsform: Straff aufrecht, Horste und knollige Wurzelstöcke bildend.

Blatt: Grasartig, mittelgrün, 30–40 cm lang.

Blüte: Bis 1 cm breite, rosapurpurne Körbchenblüten, die sich entlang der walzenförmigen Ähre von oben nach unten öffnen.

Blütezeit: Juli bis September.

Frucht: Achäne (Spaltfrucht) mit Pappus.

Wuchs-/Blütenhöhe: 30–80 cm.

Standort: Sonnig in lockerem, humosem, nährstoffreichem, nicht zu trockenem Boden.

Pflege: Ein Rückschnitt der Stängel nach der Blüte fördert die Vitalität.

Vermehrung: Durch Teilung im Frühjahr.

Besonderes: Wühlmäuse fressen gern die knollenartigen Wurzeln.

Die Ährige Prachtscharte wurde in der zweiten Hälfte des 17. Jahrhunderts in England eingeführt. Die britischen Botaniker dieser Zeit, darunter John Baptist Banister (1654–1692), Robert Morison (1620–1683) und Leonhard Plukenet (1642–1706), ordneten sie in die damaligen Gattungen *Jacea* (heute: *Centaurea*) beziehungsweise *Stoebe* ein. Der seit 1721 in England lebende deutsche Botaniker Johann Jacob Dillenius (1684–1747) stelle sie in seinem 1732 erschienenen Werk „Hortus Elthamensis" dagegen zur Gattung der Kratzdisteln (*Cirsium*). Carl von Linné nannte sie 1753 in seinem „Species Plantarum" *Serratula spicata*. Doch erst der Berliner Botaniker Carl Ludwig Willdenow (1765–1812) ordnete die Staude endgültig der vom Tübinger Arzt und Botaniker Joseph Gärtner im Jahr 1791 aufgestellten neuen Gattung *Liatris* zu.

In Deutschland wurde die Ährige Prachtscharte nachweislich bereits 1736 im privaten Botanischen Garten des George Friedrich von Zieten in Trebnitz kultiviert und dort als *Cirsium tuberosum* bezeichnet, also „Knollen bildende Kratzdistel". Ein Jahr später erwähnte der österreichische Pfarrer und Pflanzenfreund Johann Theophil Zetter sie in seinem Buch „Ueber die perennirenden Gartengewächse und deren Cultur" als Schmuckstaude. Doch es sollte noch mehr als hundert Jahre dauern, bis sich die Prachtscharte auch außerhalb von Botanischen und Liebhabergärten etablieren konnte. Der deutsche, in Sankt Petersburg wirkende Gärtner und Botaniker Eduard August von Redel (1815–1892) empfahl die Prachtscharte im Jahr 1856 als Pflanze für den Steingarten. Auch „Vilmorin's illustrirte Blumengärtnerei" empfahl sie im Jahr 1879 dementsprechend: „Interessante und recht hübsche Pflanze, die gewöhnlich im September blüht: sie liebt reiche Erde und macht im Steingarten einen guten Effekt." Dazu sollte man wissen, dass Steingärten in der zweiten Hälfte des 19. Jahrhunderts in Mode kamen und man nach geeigneten Pflanzen suchte, um die neuen Gartenbereiche möglichst wirkungsvoll zu gestalten.

Dass die Prachtscharte eigentlich keine typische Steingartenpflanze ist, sondern eher frischen, nährstoffreichen Boden liebt und sich gut für Staudenbeete eignet, wurde erst gegen Ende des 19. Jahrhunderts erkannt, als diese Form der Gartengestaltung populärer wurde. Der irische Gartenschriftsteller William Robinson (1838–1935), ein Pionier der Naturgartenbewegung, schrieb 1883 über die Staude: „von einiger Schönheit, die Blütenköpfe in großen, dichten Ähren angeordnet (...) ist sie eine der schönsten und ordentlichsten, wächst drei Fuß hoch, und ihre violettpurpurnen Ähren behalten lange ihre Schönheit." Zu dieser Zeit entdeckten auch die Züchter das Potenzial der Pflanze. Sie schufen durch Selektion und Einkreuzen anderer *Liatris*-Arten neue Sorten, darunter auch solche mit weißen, karminroten oder rötlich violetten Blüten. „Möller's Deutsche Gärtner-Zeitung" schrieb 1903 über die Prachtscharte: „Gleichwie so viele andere schöne Stauden, die sich nicht direkt zur Schnittblumengewinnung eignen, sind auch die *Liatris* in den deutschen Gärten recht vernachlässigt worden, obgleich sich mit ihnen, wenn sie am richtigen Platz angepflanzt werden, großartige Wirkungen erzielen lassen." Dies gilt noch heute.

Ährige Prachtscharte mit Rotem Scheinsonnenhut (*Echinacea purpurea*).

Gute Pflanzpartner

Schön sieht die Prachtscharte in gemischten Staudenpflanzungen zusammen mit Scheinsonnenhut (*Echinacea purpurea*), Storchschnabel (*Geranium*), Sonnenhut (*Rudbeckia*) und Rutenhirse (*Panicum*) aus. Die Vielgestaltigkeit ihrer Begleitpflanzen mindert die manchmal etwas steife Wuchsform der außergewöhnlichen Staude.

VIELBLÄTTRIGE LUPINE

Die auch Stauden-Lupine genannte Art ist als traditionelle Bauerngartenpflanze bekannt, obschon die uns heute bekannte Form dieser Staude erst Ende des 19. Jahrhunderts aus *Lupinus polyphyllus* und anderen nordamerikanischen Wildlupinen gezüchtet wurde. Das macht diese markante Staude aber nicht weniger reizvoll!

Lupinus polyphyllus
Hülsenfrüchtler, Fabaceae

Heimat: Westliches Nordamerika.

Wuchsform: Aufrecht, buschig.

Blatt: Handförmig geteilt, die Einzelblättchen sind lanzettlich und blaugrün, bis 15 cm lang.

Blüte: Bis 50 cm lange, endständige Trauben mit bis zu 80 blauen Einzelblüten.

Blütezeit: Juni bis August.

Frucht: Hülsenfrucht.

Wuchs-/Blütenhöhe: 80–120 cm.

Standort: Sonnig in durchlässigem, lockerem, lehmig-sandigem, eher kalkarmem Boden.

Pflege: Die Pflanze sollte nicht gedüngt werden. Der Austrieb ist durch Schneckenfraß gefährdet.

Vermehrung: Die reine Art durch Aussaat im Frühjahr. Die Sorten lassen sich nur durch Teilen älterer Horste vermehren.

Besonderes: Bei frühzeitigem, nicht zu tiefem Rückschnitt der abgeblühten Triebe erfolgt im Sommer meist eine Nachblüte.

Vor der Einführung nordamerikanischer, staudenartig wachsender Lupinenarten ab dem 17. Jahrhundert in Europa pflanzte man in deutschen Gärten bereits einjährige Lupinenarten aus dem Mittelmeerraum. Conrad Gesner nannte in seinem Buch „Horti Germaniae" von 1561 die Weiße Lupine (*Lupinus albus*), die Schmalblättrige Lupine (*L. angustifolius*) und die Gelbe Lupine (*L. luteus*). Alle drei sind auch im „Hortus Eystettensis" von 1613 abgebildet, außerdem eine dort als *Lupinus Sativus major* bezeichnete, nicht näher identifizierbare Art. Diese einjährigen Lupinen wurden bis ins 19. Jahrhundert kultiviert.
Die erste mehrjährig wachsende Lupinenart führte der englische Gärtner und Botaniker John Tradescant der Jüngere (1608–1662) im Jahr 1637 in Europa ein. Er brachte die Ausdauernde Lupine (*L. perennis*) von der ersten seiner drei Reisen in die britischen Kolonien aus Virginia mit. Die blau blühende Staude wurde zwar ab Mitte des 18. Jahrhunderts populär, war aber nie wirklich verbreitet. Im späten 18. Jahrhundert wurde dann die 1792 in Nordamerika entdeckte Baum-Lupine (*L. arboreus*) nach Europa gebracht. Eine in den 1880er-Jahren eingeführte, weiß blühende Form namens 'Snow Queen' wurde von vielen Gartenfreunden, darunter auch Gertrude Jekyll, begeistert verwendet. Mit der 1834 entdeckten Quirl-Lupine (*L. densiflorus*) kam Mitte des 19. Jahrhunderts noch eine weitere amerikanische Lupinenart nach Europa.
Die Vielblättrige Lupine wurde im Jahr 1826 vom schottischen Gärtner, Botaniker und Pflanzenjäger David Douglas (1799–1834) in Europa eingeführt. Der englische Botaniker John Lindley (1799–1865) beschrieb die Art ein Jahr danach in dem illustrierten Gartenmagazin „Edward's Botanical Register". Im gleichen Jahr beschrieb sie auch der österreichische Pfarrer Johann Theophil Zetter in seinem Staudenbuch. Der Prager Botanische Garten führte sie bereits 1844 in seinem Bestand, und zwar schon in vier verschiedenen Formen. Elf Jahre später kannte die Gartenpflanzenflora von Ernst Berger bereits acht verschiedene Formen, darunter solche mit weißen und zweifarbigen Blüten.
Die Züchter wurden erst Ende des 19. Jahrhunderts auf die Vielblättrige Lupine aufmerksam. Sie kreuzten einige der damals bekannten nordamerikanischen Wildarten ein. Die ersten *Lupinus*-Hybriden schuf der Engländer James

Baum-Lupine (*Lupinus arboreus*).

Kelway (1815–1899) aus Langport. Sie hatten hohe Blütentrauben in blauen und etwas trüben Gelbtönen. Nach vielen Versuchen gelang Anfang des 20. Jahrhunderts der Durchbruch, als ein rosarot blühender Sämling gefunden wurde.
Als dann auch noch die Zweifarbige Lupine (*L. bicolor*) eingekreuzt wurde, war die moderne Lupine, wie wir sie heute aus Bauerngärten kennen, geboren. Der Pflanzenexperte Ernst Graf Silva Tarouca schrieb schon 1913 in seinem Buch „Unsere Freiland-Stauden": „Aus *L. polyphyllus* und *L. arboreus* hat man neuerdings in England eine Reihe herrlicher Hybriden erzogen, die zartgelb, zartrosa, hellblau, schwarzblau und in anderen neuen Tönen erblühen."

Wilde Lupinen

Die Art neigt zum Verwildern. Erstmals nachgewiesen wurde das bereits 1890 in Bayern. Heutzutage findet man verwilderte Lupinen in ganz Deutschland, oft an Böschungen von Straßen oder Bahngleisen, an Waldrändern und auf Lichtungen. Sie gehören zu den 15 häufigsten Neophyten in Deutschland, also zu Pflanzenarten, die sich in Gebieten ansiedeln, in denen sie zuvor nicht heimisch waren. Die Europäische Union hat die Lupine auf eine Liste invasiver Pflanzen gesetzt, die nicht mehr gepflanzt werden sollen.

PUNKTIERTER GILBWEIDERICH, FELBERICH

Die auch Gold-Felberich genannte Staude wuchs früher vor allem in Botanischen und Liebhabergärten. Erst im 20. Jahrhundert erfolgte die stärkere Ausbreitung in anderen Gärten. Zu Recht, denn der Felberich ist lange und reich blühend, robust und – bis auf seinen Ausbreitungsdrang – völlig unproblematisch.

Lysimachia punctata

Primelgewächse, Primulaceae

Heimat: Südeuropa, Türkei. In Deutschland verwildert.

Wuchsform: Aufrecht, Rhizome und Ausläufer bildend.

Blatt: Lanzettlich bis oval, gespitzt, fein behaart, dunkelgrün.

Blüte: In den Blattachseln der oberen Triebe stehend, becherförmig, leuchtend gelb, bis 2,5 cm breit.

Blütezeit: Juni bis August.

Frucht: Kapsel.

Wuchs-/Blütenhöhe: 60–80 cm.

Standort: Sonnig bis halbschattig in frischem bis feuchtem, nährstoffreichem Boden.

Pflege: Ein Rückschnitt nach der Blüte fördert einen vitalen Neuaustrieb.

Vermehrung: Durch Abtrennen bewurzelter Rhizomteile im Frühjahr.

Besonderes: Die Pflanze neigt zum Wuchern. Selbst kleine Rhizomteile treiben wieder aus.

Als der flämische Gelehrte, Arzt und Botaniker Carolus Clusius (1526–1609) zwischen 1573 und 1587 in Österreich weilte, entdeckte er die Staude 1583 in der Natur. Er beschrieb sie für die Wissenschaft als *Lysimachia altera flave flore*, also „mit gelben Blüten“. Wahrscheinlich schickte er seinem Berufskollegen Joachim Camerarius dem Jüngeren bald darauf ein Exemplar der Art nach Nürnberg. Dieser verzeichnete 1588 die Pflanze unter dem Namen *Lysimachia flore luteo majore* in seinem Buch „Hortus medicus et philosophicus“. Im „Hortus Eystettensis“ von 1613 wurde die Art unter dem Namen *Lysimachia lutea pannonica major* abgebildet. Der Namenszusatz *pannonica* verweist auf das natürliche Verbreitungsgebiet der Art in Pannonien, was die historische Bezeichnung für eine Landschaft in Westungarn und im äußersten Osten Österreichs ist.
In den folgenden zwei Jahrhunderten trat die Pflanze vereinzelt immer wieder in Botanischen und Liebhabergärten auf, war aber als Gartenpflanze nie weit verbreitet. So wurde sie etwa 1621 im Bestand des Botanischen Gartens von Regensburg verzeichnet. Der deutsche Naturforscher und Universalgelehrte Johann Sigismund Elsholtz (1623–1688) führte die Pflanze 1663 in seiner „Flora Marchia“ als *Lysimachia lutea minor foliis nigris punctis notatis* auf. Drei Jahre später bezeichnete er sie in seinem Buch „Vom Garten=Baw“ als Pflanze für Blumengärten. Carl von Linné nannte sie in seinem „Specium Plantarum“ von 1753 *Lysimachia punctata* und vermerkte, dass er sie verwildert in den Niederlanden im Röhricht gefunden habe.
Erst mit dem Aufkommen der Staudenbeete im 19. und 20. Jahrhundert wurde der Gold-Felberich häufiger in Gärten gepflanzt. Es gibt mit der Sorte 'Alexander' sogar eine Sorte mit weißbunten Blättern, die weniger stark wuchert als die reine Art. Doch die ganz große Karriere als Gartenpflanze blieb dem Gold-Felberich bis heute verwehrt. Ernst Graf Silva Tarouca meinte 1913 in seinem Buch „Unsere Freiland-Stauden“ über *Lysimachia verticillata*, wie er die Art nannte: „für den Park als Uferpflanze, wie im Schatten brauchbar.“ Wirkliche Begeisterung klingt anders. Aber das ist wohl das Schicksal einer Staude, die sich so bereitwillig ausbreitet, dass sie einfach nichts Besonderes mehr ist, wenn sie sich erstmal im Garten etabliert hat. Wir können die unkomplizierte Staude jedoch für feuchte Standorte im Naturgarten empfehlen, wo sie sich im Idealfall ungehindert ausbreiten darf.

Pfennig-Gilbweiderich (*Lysimachia nummularia*).

Pfennig-Gilbweiderich

Die auch Pfennigkraut genannte, kriechend wachsende, immergrüne Verwandte des Felberichs, botanisch *Lysimachia nummularia*, ist ebenfalls eine historische Staude. Im „Hortus Eystettensis“ von 1613 ist sie auf Tafel 285 abgebildet. Die Zeitschrift „Gartenflora“ empfahl sie 1871 für Teppichbeete und Bordüren. William Robinson berichtete 1870, dass die in England *Creeping Jenny* genannte Staude vor den Londoner Fenstern kultiviert wurde und im Smog besser gedieh als die meisten anderen Pflanzen. Heutzutage wird die Art als Flächendecker an Gartenteichen und anderen Feuchtstandorten verwendet. Die Sorte 'Aurea' hat gelbe Blättchen und ist weniger starkwüchsig als die reine Art. „Vilmorin's illustrirte Blumengärtnerei“ meinte 1878: „Es eignet sich vor Allem zur Ausschmückung schattig gelegener Steingruppen, Böschungen und feuchter und abhängiger Plätze, wie zur Besetzung von Ampeln für feuchte und schattige Stellen.“ Wir empfehlen sie in der Tat als Hänger für Pflanzgefäße und Balkonkästen im halbschattigen und schattigen Bereich.

KAMBRISCHER SCHEINMOHN

Diese charmante Wildstaude ist ein echter Schatz für naturnahe Pflanzungen. Sie ist zwar kurzlebig, versamt sich aber überreich. Man kann die Sämlinge einfach dort stehen lassen, wo sie hübsch aussehen. So wandert die Staude über die Jahre durch den Garten, ohne verloren zu gehen.

Meconopsis cambrica
Mohngewächse, Papaveraceae

Heimat: Britische Inseln, West- und Südwesteuropa, in Deutschland verwildert.

Wuchsform: Aufrecht, Horste und eine Pfahlwurzel bildend.

Blatt: Fiederspaltig oder unregelmäßig gelappt, gelbgrün, in grundständigen Sprossen stehend.

Blüte: Etwa 5 cm breit, zitronengelb mit auffälligen, gleichfarbigen Staubgefäßen.

Blütezeit: Juni bis September.

Frucht: Kapsel.

Wuchs-/Blütenhöhe: 30 cm.

Standort: Sonnig bis halbschattig in kühlem, lockerem, lehmigem, auch kalkhaltigem Boden.

Pflege: Nach dem Verblühen sollten die Fruchtstände entfernt werden, um eine massenhafte Selbstaussaat zu verhindern. Ein Rückschnitt nach dem ersten Flor kann eine Nachblüte anregen.

Vermehrung: Durch Aussaat an Ort und Stelle.

Besonderes: Größere Sämlinge lassen sich wegen ihrer Pfahlwurzel nur sehr schlecht verpflanzen.

Der in einigen Teilen Westeuropas heimische Kambrische Scheinmohn wurde 1623 erstmals unter dem Namen *Papaver erraticum pyrenaicum flore flavo* vom Basler Botaniker Caspar Bauhin (1560–1624) in seinem Werk „Pinax teatri botanici" aufgeführt. Der englische Botaniker und Pflanzensammler John Parkinson (1567–1650) erwähnte die Art 1640 in seinem „Theatrum Botanicum" als *Papaver cambricum perenne*, also als Kambrischen Staudenmohn. Wenig später, im Jahr 1656, wuchs die auch als Pyrenäen- oder Wald-Scheinmohn bezeichnete Art im Garten des Pflanzensammlers und königlichen Hofgärtners John Tradescant dem Jüngeren (1608–1662). Er nannte die Pflanze *Papaver rhoeas flore luteo radice perpetua*, was übersetzt soviel heißt wie „gelb blühender, mit der Wurzel ausdauernder Klatsch-Mohn".
Der schottische Arzt und Botaniker Robert Morison (1629–1683) bezeichnete die Art in seiner „Historia Plantarum Universalis" 1680 als *Argemone Cambro-Britannica lutea* und der deutsche, in England wirkende Botaniker Johann Jacob Dillenius (1684–1747) nannte sie 1732 in seinem „Hortus Elthamensis" *Papaver cambricum perenne, flore sulphureo*. Carl von Linné nannte die Art 1753 *Papaver cambricum*. Der heute gültige botanische Gattungsname *Meconopsis* geht darauf zurück, dass der französische Arzt und Botaniker Louis G. Alexandre Viguier (1790–1867) im Jahr 1814 für den Kambrischen Scheinmohn die zunächst monotypische (also nur für eine Art gültige) Gattungsbezeichnung *Meconopsis* (mohnähnlich) aufgestellt hatte. Seitdem wurden jedoch zahlreiche weitere Arten des Scheinmohns in Asien entdeckt. Nach eingehender stammesgeschichtlicher Untersuchung aller Arten wurde die Gattung jüngst wieder bei den „echten" Mohngewächsen (Papaveraceae) eingegliedert.
In Deutschland wurde der Kambrische Scheinmohn erst seit Anfang des 19. Jahrhunderts als Gartenpflanze kultiviert. Der Berliner Botanische Garten hatte ihn 1808 unter dem Namen *Papaver cambricum* in seinem Bestand. Auch in Liebhabergärten tauchte die Staude in dieser Zeit auf, so etwa 1817 im Breiterschen Garten in Leipzig und 1824 im Apothekergarten von Johann Nikolaus Buek in Frankfurt/Oder. Der österreichische Pfarrer und Pflanzenfreund Johann Theophil Zetter empfahl sie 1837 in seinem Buch „Ueber die perennirenden Gartengewächse und deren Cultur" als Schmuckstaude.

Meconopsis cambrica 'Flore Pleno'.

Eine größere Verbreitung als Gartenpflanze erfuhr der Kambrische Scheinmohn jedoch erst, als Ende des 19. Jahrhunderts Steingärten in Mode kamen. Der irische Gartenschriftsteller William Robinson (1838–1935), der sich für die Verwendung von Wildpflanzen in Gärten einsetzte, schrieb 1870 in seinem Buch „The Wild Garden" über den Kambrischen Scheinmohn: „Für den Naturgarten ist der Walisische Mohn [= *Meconopsis cambrica*] eine der besten Pflanzen (...) Keine Pflanze kann besser dazu verwendet werden, auf rauen Steinbänken, in alten Steinbrüchen und Kiesgruben zu verwildern." Zu dieser Zeit wurde in England auch eine Form mit gefüllten Blüten eingeführt. Ernst Graf Silva Tarouca schrieb 1913 über die Staude: „In Kultur ist fast nur die gefüllte var. *flore plena*." Aber wie sich die Zeiten doch ändern: Heute findet man die gefüllte Form nur noch selten im Handel.

Mohn aus Wales

Der botanische Name der Staude geht auf das griechische *mekon* (Mohn) und *opsis* (ähnlich) zurück. Das Epitheton *cambrica*, also der botanische Namenszusatz, verweist auf die Herkunft der Staude. Mit Kambrien bezeichnete man früher das heutige Wales. Wohl deshalb verwendet die national-walisische, sozialdemokratisch orientierte Partei Plaid Cymru („Party of Wales") auch eine stilisierte Blüte des Scheinmohns als ihr Signet.

SPÄTE INDIANERNESSEL

> Man nennt die Staude auch Wilde Bergamotte, weil sie mit einem ähnlichen Duft aufwartet wie die Echte Bergamotte. Letztere gehört jedoch zu den Zitruspflanzen. Die Späte Indianernessel und ihre Hybriden sind ausdrucksstarke Zierstauden für farbenprächtige Spätsommerrabatten und Bauerngärten. <

Monarda fistulosa
Lippenblütler, Lamiaceae

Heimat: Nordamerika.

Wuchsform: Aufrecht, verzweigt, Horste und kurze Ausläufer bildend.

Blatt: An vierkantigen, behaarten Stängeln stehen eiförmige, gezähnte, bis 10 cm lange, weich behaarte, mittelgrüne Laubblätter.

Blüte: Quirlförmige Blütenstände, die teilweise zu 2 oder 3 übereinanderstehen. Die Einzelblüten sind 2–3 cm lang und blasspurpurn.

Blütezeit: Juni bis September.

Frucht: Klausenfrucht (Zerfallfrucht).

Wuchs-/Blütenhöhe: 50–120 cm.

Standort: Sonnig in nicht zu trockenem, humosem Boden.

Pflege: Ein Komplettrückschnitt nach der Blüte fördert die Vitalität.

Vermehrung: Durch Aussaat der Wildform im Frühjahr oder Teilen der Sorten im Frühjahr oder Herbst. Auch Stecklinge gedeihen gut.

Besonderes: Die Blüten sind essbar.

Schon die nordamerikanischen Ureinwohner vom Stamm der Oswego bereiteten aus der Pflanze einen aromatischen Kräutertee, der magenstärkend, appetitanregend, verdauungsfördernd und fiebersenkend wirken soll. Nach Europa, genauer nach Frankreich, kam die Späte Indianernessel zuerst um 1625 aus den damaligen französischen Kolonien im östlichen Nordamerika. Der französische Arzt und Botaniker Jacques Philippe Cornut (1606–1651) beschrieb sie in seinem 1635 erschienenen Buch „Canadensium Plantarum Historia" und nannte die Art *Origanum fitsulosum canadense*. In England wurde die Art 1637 durch John Tradescant den Jüngeren eingeführt, in dessen Garten sie auch zwei Jahrzehnte später noch wuchs. Abgebildet und beschrieben wurde die Art in England erstmals im Jahr 1640 vom Apotheker des Königs Jakob I., John Parkinson (1567–1650), in seinem Werk „Theatrum Botanicum".

Die früheste Erwähnung der Art in Deutschland erfolgte durch den Naturforscher Sigismund Elsholtz im Jahr 1666. Er nannte die Pflanze *Origanum flore fistuloso* und zählte sie zu den „Zaserich Wintergewächsen", also zu den winterharten Stauden. In den folgenden Jahrzehnten wuchs die Art vorwiegend in Botanischen und Liebhabergärten, etwa 1737 im brandenburgischen Trebnitz im Schlossgarten des Pflanzensammlers George Friedrich von Zieten. Im Jahr 1746 gehörte sie zum Bestand des Berliner Botanischen Gartens, wo sie unter dem Namen *Leonurus Canadensis, Origani folio* aufgeführt wurde. Im Botanischen Garten im schwedischen Uppsala wuchs die Art seit spätestens 1748. Carl von Linné hatte bei einem Aufenthalt in den Niederlanden 1737 den Gattungsnamen *Monarda* geschaffen und 1753 in seinem Werk „Species Plantarum" festgeschrieben. Mit der Namensgebung ehrte er den spanischen Arzt Nikolas Monardes (1493–1588), der sich mit den Heilpflanzen der spanischen Kolonien in Amerika befasst und darüber ein Buch geschrieben hatte.

Der deutsche Name Indianernessel bezieht sich auf die Einzelblüten, die an den Federschmuck der amerikanischen Ureinwohner erinnern. Johann Gottlieb Gleditsch bezeichnete die Art 1769 in seinem „Alphabetischen Verzeichnis der gewöhnlichsten Arzneigewächse" als „die gemeine canadische Monarde mit weichen Blättern" und lobte ihre Winterhärte. Im 19. Jahrhundert tauchte die Späte Indianernessel dann vermehrt in Ziergärten auf. Aus Kreuzungen mit der später eingeführten Scharlach-Indianernessel und weiteren *Monarda*-Arten entstanden seit dem späten 19. Jahrhundert eine Vielzahl von Hybriden, die heute die Mehrzahl der im Handel befindlichen *Monarda*-Sorten ausmachen. Die reine Art findet man hingegen nur noch selten in den Gärten.

Scharlach-Indianernessel (*Monarda didyma*).

Scharlach-Indianernessel

Die Scharlach-Indianernessel (*Monarda didyma*) wurde erst über hundert Jahre später als die Späte Indianernessel in Europa eingeführt. Auch sie stammt aus dem Osten Nordamerikas und ihre Blätter duften beim Zerreiben ebenfalls nach Bergamotte. Sie hat jedoch leuchtend rote Blüten, die über rötlichen Hochblättern stehen. Als einer der ersten kultivierte sie der englischstämmige Bankier und Botaniker George Clifford III. (1685–1760) um 1738 in seinem damals berühmten Garten im niederländischen Hartecamp. Schon bald wurde sie populär, denn im Jahr 1760 bot man sie bereits reichlich auf dem Markt von Covent Garden in London feil und 1809 bezeichnete Carl Willdenow die Art als „eine gewöhnliche Zierde unserer Gärten".

GEWÖHNLICHE KATZENMINZE

> Die eigentliche Art findet man nur selten in Kultur. Öfter werden Hybriden wie die weit verbreitete Blaue Katzenminze (*Nepeta × faassenii*) in Gärten gepflanzt. Doch als Stammmutter dieser Hybriden ist die Gewöhnliche Katzenminze eine Staude, die durchaus einer Würdigung wert ist. <

Nepeta cataria

Lippenblütler, Lamiaceae

Heimat: Südeuropa, Asien und Nordafrika. In Mitteleuropa seit dem 18. Jahrhundert verwildert.

Wuchsform: Aufrecht bis niederliegend, Horste bildend, verzweigt.

Blatt: Ei- bis herzförmig, zugespitzt, gesägt, 3–7 cm lang. Beim Zerreiben riechen sie etwas herb. Die Unterart *N. cataria* subsp. *citriodora* duftet zitronig.

Blüte: Blassblaue, bis 2 cm lange Einzelblüten.

Blütezeit: Juli bis September.

Frucht: Klausenfrucht (Zerfallfrucht).

Wuchs-/Blütenhöhe: 60–100 cm.

Standort: Sonnig in sandig-lockerem durchlässigem Boden.

Pflege: Ein kräftiger Rückschnitt nach der Blüte verhindert eine Selbstaussaat und führt meist zu einer zweiten Blüte.

Vermehrung: Teilung im Frühjahr oder Herbst oder durch Aussaat.

Besonderes: Bei Katzen ist die Pflanze wegen ihres Geruchs beliebt.

Die Gewöhnliche Katzenminze wurde schon sehr lange als Heilpflanze in den Kloster- und Kräutergärten Europas kultiviert. Eines der frühesten Zeugnisse ist das Lehrgedicht „Liber de cultura hortulum“ des Benediktiners Walahfrid Strabo (um 808–849), das wohl um das Jahr 840 verfasst wurde. Strabo war Abt des Klosters auf der Bodenseeinsel Reichenau und botanisch interessiert. Bekannt wurde das Gedicht auch unter dem Namen „Hortulus“. Darin heißt es: „Denn mit dem Öl der Rose vermischt, gibt ihr Saft eine Salbe (...) die Reizungen verwundeten Fleisches beseitigt.“ Doch Katzenminze wurde nicht allein zu Heilzwecken verwendet. Man benutzte sie auch, um Fleisch damit zu würzen. Heutzutage würde man den Geschmack der Katzenminze als penetrant empfinden. Aber in Zeiten, in denen es noch keine Kühlschränke gab, war es nötig, den manchmal etwas strengen Geschmack nicht ganz frischen Fleisches mit noch strenger riechenden Aromen zu übertönen.

In englischen Gärten wurde die Katzenminze ebenfalls sehr früh kultiviert. Erste Hinweise darauf gibt es bereits aus dem Jahr 1265. Fünfhundert Jahre später empfahl Philip Miller (1691–1771), Kurator des Apothekergartens von Chelsea bei London, die Pflanze durch Aussaat zu vermehren. Dies sei besser als die Vermehrung durch Teilung, wobei der Geruch aus den verletzten Pflanzenteilen austritt. Denn „wenn man sie in einen Garten versetzt, wird sie mit Sicherheit von Katzen vernichtet“. Miller zufolge wälzen sich die Tiere in der Pflanze, knabbern sie an und fressen die Triebspitzen, „was eine Art von Trunkenheit erzeugt“. Tatsächlich bewirkt der charakteristische, für die menschliche Nase etwas strenge Geruch, dass sich Katzen in den Pflanzen wälzen. Dabei bleiben die Samen der Katzenminze im Fell der Tiere hängen und werden dadurch verbreitet. Um zu verhindern, dass Stubentiger sich in der Katzenminze wälzen und diese dadurch unansehnlich machen, platt drücken oder gar zerstören, kann man ein paar kurze Holzstöckchen in die Pflanzenpolster stecken. Katzen finden das unbequem und meiden diesen ansonsten für sie anziehenden Ruheplatz. Optisch fallen die Stöckchen kaum auf.

Die Katzenminze scheint über viele Jahrhunderte eine ständige Präsenz in den Gärten Europas gehabt zu haben, auch wenn sie keine spektakuläre Karriere als Zierstaude gemacht hat. Dennoch

Blaue Katzenminze (*Nepeta × faassenii*).

ist sie eine wertvolle und beinahe unverzichtbare Begleitstaude für gemischte Staudenrabatten und Rosenbeete und wird zudem als Bienenweide gepflanzt. Auch der Botaniker John Gerard (1545–1612), Gärtner von Lord Burghley, seines Zeichens Schatzmeister der englischen Königin Elizabeth I., erwähnte in seinem Buch „The Herball or General History of Plants“ aus dem Jahr 1597 die Katzenminze.

Die Volksmedizin empfiehlt einen Tee aus Katzenminze zur Linderung bei Erkältung, Grippe und Magenverstimmungen sowie zur Beruhigung. Die Wirkung soll fiebersenkend, schweißtreibend, krampflösend, entgiftend, harntreibend und leicht euphorisierend sein. Tatsächlich bewiesen Studien aus den 1970er-Jahren, dass der Tee eine beruhigende Wirkung hat.

Katzenmagnet

Der Gattungsname *Nepeta* stammt vermutlich von der antiken etruskischen Stadt Nepet im heutigen Mittelitalien her, wo die Pflanze einst kultiviert wurde. Der Trivialname Katzenminze bezieht sich auf die Anziehung, die von den Duftstoffen der Pflanze auf Katzen ausgeht. Ratten dagegen meiden angeblich die Umgebung, in der Katzenminze wächst.

WEISSE SEEROSE

› Manch einer wird sich fragen, was die Seerose bei den historischen Stauden zu suchen hat. Aber sie ist tatsächlich eine Staude, nur dass sie eben im Wasser wächst. Die Kulturvölker des Altertums sahen in der Seerose ein Symbol für Lebenskraft und Reinheit. In Teichgärten erfreut sie sich großer Beliebtheit. ‹

Nymphaea alba

Seerosengewächse, Nymphaeaceae

Heimat: Europa bis zum Kaukasus, Nordafrika.

Wuchsform: Schwimmblattpflanze, unter Wasser wachsend.

Blatt: Lang gestielt, schildförmig mit weitem Spalt, 10–25 cm groß, dunkelgrün, mit wachsartiger Oberseite.

Blüte: Sternförmig, 9–12 cm im Durchmesser, wohlriechend.

Blütezeit: Juni bis Juli.

Frucht: Beerenartige Sammelfrucht.

Wuchs-/Blütenhöhe: 150–300 cm.

Standort: Sonnig in langsam fließendem oder stehendem, etwa 100–150 cm tiefem Wasser mit nährstoffreichem humosem Grund.

Pflege: Die Rhizome sollten alle 3–4 Jahre geteilt und damit verjüngt werden.

Vermehrung: Durch Teilen der Rhizome im Frühsommer.

Besonderes: Alle Pflanzenteile sind giftig. Am Spätnachmittag und bei schlechtem Wetter schließen sich die Blüten.

Die Weiße Seerose wurde bis Mitte des 19. Jahrhunderts zwar wegen ihrer schönen Blüten auch bewundert, aber vor allem zu wirtschaftlichen und medizinischen Zwecken genutzt. Man verwendete die dicken Rhizome in England zum Färben und in Frankreich zum Bierbrauen. In Notzeiten wurden sie getrocknet und vermahlen dem Brotgetreide beigegeben, um dieses zu strecken. Die getrockneten Blüten verabreichte man als Mittel gegen Durchfall. Im „Hortus Eystettensis" aus dem Jahr 1613 findet man die Weiße Seerose auf Tafel 111 in zwei Formen abgebildet, sowohl als *Nymphaea alba minor* (heute als *Nymphaea alba* var. *minor* bezeichnet) als auch als *N. alba maior*. In Schweden fand man im 19. Jahrhundert eine rot blühende Form (*Nymphaea alba* var. *rubra*). Molekularanalysen haben jüngst ergeben, dass es sich bei dieser Form um eine Zufallshybride aus *N. alba* und der nordamerikanischen Wohlriechenden Seerose (*N. odorata*) handelt.
Die Zucht von Seerosen begann in der zweiten Hälfte des 19. Jahrhunderts. Der wohl berühmteste Züchter, der französische Jurist und Gärtner Joseph Bory Latour-Marliac (1830–1911), gründete seine Seerosen-Gärtnerei in Le Temple-sur-Lot im Jahr 1875. Dort kreuzte er die reine Art mit *N. alba* var. *rubra* und führte im Jahr 1879 mit 'Marliacea Rosea' die erste hellrosa blühende Seerose ein. Im gleichen Jahr führte er auch die hellgelb blühende Sorte 'Marliacea Chromatella' ein, eine Hybride aus *N. alba* und der mittelamerikanischen Art *N. mexicana*. Sie gilt als erste Seerosenhybride mit gelben Blüten und *N. mexicana* als Urmutter aller gelb blühenden Seerosenhybriden.
Der botanische Name *Nymphaea* wurde angeblich vom Naturforscher Theophrast von Eresos (um 370–288 v. Chr.) geprägt und 1753 von Carl von Linné in seinem „Specium Plantarum" als Name für die Gattung übernommen. Nymphen sind in der griechischen Mythologie Wasserwesen, die durch ihre Schönheit die Menschen betören. Eine dieser Nymphen soll sich in Herakles (Herkules) verliebt haben, den stärksten Held der griechischen Sagenwelt. Dieser habe ihre Liebe aber nicht erwidert. Aus Kummer darüber starb sie an gebrochenem Herzen. Doch die Götter hatten Mitleid mit ihr und ließen sie als Seerose wieder auferstehen.
In der Romantik, im Historismus und insbesondere im Jugendstil war die Seerose ein beliebtes Motiv der bildenden Künstler. Das 1896 entstandene Gemälde „Hylas und die Nymphen" des englischen Males John William Waterhouse (1849–1917) zeigt den von Nymphen umschwärmten, schönen Jüngling, eine Sagengestalt aus der „Odyssee" des griechischen Dichters Homer. Von demselben Maler stammt das Gemälde „Ophelia" aus dem Jahr 1894, auf dem man die schöne Frau aus Shakespeares Drama „Hamlet" vor einem Gewässer mit Seerosen sieht. Nahezu besessen war der französische Impressionist Claude Monet (1840–1926) von Seerosen, nachdem er Marliacs Züchtungen 1889 auf der Weltausstellung in Paris gesehen hatte. In seinem Garten in Giverny ließ der Maler Seerosenteiche anlegen und malte ab 1904 die Blüten dieser anmutigen Pflanze immer und immer wieder auf großen Leinwänden nach der Natur. Die Seerosen-Gemälde Monets sind ein Meilenstein der Kunstgeschichte, da sie in der Malerei den Übergang von der konventionellen Naturdarstellung zur Abstraktion markieren.

Nymphaea-Hybride 'Chromatella' (Syn. 'Marliacea Chromatella').

Nixen

In Deutschland glaubte man früher, dass Nixen denjenigen in die Tiefen des Wassers ziehen, der die Blüten der Seerosen zu pflücken versucht. Tatsächlich sind zahlreiche Schwimmer schon ertrunken, weil sie sich in den zähen, seilartigen Stielen der Pflanzen verheddert hatten.

GEDENKEMEIN, FRÜHLINGS-NABELNÜSSCHEN

Die Staude wird oft mit dem Kaukasusvergissmeinnicht (*Brunnera macrophylla*) verwechselt. Im Zeitalter der Romantik war sie eine beliebte Gartenpflanze, führt heutzutage aber eher ein Schattendasein. Und das im wahrsten Sinne des Wortes – tatsächlich ist sie ein Blütenschatz für schattige Standorte.

Omphalodes verna

Raublattgewächse, Boraginaceae

Heimat: Südöstliche Alpen bis Norditalien und Rumänien.

Wuchsform: Ausläufer treibend, halbimmergrün, bodendeckend.

Blatt: Herzförmig bis eilanzettlich, spitz, bis 20 cm lang, behaart, mittelgrün.

Blüte: Trauben mit 5–20 hellblauen, im Zentrum weißen, bis 1 cm breiten Einzelblüten.

Blütezeit: März bis Mai.

Frucht: Klausenfrucht (Zerfallfrucht).

Wuchs-/Blütenhöhe: 15–20 cm.

Standort: Halbschattig bis schattig in locker-humosem Boden.

Pflege: Vor allem im Frühjahr ist auf ausreichend feuchten Boden zu achten.

Vermehrung: Durch Teilen im zeitigen Frühjahr.

Besonderes: Die Staude verträgt den Wurzeldruck anderer Pflanzen, insbesondere von Gehölzen, recht gut.

Omphalodes verna 'Alba'.

Das Gedenkemein wurde nördlich der Alpen wohl zuerst in Flandern kultiviert. Denn Ende des 16. Jahrhunderts erwähnten die Flamen Rembert Dodoens und Matthias Lobelius die Pflanze in ihren botanischen Werken. In England wurde die Art 1633 von den Tradescants eingeführt. Vater und Sohn, beide mit Vornamen John, waren zu ihrer Zeit einflussreiche Gärtner und Botaniker mit internationalen Verbindungen. Die Engländer nennen die Staude liebevoll auch *Blue-eyed Mary*, also „Blauäugige Maria". Sie war seit ihrer Einführung auf der Insel eine wegen ihrer frühen Blütezeit geschätzte Pflanze, die man zur Einfassung von Gartenwegen und an schattigen Standorten pflanzte. Der irische Gartenschriftsteller William Robinson schrieb 1870 in seinem Buch „The Wild Garden": „Das kriechende Vergissmeinnicht (*Omphalodes verna*) ist eine der schönsten Pflanzen, um sie in Wäldern, Hainen, oder Gebüschen verwildern zu lassen(...) Sie ist kompakter im Wuchs und lebt auf guten Böden länger als die anderen Vergissmeinnichtarten, und man sollte sie an jedem ländlichen Ort verwildern lassen."
In Deutschland wurde das Gedenkemein erstmals 1613 im „Hortus Eystettensis" auf Tafel 364 unter dem Namen *Borrago Minima*, also „kleiner Borretsch", abgebildet. Im 17. Jahrhundert kultivierte man die Art in Deutschland noch selten. Nachgewiesen ist sie jedoch 1651 für den Garten der herzoglich-braunschweigischen Residenz Hessen am Fallstein. Der Naturforscher Sigismund Elsholtz erwähnte die Art 1663 in seiner „Flora Marchica" und 1666 in seinem „Buch vom Garten=Baw" unter dem vom Basler Botaniker Caspar Bauhin geprägten Namen *Symphytum minus Borraginis facie*. Erst im 18. Jahrhundert pflanzte man das Gedenkemein häufiger, so etwa im fürstlichen Garten in Karlsruhe, wo es 1733 unter dem Namen *Omphalodes pumila verna, Symphyti folio* dokumentiert ist. Im Jahr 1736 wuchs es auch im privaten Botanischen Garten des George Friedrich von Zieten in Trebnitz in Brandenburg, 1743 im Botanischen Garten in Göttingen, und 1747 gehörte es zum Bestand des Berliner Botanischen Gartens.
Carl von Linné nannte die Art 1753 in seinem „Species Plantarum" *Cynoglossum Omphaloides*. Der Gattungsname *Omphalodes* stammt vom französischen Botaniker und Forschungsreisenden Joseph Pitton de Tournefort, der die Art im Jahr 1700 in seinem Werk „Institutiones rei herbariae" beschrieb. Der Marburger Botaniker Conrad Moench führte schließlich im Jahr 1794 den heute gültigen botanischen Namen *Omphalodes verna* in seinem Werk „Methodus Plantus Horti Botanici et Agri Marburgensis" ein.
Ende des 18. Jahrhunderts fand man das Gedenkemein auch immer öfter in Privatgärten. So bot etwa die Hamburger Gärtnerei Buek die Pflanze – allerdings damals noch unter dem Linnéschen Namen *Cynoglossum* – im Jahr 1779 zum Kauf an. Sehr beliebt war das Gedenkemein dann in der Romantik, wo man überhaupt alle blau blühenden Blumen schätzte. Dies steht in Zusammenhang mit dem Romanfragment „Heinrich von Ofterdingen" des Schriftstellers Novalis (1772–1801), in dem eine (nicht näher benannte) blaue Blume die Rolle eines Sehnsuchtssymbols spielt. Doch mit dem Ende der Romantik erlosch auch das Interesse am Gedenkemein und Ende des 19. Jahrhunderts befand der Berliner Botaniker Carl Bolle, dass es sich um eine altmodische Blume handele.

Nabelnüsschen

Der Gattungsname *Omphalodes* stammt aus dem Griechischen und bedeutet soviel wie nabelförmig. Dies bezieht sich auf die napfförmig ausgehöhlten Teilfrüchte der Pflanze. Das Epitheton (also der botanische Namenszusatz) *verna* stammt aus dem Lateinischen und verweist auf den Frühling als die Blütezeit der Staude.

CHINESISCHE PFINGSTROSE

Prachtvollere Stauden als die Chinesische Pfingstrose gibt es kaum. Allerdings sucht man die reine Art vergeblich in unseren Gärten. Gepflanzt werden die seit dem 19. Jahrhundert in Europa gezüchteten Hybriden, von denen es ein breites Spektrum hinreißender Blütenformen und -farben gibt.

Paeonia lactiflora

Pfingstrosengewächse, Paeoniaceae

Heimat: Russland (Ostsibirien), Mongolei, China, Tibet.

Wuchsform: Aufrecht, breit strauchförmig, Horste bildend.

Blatt: Dunkelgrün, gefiedert, am Rand rau und unterseits behaart.

Blüte: Die Wildform hat becher- bis schüsselförmige, bis 10 cm breite, duftende, weiße bis blassrosafarbene Blüten. Die Blüten der Zuchtsorten sind sehr variabel.

Blütezeit: Ende Mai bis Anfang Juli.

Frucht: Balgfrucht. Die gefüllten Sorten sind steril.

Wuchs-/Blütenhöhe: 80–90 cm.

Standort: Sonnig bis halbschattig in tiefgründigem, humosem, nährstoffreichem Boden.

Pflege: Dicht gefüllte Sorten sollten aufgebunden werden.

Vermehrung: Durch Teilen älterer Horste im Herbst.

Besonderes: Gute Schnittblume, wenn sie knospig geschnitten wird.

Die auch Milchweiße Pfingstrose genannte Art wurde 1772 vom deutschen, in russischen Diensten stehenden Naturforscher Peter Simon Pallas (1741–1811) am Naturstandort im Amurgebiet in Sibirien entdeckt und 1774 von ihm als *Paeonia lactiflora* benannt. Im Jahr 1789 nannte er die Art in *P. albiflora* um. Dieser Name, der lange Zeit als Synonym verwendet wurde, ist aber heute ungültig. Der Naturforscher Sir Joseph Banks (1742–1820) brachte die Art im Jahr 1805 erstmals nach England. Von dort gelangte sie nach Frankreich und später in das im Jahr 1830 unabhängig gewordene Königreich Belgien. Sowohl in Frankreich als auch in Belgien schufen die Züchter zahlreiche neue Sorten. Später züchtete man auch in England und Deutschland weitere prächtige Sorten und, mit zunehmendem Erfolg, auch in den USA. Dabei wurden nicht nur *P. lactiflora*-Sorten miteinander gekreuzt. Weitere herrliche Hybriden entstanden durch Einkreuzung wilder *Paeonia*-Arten, darunter *P. peregrina*.

Doch die europäischen *Paeonia*-Lactiflora-Hybriden waren nicht die ersten Zuchtformen der Art. Schon Jahrhunderte vorher hatte man in China damit begonnen, die Stauden-Pfingstrose zu kultivieren. Zwar verzehrte man dort noch im 6. Jahrhundert n. Chr. ganz prosaisch die rübenartigen Wurzeln der Pflanzen, um satt zu werden. Doch schon um das Jahr 1086 herum entstanden in der Song-Dynastie (960–1278) Sorten mit meist einfachen, weißen, duftenden Blüten. Als die Art später in Japan eingeführt wurde, züchtete man dort ebenfalls zahlreiche neue Sorten, darunter auch solche mit halbgefüllten Blüten. Erste Kultivare der chinesischen Züchtungen sollen übrigens als Geschenk des chinesischen Kaisers an den französischen Kaiser Napoléon I. nach Frankreich gekommen sein. Dessen Gemahlin Joséphine de Beauharnais (1763–1814) war eine passionierte Gartenfreundin und vermehrte die Chinesischen Pfingstrosen in ihrem Park in Malmaison.

„Möller's Deutsche Gärtner-Zeitung“ schrieb 1907: „Es fällt schwer, ein kühl sachliches Urteil über eine Pflanzenart zu fällen, für die man schwärmt (...) Jede Blume in sich ist ein köstliches Kunstwerk.“ Daran hat sich bis heute nichts geändert und einige historische Sorten gehören nach wie vor zu den absoluten Favoriten aller Gartenfreunde. Das liegt nicht nur an der Schönheit ihrer Blüten, sondern auch an der Beständigkeit der Pflanzen. Zahlreiche beliebte historische Sorten sind noch im Handel erhältlich. Dazu zählen 'Festiva Maxima' (Frankreich, Miellez, 1851), eine Sorte mit duftenden, weißen, gefüllten Blüten (siehe Abbildung auf Seite 182) und einem charakteristischen roten Zentrum, sowie 'Duchesse de Nemours' (Frankreich, Calot, 1856), eine duftende Sorte mit weißen, zart primelgelb durchstrahlten, gefüllten Blüten und vielen zuverlässig aufgehenden Nebenknospen. Auch die nach der legendären französischen Schauspielerin Sarah Bernhardt (1844–1923) benannte Sorte (Frankreich, Lemoine, 1906) mit großen, gefüllten, zartrosafarbenen, duftenden Blüten ist ein beliebter Klassiker. Eine der ältesten, aber immer noch eine vitale Sorten ist 'Edulis Superba' (Frankreich, Lémon, 1824) mit leuchtend rosafarbenen, gefüllten, duftenden Blüten.

Paeonia-Lactiflora-Hybride 'Sarah Bernhardt'.

Blumen des Hochadels

In China war es lange Zeit dem Hochadel vorbehalten, Pfingstrosen zu besitzen. Die edlen Blüten wurden auf Textilien, Vasen und Gemälden abgebildet. Zur Zeit der Kulturrevolution machte man sich deshalb als Klassenfeind verdächtig, wenn man Pfingstrosen im Garten hatte. Inzwischen ist es aber auch in China wieder unbedenklich, Pfingstrosen zu pflanzen.

BAUERN-PFINGSTROSE

> Die altbekannte Bauern-Pfingstrose ist eine seit dem Mittelalter beliebte Zierstaude. Neben der selten gepflanzten, ungefüllten Wildform gibt es einige dicht gefüllte, prächtige Zuchtsorten, von denen die meisten schon recht lange in unseren Gärten kultiviert werden. <

Paeonia officinalis

Pfingstrosengewächse, Paeoniaceae

Heimat: Mittelmeerraum von Portugal bis Albanien, Kleinasien und Armenien. Im Schweizer Mittelland und in Bayern stellenweise verwildert.

Wuchsform: Aufrecht, Horste und Wurzelknollen bildend.

Blatt: Dunkelgrün, gefiedert, unterseits behaart.

Blüte: Die reine Art blüht ungefüllt, 9–13 cm breit, magentarot.

Blütezeit: Mai.

Frucht: Balgfrucht. Die gefüllten Sorten sind steril.

Wuchs-/Blütenhöhe: 80 cm.

Standort: Sonnig bis halbschattig in tiefgründigem Boden.

Pflege: Gefüllt blühende Sorten brauchen zur Blütezeit eine Stütze.

Vermehrung: Durch Teilen älterer Horste im Herbst. Die Wildart kann durch Aussaat im Herbst vermehrt werden.

Besonderes: Gute Schnittblume, wenn sie knospig geschnitten wird.

Seit der Antike wurde die Pfingstrose als heilkräftige Pflanze verehrt. Theophrast von Eresos (um 370–288 v. Chr.) erwähnte sie in seinem Werk „Historia plantarum". Auch in der griechischen und römischen Mythologie spielte sie eine Rolle. Der botanische Gattungsname geht zurück auf Paian (andere Schreibweisen: Paion, Paieon, Paeon), jenen sagenhaften Götterarzt, der im trojanischen Krieg die Verwundungen von Hades und Ares kurierte. Die Mystikerin und Heilkundige Hildegard von Bingen (1098–1179) empfahl sie bei Fieber, Fallsucht und wenn einer angeblich den Verstand verloren hatte. Auch die Gelehrten Albertus Magnus (um 1200–1280) und Konrad von Megenberg (1309–1374) schworen auf die Heilwirkung der Pfingstrose. Man nannte die Pflanze wegen ihrer vermeintlichen Wirkung damals auch Gichtrose. Erst 1860 strich man „Radix Paeoniae", so der offizielle Name der Heildroge, wegen zu geringer Wirksamkeit aus dem Arzneibuch.
Schon im frühen Mittelalter kam die Bauern-Pfingstrose, wahrscheinlich durch Benediktinermönche, über die Alpen nach Mittel- und Westeuropa. Früher kannte man sie daher auch unter dem Namen Benediktinerrose. Als „Rose ohne Dornen" galt die Pfingstrose als Marienpflanze und wurde in dieser Rolle auf dem sogenannten „Frankfurter Paradiesgärtlein" dargestellt, einem um 1410 entstandenen Tafelbild. In gleicher Funktion findet man sie auf dem 1473 entstandenen Tafelbild „Maria im Rosenhag" von Martin Schongauer. Im 16. Jahrhundert war die Pfingstrose in deutschen Gärten schon recht verbreitet. Otto Brunfels erwähnte sie 1532 und ebenso Leonhart Fuchs 1543. Allerdings kannte man damals nur die ungefüllte, reine Art. Eine gefüllte Form wurde erstmals von Conrad Gesner 1561 in seinem Buch „Horti Germaniae" erwähnt. Im „Hortus Eystettensis" von 1613 findet man von *Paeonia officinalis* dann schon zwei einfache und zwei gefüllte Formen abgebildet. Eine Neuauflage des „Neuw Kreuterbuchs" von Tabernaemontanus aus dem Jahr 1664 zeigte erstmals eine Form mit weißen, gefüllten Blüten. Eine rosa blühende, gefüllte Form ('Rosea Plena') entstand vor 1797.
Kaum eine Staude kann auf eine so kontinuierliche Präsenz in unseren Gärten zurückschauen. Ob als Bauerngartenpflanze (daher stammt auch der Name Bauern-Pfingstrose) oder als klassische Rabattenstaude – die Pflanze ist nicht nur eine Zierde für jeden Garten, sie hat auch Spuren in der Kulturgeschichte hinterlassen. So wie im Gedicht „Der alte Garten" von Joseph von Eichendorff (1788–1857), veröffentlicht im Jahr 1839. In der ersten Strophe heißt es: „Kaiserkron und Päonien rot, / Die müssen verzaubert sein, / Denn Vater und Mutter sind schon lange tot, / Was blühn sie hier so allein?"
Einmal abgesehen von dem melancholischen Grundton des Gedichts verraten die Zeilen eine der hervorragenden Eigenschaften der Pfingstrose: Sie ist eine sehr langlebige Staude. Man sollte Pfingstrosen möglichst ungestört an ihrem Standort belassen. Ein zu tiefes Einpflanzen quittiert die Erdschürfepflanze (die Überdauerungsorgane befinden sich knapp unter der Erdoberfläche) übrigens mit jahrelanger Blütenverweigerung.

Paeonia officinalis 'Alba Plena'.

Der Name der (Pfingst-)Rose

Die Bauern-Pfingstrose hat im Lauf der Jahrhunderte viele volkstümliche Namen erhalten: Herrgottsblume, Kirchenrose und Muttergottesrose spielen darauf an, dass sie als Marienpflanze galt und man an Fronleichnam die Blüten zum Schmuck der Kirchen verwendete. Kinderperlen nannte man die Pfingstrose, weil man die Samen der Pflanze auf Ketten fädelte und sie zahnenden Kindern zum Kauen gab.

WEITERE HISTORISCHE PFINGSTROSEN

Neben den weit verbreiteten Bauern- und Stauden-Pfingstrosen gibt es noch weitere gartenwürdige, wunderschöne, aber selten gepflanzte Arten dieser prächtigen Staudengattung.

▼ Gelbe Kaukasus-Pfingstrose *Paeonia mlokosewitschii*

Die bis 100 cm hohe Staude hat schwefelgelbe, bis 12 cm breite, ungefüllte Blüten mit auffälligen, blassgelben Staubgefäßen. Die von den Hängen des Kaukasus stammende Wildstaude blüht bereits im April. Die im Sommer reifenden Fruchtstände platzen auf und zeigen dann ein reiches Farbenspiel. Im Herbst färbt sich das Laub der Pflanze dekorativ orangerot. Die Art wurde Ende des 19. Jahrhunderts vom polnischen Entdecker, Zoologen und Botaniker Ludwig F. Mlokosiewicz (1831–1909) entdeckt und erstmals 1897 vom Russen A. A. Lomakin beschrieben, der ihr auch den botanischen Namen gab. Die Wildform wurde Anfang des 20. Jahrhunderts in England eingeführt.

Diese bei Staudenfreunden überaus geschätzte Art hat einen für die meisten so unaussprechlichen botanischen Namen, dass der englische Pflanzensammler und Reisende Reginald Farrer (1880–1920) riet, „diese hübsche kleine Aneinanderreihung von Silben täglich zu üben, wenn man über diese Königin der Pfingstrosen mitreden will". Die Engländer haben der Art auch den Spitznamen *Molly the Witch* gegeben, also „Hexe Molly".

Gelbe Kaukasus-Pfingstrose (*Paeonia mlokosewitschii*) im Mutterpflanzenquartier der Staudengärtnerei Gaißmayer.

Die Klebrige Pfingstrose (*Paeonia peregrina*) ist Stammmutter vieler Hybriden.

▲ Klebrige Pfingstrose *Paeonia peregrina*

Die auch Byzantinische Pfingstrose genannte Wildstaude ist auf dem Balkan, an der Ägäisküste und bis nach Kleinasien heimisch. Sie hat bis 13 cm breite, einfache, korallenrote Blüten mit gelben Staubfäden und roten Staubbeuteln, blüht im Mai und Juni und wird bis 60 cm hoch. Für die Züchtung der modernen Hybrid-Pfingstrosen (*Paeonia*-Lactiflora-Hybriden) war sie eine wichtige Elternpflanze.

Der Botaniker Carolus Clusius erwähnte in seinem 1583 erschienen Buch über seltene Pflanzen in Österreich und Ungarn, dass die Art aus Konstantinopel (Byzanz) nach Österreich eingeführt worden sei. Von dort aus eroberte sie die Gärten Europas und wurde 1613 im „Hortus Eystettensis“ als *Paeonia Bizanthina* bzw. *P. pumilis* auf Tafel 107 gleich drei Mal abgebildet. Im Jahr 1629 erreichte sie auch England, wo der Arzt und Botaniker John Parkinson (1567–1650) sie als *Paeonia femina Byzantina* beschrieb. Eine schöne historische, immer noch im Handel erhältliche Sorte ist ‘Otto Froebel’. Die im Jahr 1898 vom britischen Züchter Barr eingeführte Auslese hat lachsorangefarbene Blüten.

▼ Netzblatt-Pfingstrose *Paeonia tenuifolia*

Einfache, leuchtend rote Blüten mit gelben Staubbeuteln stehen bei dieser in Südeuropa und dem Kaukasusgebiet heimischen Wildstaude dicht über den netzartig fein geschlitzten Laubblättern. Die Art wird 40–50 cm hoch und blüht im Mai. Erstmals erwähnt wurde sie 1747 vom Botaniker und Entdeckungsreisenden Johann Georg Gmelin (1709–1755), der sie auf einer Expedition in Osteuropa gesehen hatte. Über den Botanischen Garten von St. Petersburg gelangte die Netzblatt-Pfingstrose nach Mittel- und Westeuropa. In Deutschland wurde sie 1757 im Botanischen Garten Göttingen unter dem Namen *Paeonia laciniis foliorum linearibus* kultiviert. Zwei Jahre später gab Carl von Linné der Art den bis heute gültigen botanischen Namen. In England führte man sie 1765 ein. Schon damals wurde sie vorwiegend in Botanischen und Liebhabergärten gepflanzt, was sich bis heute kaum geändert hat.

Die Netzblatt-Pfingstrose (*Paeonia tenuifolia*) betört durch ihre intensive Blütenfarbe.

TÜRKISCHER MOHN

> Als echte Prachtstaude ist der Türkische Mohn ein Blickfang in jedem Garten und stielt allen anderen Blüten die Schau. Kurz nach seiner Einführung eroberte er die Gärten Europas im Sturm. Seit Langem ist er eine klassische Bauerngartenpflanze, doch auch in Staudenrabatten setzt er farbkräftige Akzente. <

Papaver orientale

Mohngewächse, Papaveraceae

Heimat: Osttürkei, Kaukasus, Iran.

Wuchsform: Grundständige Blattrosetten mit Pfahlwurzel.

Blatt: Grundständige Blätter gestielt, fiederspaltig, borstig behaart, bis 25 cm lang. Die Stängelblätter sind ähnlich, aber deutlich kleiner.

Blüte: Schüsselförmig, 10–15 cm breit, orangerot bis tiefrot.

Blütezeit: Mai bis Juni.

Frucht: Porenkapsel.

Wuchs-/Blütenhöhe: 60–100 cm.

Standort: Sonnig in tiefgründigem, gut durchlässigem Boden.

Pflege: Der Austrieb muss vor Schneckenfraß geschützt werden.

Vermehrung: Bei einer Vermehrung durch Aussaat variieren die Sämlinge oft erheblich.

Besonderes: Zieht nach der Blüte ein und treibt erst im Herbst wieder eine frische Laubrosette, die dann überwintert.

Die Wildform dieser auffälligen Staude wurde im Jahr 1701 vom französischen Botaniker Joseph Pitton de Tournefort (1656–1708) während seiner Expedition von Konstantinopel ans Schwarze Meer in der Nähe der türkischen Stadt Erzurum (Ostanatolien) entdeckt. Nach seiner Rückkehr nach Frankreich beschrieb er die Pflanze als *Papaver orientale, hirsutissimum, flore magno*, also als „orientalischen, äußerst rauen Mohn mit großen Blüten". Er bildete sie auch ab, aber im Nachhinein stellte sich heraus, dass die Abbildung in seiner Publikation eine andere Art zeigt, nämlich *Papaver pseudo-orientale*. Dessen Stängel sind bis oben hin mit Blättern besetzt, die Knospe steht aufrecht (bei *P. orientale* ist sie nickend) und die Fruchtkapsel ist eiförmig statt rund. In seinem im Jahr 1817 postum auf Französisch und 1876/77 in einer deutschen Übersetzung erschienenen Reisebericht finden sich weitere Angaben zu der von ihm entdeckten Staude: „Wir fanden um diese Stadt herum [gemeint ist Erzurum] eine sehr schöne Mohnart, welche die Türken und Armenier *Aphion* nennen, ebenso wie das gemeine Opium [hiermit meint de Tournefort den Schlaf-Mohn, *Papaver somniferum*]. Jedoch machen sie aus dieser Art, von der wir reden, kein Opium, sondern essen die Köpfe derselben noch ganz grün, obwohl sie sehr scharf sind und einen brennenden Geschmack haben."

Von seiner Expedition brachte de Tournefort auch lebende Exemplare der Staude mit zurück nach Frankreich. Sie wurden im Pariser Botanischen Garten, dem Jardin des Plantes, kultiviert. Er schickte den Türkischen Mohn zudem an einen Freund in den Niederlanden, einen gewissen Caspar Commelin (1668–1731), Professor der Botanik in Amsterdam. Dieser bildete die Art in seinem 1706 in Leiden erschienenen Buch „Horti medici Amstelaedamensis Planta Rariores et Exoticae Ad vivum aeri incisiae" auf einem Stich ab. Den bis heute gültigen botanischen Namen erhielt die Art von Carl von Linné, der sie 1753 in seinem Werk „Specium Plantarum" beschrieb.

Über Paris kam die Pflanze schon bald nach England, wo sie bereits vor 1714 kultiviert wurde. In Deutschland war sie im Jahr 1722 im Bestand des Botanischen Gartens von Würzburg. Auch in anderen deutschen Gärten jener Zeit tauchte der Türkische Mohn recht bald auf, so etwa 1736 im privaten Botanischen Garten des George Friedrich von Zieten in Trebnitz bei Seelow in Brandenburg und

Papaver orientale 'Mrs. Perry'.

1738 im Botanischen Garten der Stadt Wittenberg im heutigen Sachsen-Anhalt. Im Jahr 1743 ist der Türkische Mohn im Botanischen Garten von Göttingen, ein Jahr später in denen der Städte Frankfurt an der Oder und Berlin und 1765 im Greifswalder Botanischen Garten nachweisbar. Der Berliner Arzt und Botaniker Johann Gottlieb Gleditsch (1714–1786) lobte den Türkischen Mohn 1773 in seinem „Pflanzenverzeichniß zum Nutzen und Vergnügen der Lust- und Baumgärtner und aller Liebhaber" als „ansehnliches und der großen Blumen halber so schönes Staudengewächs" und nannte ihn „eine Zierde der Lustgärten".

Im 18. Jahrhundert beschränkte sich die Kultur des Türkischen Mohns meist noch auf Botanische und Liebhabergärten. Erst im 19. Jahrhundert hielt die Staude auch Einzug in die Gärten einfacher Leute. Der österreichische Pfarrer und Pflanzenfreund Theophil Zetter schrieb 1837 in seinem

Dieser Mohn hat viele Namen

Der Gattungsname *Papaver* ist der alte, lateinische Name für diese Pflanzen. Der deutsche Name Mohn entwickelte sich aus dem mittelhochdeutschen *mahn* und geht auf das germanische *magan* zurück. Der Türkische Mohn wird mit Trivialnamen auch Orientalischer, Morgenländischer, Garten-, Stauden- oder Feuer-Mohn genannt.

Papaver orientale 'Perry's White'.

Buch „Ueber die perennirenden Gartengewächse und deren Cultur" über den Türkischen Mohn, den er „Morgenländischen Mohn" nannte: „Ist prächtig. Liebt Trockenheit, Halbschatten, kommt leicht fort und wird durch Sprossen, Theilung und Samen vermehrt. Nach der Blüte zieht er ganz ein, so dass er verschwunden zu sein scheint. Deswegen muss man seinen Standort mit einem Holze bezeichnen."

Damals kultivierte man noch die reine Art. Doch im Lauf des 19. Jahrhunderts kamen weitere Staudenmohnarten nach Europa. Als erstes der Armenische oder Arznei-Mohn (*Papaver bracteatum*), der im Jahr 1818 von einem Mitarbeiter des Botanischen Gartens in St. Petersburg in Europa eingeführt und vom englischen Botaniker John Lindley 1821 erstbeschrieben wurde. Der Armenische Mohn ähnelt dem Türkischen Mohn im Aussehen, hat aber robustere, standfestere Stiele. Der Bithynische oder Behaarte Mohn (*P. pilosum*) wurde 1852 in Europa eingeführt, später auch der Spanische Mohn (*P. rupifragum*) sowie der Marokkanische Mohn (*P. atlanticum*) im Jahr 1889.

Die neu eingeführten Arten wurden mit dem Türkischen Mohn gekreuzt, um die Blüten standfester zu machen und neue Farbschläge zu erzielen. Eine frühe Sorte war die gefüllte 'Nana Flore Pleno', die um das Jahr 1870 herum entstand. Der Gartenbaulehrer Hans Grabbe aus Köstritz nannte in seinem 1897 erschienenen Buch „Unsere Staudengewächse" verschiedene Sorten des „morgenländischen Mohns", darunter eine zartrosafarben blühende 'Blush Queen' und eine blendend scharlachrote 'Royal Scarlet'. Diese frühen Sorten sind heute verschollen. Ob es sich dabei tatsächlich um Sorten des Türkischen Mohns handelte, ist ohnehin zweifelhaft. Denn eine nennenswerte Züchtung setzte beim Türkischen Mohn eigentlich erst zu Beginn des 20. Jahrhunderts ein.

Der englische Gärtner Amos Perry fand im Jahr 1906 in seiner Gärtnerei in Enfield in Middlesex eine Jungpflanze von *Papaver orientale* mit rosafarbenen Blüten. Er nannte sie nach seiner Frau 'Mrs. Perry'. Einige Jahre später beklagte sich ein Kunde, dass in einem rosa und rot blühenden Mohnbeet eine weiß blühende Pflanze aufgetaucht sei. Perry sicherte sich diesen Zufallssämling, taufte ihn 'Perry's White' und spezialisierte sich hinfort auf die Kultur von Türkischem Mohn. Sowohl 'Mrs. Perry' als auch 'Perry's White' sind beide noch erhältlich. Die meisten anderen im Handel befindlichen Sorten sind jüngeren Ursprungs. Es gibt inzwischen ein breites Spektrum von Sorten mit unterschiedlichen Wuchshöhen, Blütenfarben und -formen, darunter auch solche mit geschlitzten, gefransten oder zweifarbigen Blütenblättern.

Der irische Gartenschriftsteller William Robinson schrieb über den Türkischen Mohn im Jahr 1870 in seinem Buch „The Wild Garden": „Die großartigste Wirkung, die ich je in einem Garten sah, war eine Ecke dieses wilden Gartens [gemeint ist hier der Garten von Crowsley in Oxfordshire], als viele prächtige Türkische Mohne mit Lupinen und

Backmohn

Der Mohnsamen, der für Gebäck wie Mohnbrötchen, Mohnstrudel, Mohnstreuselkuchen und andere Leckereien verwendet wird, stammt vom Schlaf-Mohn (*Papaver somniferum*).
Der Verzehr von Mohnsamen des Türkischen Mohns und anderer Staudenmohnarten ist ebenso wenig angeraten wie das von de Tournefort kolportierte Verspeisen der grünen Mohnkapseln.

Akeleien in Reihen standen, alle dicht beieinander in hohem Gras in einer grünen Bucht dieser Anlage.“ Türkischer Mohn in einer Wiese mag eine ungewöhnliche Standortempfehlung für eine Prachtstaude sein. Es sieht aber in der Tat beeindruckend aus, insbesondere, weil die auffälligen Blüten des Mohns eine großartige Fernwirkung haben.

Gertrude Jekyll (1843–1932), die Grand Old Lady des englischen Landhausgartens, empfahl in ihrem 1908 erschienenen Buch „Colour Schemes for the Flower Garden“, neben den Türkischen Mohn Rispiges Gipskraut (*Gypsophila paniculata*) zu pflanzen. Dieses kaschiere die Leerstellen, die nach dem Einziehen des Mohns in den Sommermonaten entstehen. Frau Jekyll wäre als Gartengestalterin sicher nicht so berühmt geworden, wenn sie nicht auch für das verblühende Gipskraut eine ästhetisch befriedigende Lösung zur optischen Aufwertung der Pflanzkombination vorgeschlagen hätte. Sie empfahl, einjährige Kapuzinerkresse (*Tropaeolum*) in das welkende Gipskraut ranken zu lassen, bis der Türkische Mohn im Spätsommer wieder mit frischen Blattrosetten erscheint.

Für uns ist der Türkische Mohn heute in allen seinen Spielarten eine geschätzte und wertvolle Beetstaude, die mit ihren farbenprächtigen Blüten im Frühsommer kräftige Akzente setzt. Als Bauerngartenstaude hat der Türkische Mohn inzwischen eine gewisse Tradition, aber auch im Beet oder in gemischten Rabatten macht er eine gute Figur. Insbesondere, wenn man sich an die Regel hält, in der Nachbarschaft Pflanzen zu setzen, die dafür sorgen, dass die im Hochsommer erscheinende Kahlstelle kaschiert wird, die der dann ruhende Türkische Mohn hinterlässt.

Die beste Pflanzzeit für den Türkischen Mohn ist nach der sommerlichen Ruhephase zu Beginn des Neuaustriebs im Herbst. Die Pflanzen sind dann am vitalsten und wachsen gut an. Wichtig bei der Pflanzung von Jungpflanzen ist ein gut drainierter, mit Sand und Kompost aufgelockerter Boden. Schnecken können den Laubblättern und Wühlmäuse den Wurzeln gefährlich werden. Wenn der Türkische Mohn aber schließlich angewachsen ist und im Frühsommer seine großen, seidigen Blüten erscheinen, ist dies gewiss einer der Höhepunkte im Gartenjahr.

Türkischer Mohn ist wider Erwarten auch als Schnittblume geeignet, obwohl Mohnblüten ansonsten in der Vase recht schnell die Blütenblätter fallen lassen. Ein Tipp zur besseren Haltbarkeit: Wenn man die möglichst noch knospigen, frisch geschnittenen Blütenstängel an der Schnittstelle kurz an eine Flamme oder unter heißes Wasser hält, stoppt das den Fluss des Milchsaftes und verhindert ein Verkleben der Leitungsbahnen. Dann halten die Mohnblüten tatsächlich einige Tage lang in der Vase.

Die englische Gartenlegende Gertrude Jekyll.

STAUDEN-PHLOX

Der Stauden-Phlox ist eine beliebte, lange blühende und farbenfrohe Beetstaude für Sommerrabatten und darf eigentlich auch in keinem Bauerngarten fehlen. Die bei etlichen Sorten intensiv duftenden Blüten sind ein Blickfang mit guter Fernwirkung. Zudem ist die Staude eine gute Schnittblume.

Phlox paniculata
Sperrkrautgewächse, Polemoniaceae

Heimat: Östliches Nordamerika.

Wuchsform: Aufrecht, Horste bildend.

Blatt: Lanzettlich bis schmal eiförmig, frischgrün, bis 15 cm lang.

Blüte: Dichte, kuppelförmige Dolden mit radförmigen, bis 2,5 cm breiten, matt rotvioletten Einzelblüten, manche Sorten duftend.

Blütezeit: Juli bis September.

Frucht: Kapsel.

Wuchs-/Blütenhöhe: 50–120 cm.

Standort: Sonnig bis halbschattig in tiefgründigem, nährstoffreichem, gleichmäßig feuchtem Boden.

Pflege: Ein Vorblüteschnitt im Mai oder Juni auf zwei Drittel der Höhe erhöht die Standfestigkeit und führt zu einer späteren Blüte der eingekürzten Triebe.

Vermehrung: Durch Teilen im Frühjahr oder Herbst oder durch Stecklinge von nicht blühenden Trieben im Frühjahr.

Besonderes: An schattigen Standorten gedeiht Stauden-Phlox schlechter und blüht nur spärlich.

Der Stauden-Phlox liegt Dieter Gaißmayer besonders am Herzen, wie man unschwer am breiten Spektrum der Sorten erkennen kann, die er in seiner Gärtnerei kultiviert. Dass es heutzutage so viele herrliche Sorten gibt, liegt an dem Fleiß und der Begeisterung, mit der sich Züchter in den vergangenen anderthalb Jahrhunderten dieser Staude angenommen haben. Doch schauen wir zunächst zurück auf die Anfänge. Erste Erwähnungen weisen darauf hin, dass der Stauden-Phlox bereits im 17. Jahrhundert dem englischen Botaniker Leonard Plukenet (1642–1706) bekannt war. Er führte in einer Publikation aus dem Jahr 1700 eine Pflanze unter dem Namen *Lysimachia virginiana umbellata maxima* auf, bei der es sich sehr wahrscheinlich um den Stauden-Phlox handelte. Mit ziemlicher Sicherheit wurde die Art etwa 30 Jahre später im Garten des Botanikers und Apothekers James Sherard (1666–1738) in Eltham im Südwesten Londons kultiviert. Sein Bruder William Sherard (1659–1728), ebenfalls ein einflussreicher Pflanzenkenner, brachte den deutschen Botaniker Johann Jacob Dillenius (1684–1747) nach England. Dillenius beschrieb in seinem 1732 erschienenen Buch „Hortus Elthamensis" die Art als *Lychnidea folio salicino*. Eine erneute Einführung des Stauden-Phloxes aus den Kolonien in Übersee nach England erfolgte im Jahr 1743 durch den amerikanischen Botaniker John Bartram (1699–1777). Er schickte Pflanzen an den englischen Tuchhändler und Botaniker Peter Collison (1694–1768); darunter eben auch den Stauden-Phlox.
Von England aus verbreitete sich die Art in Europa. Im Jahr 1765 wuchs der Stauden-Phlox bereits in den Botanischen Gärten von Berlin und Greifswald. Der damalige Direktor des Berliner Botanischen Gartens, Johann Gottlieb Gleditsch, bezeichnete die Pflanze 1773 als „die virginische unächte Lychnißstaude mit Weidenblättern und purpurfarbenen Blumensträussen". Tatsächlich hatte die Wildform trüb violett-rote, nacheinander aufgehende, in lockeren Dolden angeordnete Blüten. Das zunächst bescheidene Aussehen tat der Beliebtheit der neuartigen Staude aber keinen Abbruch. Bereits Ende des 18. Jahrhunderts war der Stauden-Phlox in Deutschland ziemlich verbreitet und hielt auch Einzug in die Gärten der einfachen Leute.
Eine weiß blühende Form gab es bereits im Jahr 1812. Für das Jahr 1817 ist auch eine Form mit panaschierten (weißbunten) Laubblättern

Die Sorten von Stauden-Phlox lassen sich gut miteinander kombinieren.

überliefert. Die systematische Züchtung begann jedoch erst im Jahr 1839 in Frankreich. Schon bald widmeten sich auch in England und Belgien Züchter der Verbesserung der Wildform. In Deutschland züchtete vor allem die Stuttgarter Gärtnerei Wilhelm Pfitzer Phloxe. Sie brachte im Jahr 1867 ihre erste eigene Phloxsorte auf den Markt. In der Folge wurden von Pfitzer alljährlich fast 25 neue Sorten eingeführt. Insgesamt hat die Gärtnerei Wilhelm Pfitzer zwischen 1867 und 1936 stolze 513 Phloxsorten eingeführt.
Die meisten Sorten der Stauden-Phloxe sind Abkömmlinge der Art *Phlox paniculata* und durch Auslese entstanden. Später kreuzte man aber auch andere *Phlox*-Arten ein. Der Staudenzüchter Georg Arends (1863–1952) erzielte zwischen 1912 und 1927 Hybriden zwischen Stauden-Phlox (*P. paniculata*) und Wald-Phlox (*P. divaricata* subsp. *laphamii*), die er unter dem Namen Arends-Phlox (*P.* × *arendsii*) in den Handel brachte.
Später trug auch der berühmte Staudenzüchter Karl Foerster (1874–1970) zur Erweiterung des Phlox-Sortiments bei. Es begann jedoch erst in den 1930er-Jahren mit der Züchtung von Stauden-Phloxen. Von den schönen Foerster-Phloxen sind noch rund 30 Sorten im Handel erhältlich.
Heutzutage gibt es vom Stauden-Phlox eine große Sortenvielfalt in vielen Blütenfarben – außer Orange (die Sorte ‘Orange' blüht in Wirklichkeit eher zinnoberrot), Gelb und reinem Blau. Auch wenn viele Züchter es immer wieder versuchen, konnten Blüten mit einem echten Blau beim Stauden-Phlox noch nicht erzielt werden.

WEITERE HISTORISCHE STAUDEN-PHLOXE

Es gibt eine erstaunliche Vielzahl historischer Phloxsorten, die noch im Handel erhältlich sind. Sie haben sich in der Regel durch ihre Wuchskraft, Standfestigkeit, die Schönheit ihrer Blüten sowie ihren Duft über Generationen bewährt.

▼ 'Gräfin von Schwerin'

Diese etwas pompös wirkende Sorte entstand vor 1910. Die Blüten haben einen schweren, pudrigen Duft. Wahrscheinlich hat Karl Foerster diese uralte Sorte aus der Schlossgärtnerei Schwerin mitgebracht, wo er seine Gärtnerlehre absolviert hatte. Die hell- bis blauvioletten Blütenblätter umschließen ein rotviolettes Auge. Die Einzelblüten sind sehr groß. Wuchshöhe: 80 cm. Blütezeit: Juli bis August.

▲ 'Freifrau von Lassberg'

Die von der Gärtnerei Wilhelm Pfitzer 1895 eingeführte Sorte wurde nach Hildegunde von Lassberg (1836–1909), einer Nichte der Dichterin Annette von Droste-Hülshoff (1797–1848) benannt. Gern wird jedoch eine andere Geschichte zur Namensgebung kolportiert: Das Weimarer Hoffräulein Christiane von Lassberg habe für Johann Wolfgang von Goethe geschwärmt. Später ertränkte sich die erst 17-Jährige 1778 aus Liebeskummer im Flüsschen Ilm. Karl Foerster bezeichnete die gedrungen wachsende, reinweiße Phloxsorte mit dichten, abgerundeten Blütenständen übrigens als den „edelsten aller großen weißen Phloxe“. Wuchshöhe: 100 cm. Blütezeit: Juli bis August.

▲ 'Württembergia'

Die 1919 in Deutschland von Wilhelm Pfitzer eingeführte Sorte stammt ursprünglich aus Frankreich, wo sie der Züchter Victor Lemoine (1823–1911) bereits 1911 unter dem Namen 'Jules Sandeau' eingeführt hatte. Die dunkelrosa Blüten haben ein helles Auge. In der Heimat von Dieter Gaißmayer, in Schwaben, ist dies der Bauerngarten-Phlox schlechthin. Wuchshöhe: 80 cm. Blütezeit: Juli und August.

Weitere historische Sorten von Stauden-Phlox

- 'Border Gem' (Fairburn, GB, 1913)
- 'Eclaireur' (Victor Lemoine, Nancy, F, vor 1882)
- 'Europa' (Wilhelm Pfitzer, Stuttgart, D, 1910)
- 'Frau Anton Buchner' (Wilhelm Pfitzer, Stuttgart, D, 1907)
- 'Le Mahdi' (Goos & Koenemann, D, 1900)
- 'Rembrandt' (Bonne Ruys, Moerheim, NL, 1900)
- 'Rijnstroom' (F. Koppius, NL, vor 1900)
- 'Septemberglut' (Georg Arends, Ronsdorf, D, 1918)
- 'Sommerkleid' (Schöllhammer, Langenargen, D, 1906)

▲ "Le Mahdi'

Diese historische Sorte ist eine Züchtung von Max Joseph Goos (1858–1917) und August Koenemann (1848–1910), die einst im hessischen Niederwalluf eine renommierte Gärtnerei betrieben. Die Sorte stammt aus dem Jahr 1900. Die Blüten von 'Le Mahdi' schimmern in der Dämmerung veilchenblau. Attraktiv sind auch die blauvioletten Blütenknospen. Lange galt diese Sorte als der blaueste Phlox. Inzwischen gibt es zwar blauere Sorten, aber das schöne dunkle Blauviolett und vor allem die lange Blütezeit lohnen nach wie vor die Pflanzung dieser wertvollen Sorte. Wuchshöhe: 80–90 cm. Blütezeit: Juli bis August.

LAMPIONPFLANZE, LATERNEN-JUDENKIRSCHE

Die Lampionblume ist eine traditionelle Bauerngartenpflanze, die gern für die Trockenfloristik genutzt wird. Sie eignet sich für Gehölzränder und ungenutzte Gartenecken. Besonders reizvoll sehen die Blütenkelche aus, wenn sie im Herbst skelettartig verwittern, sodass man die darin verborgene Beere sieht.

Physalis alkekengi
Nachtschattengewächse, Solanaceae

Heimat: Wahrscheinlich Südosteuropa und Westasien, vielleicht auch China. In vielen Teilen der Welt eingeschleppt.

Wuchsform: Buschig, mit rhizomartigen Ausläufern, stark wuchernd.

Blatt: Kurz gestielt, fast dreieckig, mittelgrün, bis 12 cm lang.

Blüte: In den Blattachseln sitzend, nickend, cremefarben, glockig, an der Öffnung sternförmig.

Blütezeit: Juni.

Frucht: Beere, die von einem Blütenkelch umhüllt wird.

Wuchs-/Blütenhöhe: 80–100 cm.

Standort: Sonnig bis halbschattig in sandig-humosem, kalkhaltigem, nährstoffreichem, frischem Boden.

Pflege: Um eine unkontrollierte Ausbreitung zu verhindern, empfiehlt sich die Anbringung einer Wurzelsperre.

Vermehrung: Durch Aussaat oder Teilen im Frühjahr.

Besonderes: Die im Herbst rotorange leuchtenden „Lampions“ sind besonders beliebt in der Floristik.

Woher die Lampionpflanze genau kommt, weiß man heute nicht mehr, so lange ist sie schon in Kultur. Sie stammt wohl aus Kleinasien und dem Kaukasusgebiet und wurde schon früh über weite Teile Südeuropas verbreitet. Selbst im französischen Jura fand man Samen, die aus der späten Jungsteinzeit stammen. Offensichtlich wurden die Früchte der Pflanze damals verzehrt, wie dies übrigens auch aus dem Mittelalter belegt ist. Erste gesicherte Nachweise über die Kultur dieser Art findet man in den Schriften von Theophrast (um 370–288 v. Chr.), der sie als Art der Gattung *strychnos* (Brechnuss) erwähnte. Im 1. Jh. n. Chr. nannte der griechische Arzt Dioskurides die Pflanze *strychnos halikakabos* sowie *physalis* (von griechisch *physa* = Blase), was sich auf die charakteristischen Blütenkelche bezieht. Plinius der Ältere bezeichnete die Art etwa zur selben Zeit als *vesicaria* (vom lateinischen *vesica* = Blase), gebrauchte aber auch den *Namen halicacaba*.
Mit der römischen Invasion kam die Art wahrscheinlich schon kurz nach der Zeitenwende nach Süd- und Westdeutschland, wie Funde in einem Brunnen der römischen Siedlung Grinario in Köngen bei Esslingen sowie bei Xanten am Niederrhein beweisen. Rund tausend Jahre später nannte Hildegard von Bingen (1098–1179) die Art *Boberella* und empfahl sie gegen Ohrensausen. Aus dieser Zeit stammt auch der Trivialname Judenkirsche. Er bezieht sich auf die Form der zehnrippigen Blütenkelche, die in Farbe und Form den Hüten ähneln, die damals die Juden als Erkennungszeichen tragen mussten.
Der deutsche Botaniker Leonhart Fuchs schrieb 1543 in seinem „New Kreüterbuch": „Die Judenkirschen wachsen gemeinlich in den weingärten, darauß sie nit leichtlich mögen gebracht werden, wo sie einmal wurtzeln." Im „Hortus Eystettensis" von 1613 ist die Art auf Tafel 304 unter dem Namen *Halicacabum vulgatius* abgebildet.
Die Lampionpflanze wurde noch im 17. Jahrhundert vor allem als Arzneipflanze genutzt. Der Naturforscher Sigismund Elsholtz erwähnte sie 1684 in seinem Buch „Vom Garten=Baw" unter dem Namen *Solanum vesicarium* und schreibt, sie sei unter den „Arzney-Kreutern / So bey uns im Garten gezielet werden müssen", sie also gepflanzt werden sollte. Den heutigen botanischen Namen erhielt die Art von Carl von Linné. Seit dem 19. Jahrhundert kultiviert man die Lampionpflanze ausschließlich als Zierpflanze.

Abbildung von „Judendocken" im „Kreüterbuch" von Leonhart Fuchs.

Der englische Pflanzensammler James Herbert Veitch (1868–1907) brachte von seiner Ostasienreise im Jahr 1892 die dort verbreitete Unterart *Physalis alkekengi* var. *franchetii* nach England. Sie wächst höher als die Art, die Blütenkelche sind etwas größer und die Beeren gelb. Sie wurde 1894 vom englischen Arzt und Botaniker Maxwell Tylden Masters (1833–1907) in dem von ihm herausgegebenen „Gardeners' Chronicle" als *Physalis franchetii* beschrieben. Schon kurz darauf bot die Zürcher Gartenbaufirma von Otto Froebel Pflanzen aus dieser Sippe als „neue wertvolle, aus Japan eingeführte Lampionpflanze" zum Kauf an. Offensichtlich mit gutem Erfolg, denn „Möller's Deutsche Gärtner-Zeitung" meinte 1900: „*Physalis Francheti* ist eine hübsche Dekorationspflanze des freien Landes, und auch für die Topfkultur ist sie zu empfehlen."

Sind die Beeren essbar?

Die Beeren der Lampionpflanze sind nicht zum Verzehr geeignet, da sie als giftverdächtig eingeschätzt werden, insbesondere, wenn sie noch grün sind. Die Beeren der nahe verwandten Andenbeere (*Physalis peruviana*) dagegen sind eine geschätzte Delikatesse.

GROSSBLÜTIGE BALLONBLUME

Die an Glockenblumen erinnernden Blüten dieser ostasiatischen Schönheit sind im Knospenstadium ballonartig aufgebläht, was der Art ihren Namen gab. Sie ist sowohl im Staudengarten ein Blickfang als auch am Gehölzrand und im sonnigen Steingarten. Sie eignet sich zudem als charmanter Rosenbegleiter.

Platycodon grandiflorus

Glockenblumengewächse, Campanulaceae

Heimat: Nordost-Asien (China, Mongolei, Korea, Japan).

Wuchsform: Aufrecht, im oberen Teil verzweigt, Gruppen und eine Pfahlwurzel bildend.

Blatt: Oval-lanzettlich, blaugrün, spitz gezähnt, bis 5 cm lang.

Blüte: Glockenförmig, bis 7 cm breit, blau, selten weiß.

Blütezeit: Juli bis August.

Frucht: Kapsel.

Wuchs-/Blütenhöhe: 50 cm.

Standort: Sonnig bis halbschattig in gut durchlässigem, tiefgründigem, nährstoffreichem, nur mäßig feuchtem Boden.

Pflege: Eine Frühjahrspflanzung ist ratsam.

Vermehrung: Durch Aussaat im Frühjahr. Das Teilen führt wegen der Pfahlwurzel nur selten zum Erfolg.

Besonderes: Wir empfehlen die Kombination mit Frühjahrsblühern.

Reisende Europäer sahen die Ballonblume bereits Ende des 17. Jahrhunderts in Ostasien. In Korea, Japan und China soll die Art damals schon in Kultur gewesen sein. Nach Europa kam sie erst Jahrzehnte später, zuerst 1773 in den Botanischen Garten in Wien. Dessen damaliger Direktor, der Botaniker Nikolaus Joseph von Jacquin (1727–1817), beschrieb die Pflanze 1776 in seinem fünfbändigen Werk „Hortus botanicus Vindobonensis" als Campanula grandiflora. Der deutsche Botaniker Heinrich Adolf Schrader (1767–1836) stellte die Ballonblume später zur Gattung *Wahlenbergia* (Moorglöckchen), was aber bald geändert wurde. Denn der Schweizer Botaniker Alphonse-Pyrame de Candolle (1806–1883), Sohn des ebenfalls berühmten Botanikers Augustin-Pyrame de Candolle, veröffentlichte 1830 eine Monographie über die Glockenblumengewächse (Campanulaceae), in der er die Ballonblume in die von ihm neu geschaffene Gattung *Platycodon* stellte. In dieser Gattung gibt es nur diese eine Art, sie ist also monotypisch.

Von Wien aus wurde die Ballonblume an andere Botanische Gärten in Europa weitergegeben. So kam sie im Jahr 1782 nach Frankreich und bald darauf auch nach England. In Berlin war sie bereits 1812 im Bestand des Botanischen Gartens. In Privatgärten begann man sie erst um 1830 als Zierpflanze zu kultivieren. Der österreichische Pfarrer und Pflanzenfreund Theophil Zetter beschrieb die „Großblüthige Glockenblume", die er noch *Wahlenbergia* nannte, 1837 in seinem Staudenbuch und kommentierte: „Sehr schön." In England war die Ballonblume inzwischen wieder verloren gegangen. Im Jahr 1845 wurde sie dann zum zweiten Mal eingeführt. Der Pflanzensammler Robert Fortune (1812–1880) hatte sie von einer seiner Expeditionen aus Fernost mitgebracht. Aus dem Jahr 1867 wird von einer weiß blühenden Form berichtet, und 1873 entstand in England eine Form mit halbgefüllten Blüten.

Als der englische Gärtner und Pflanzensammler John Gould Veitch (1839–1870) in den Jahren 1860–1862 in Ostasien unterwegs war, staunte er über die vielen Ballonblumen, die er am Berg Fuji sah. John Gould Veitch war ein Sprössling der englischen Gärtnerfamilie Veitch, die im 19. Jahrhundert eine ganze Heerschar von Pflanzenjägern auf der Suche nach kommerziell verwertbaren, neuen Pflanzenarten in die Welt hinaus schickte. Einer dieser „Pflanzenjäger" war Charles Maries (1851–1902), der in den Jahren 1877 bis 1879 Japan, China und Taiwan bereiste. Er entdeckte bei Sapporo in Japan eine niedrige, sehr reich blühende Form der Ballonblume. Er schickte sie nach England, wo sie, natürlich von Veitch, 1884 in den Handel eingeführt wurde. Die auf den Namen 'Mariesii' getaufte Sorte war bald die am häufigsten gepflanzte Ballonblume. Sie ist bis heute im Handel erhältlich.

Der Pflanzenexperte Ernst Graf Silva Tarouca empfahl die Ballonblume, insbesondere die Sorte 'Mariesii', in seinem 1913 erschienenen Werk „Unsere Freiland-Stauden" als „ausgezeichnete Gartenpflanze für Rabatten usw." Bis heute ist die Art eine zwar weit verbreitete, aber selten gepflanzte Staude, von der es inzwischen auch moderne Sorten mit rosafarbenen und gefüllten, violettblauen Blüten gibt.

Porträtfoto von John Gould Veitch.

Bellflower roots

Die Wurzeln der Ballonblume werden in der Traditionellen Chinesischen Medizin (TCM) und in Korea zur Immunstimulation und gegen Krebs empfohlen. In Korea verwendet man die *Bellflower roots* gern in der Küche, insbesondere in Suppen. Auch die jungen Blätter werden gegart verzehrt und die älteren getrocknet als Gewürz verwendet.

JAKOBSLEITER, BLAUE HIMMELSLEITER

Die einheimische Staude kommt bei uns in Flusstälern, auf feuchten Wiesen und Auen vor. Seit dem späten Mittelalter wird sie als Zierpflanze in Gärten kultiviert und ist auch eine beliebte Bauerngartenstaude. In der Natur ist sie inzwischen stark gefährdet und nur noch selten anzutreffen.

Polemonium caeruleum
Sperrkrautgewächse, Polemoniaceae

Heimat: Nord- und Mitteleuropa, Nordasien, westliches Nordamerika.

Wuchsform: Aufrecht, Gruppen bildend.

Blatt: Grundständig, lanzettlich, in Fieder unterteilt, bis 40 cm lang.

Blüte: Endständige Rispen aus zartblauen, bis 2,5 cm breiten, schalenförmigen Einzelblüten.

Blütezeit: Juni bis Juli.

Frucht: Kapsel.

Wuchs-/Blütenhöhe: 60–80 cm.

Standort: Sonnig bis halbschattig in frischem bis feuchtem, lehmig-humosem Boden.

Pflege: Ein Rückschnitt nach der Blüte verhindert ein reiches Versamen und fördert einen zweiten Flor.

Vermehrung: Durch Aussaat im Herbst oder Frühjahr oder durch Teilen im Frühjahr.

Besonderes: Die Staude mag es nicht, wenn sie von starkwüchsigen Nachbarpflanzen bedrängt wird.

Die Jakobsleiter war ab Mitte des 16. Jahrhunderts als Gartenpflanze bekannt, wahrscheinlich aber auch schon früher. Erste Erwähnungen stammen von den beiden englischen Pflanzensammlern John Gerard (1545–1612) und John Parkinson (1567–1650) sowie von Carolus Clusius (1526–1609). Letzterer erwähnte die Staude 1560 in der von ihm herausgegebenen, französischen Ausgabe der „Stirpium historia" des Flamen Rembert Dodonaeus. Der Zürcher Botaniker Conrad Gesner bezeichnete sie ein Jahr später in seinem Buch „Horti Germaniae" dann ausdrücklich als Gartenpflanze. Er nannte die Art *Phu peregrinum*. Die Botaniker Lobelius und Camerarius nannten sie *Valeriana peregrina*, Tabernaemontanus und Dodonaeus bezeichneten sie als *Valeriana graeca*. Unter letzterem Namen sind auch zwei Formen im „Hortus Eystettensis" von 1613 abgebildet, eine weiß und eine malvenfarben blühende. Der Name zeigt, dass man sie, wohl wegen der Form der Laubblätter, für eine Baldrianart (*Valeriana*) hielt und glaubte, sie stamme aus Griechenland.
Die weiße Form trat erstmals Ende des 16. Jahrhunderts auf. Sie wuchs im Jahr 1594 im Botanischen Garten in Leiden. Philip Miller (1691–1771), Kurator des Apothekergartens im englischen Chelsea, erwähnte zudem zwei Varianten, eine mit gestreiften Blüten und die andere mit panaschiertem (weißbuntem) Laub. Die panaschierte Form war bis ins 19. Jahrhundert hinein vorhanden. Der irische Gartenschriftsteller William Robinson erwähnte sie in seinem 1870 erschienenen Buch „The Wild Garden" und schrieb: „Die Jakobsleiter, oder griechischer Baldrian, wie sie manchmal genannt wird, (...) ist eine Rabattenpflanze, und ihre panaschierte Form (*Polemonium careuleum variegatum*) wird in feinen Blumengärten viel verwendet."
Der heute gültige Gattungsname stammt vom französischen Botaniker Joseph Pitton de Tournefort (1656–1708) und wurde abgeleitet von einem pontischen König Polemos. De Tournefort nannte die Art *Polemonium vulgare*. Carl von Linné übernahm 1753 diesen Namen für die Art, aber verwendete das Epitheton *caeruleum* (himmelblau), das schon der Basler Botaniker Caspar Bauhin 1623 verwendet hatte, der die Pflanze damals *Valeriana coerulea* genannt nannte.
Anders als viele historische Stauden, die zu Heilzwecken genutzt wurden, kultivierte man die Jakobsleiter in Deutschland von Anfang an

Polemonium caeruleum 'Album'.

als Zierpflanze. Tabernaemontanus (eigentlich Jakob Dietrich aus Bergzabern, 1522–1590) schrieb 1588 in seinem „Neuw Kreuterbuch" über die Jakobsleiter: „Der griechische Baldrian wird weder äußerlich noch innerlich zu einer Artzney gebrauchet." Er erwähnte noch, dass man die Blüten als Streublumen und für Sträuße und Kränze verwende.
Der Berliner Arzt und Botaniker Johann Gottlieb Gleditsch (1714–1786) schrieb 1773, die Jakobsleiter sei „ein in unseren Gärten sehr gemeines Staudengewächse", das „wegen der Menge seiner weissen oder blauen Blüten den Gärten im Sommer eine besondere Zierde" sei. Die Beliebtheit der Staude hielt bis weit ins 19. Jahrhundert hinein an. Heute findet man sie nicht mehr allzu oft, was eigentlich schade ist. Denn sie ist eine reizvolle, unprätentiöse Blütenstaude, die zudem gut duftet und als Bienenweide taugt. Ein Rückschnitt nach der Blüte fördert einen Neuaustrieb.

Himmlisches Blümchen

Die deutschen Trivialnamen Jakobs- oder Himmelsleiter beziehen sich zum einen auf die leiterförmigen Fiederblätter der Staude. Zum anderen nehmen sie Bezug auf eine Bibelstelle: „Und ihm [Jakob] träumte, und siehe, eine Leiter stand auf Erden, die rührte mit der Spitze an den Himmel, und siehe, die Engel Gottes stiegen daran auf und nieder." (1. Mose 28, Vers 12).

FINGERKRAUT, FINGERSTRAUCH

> Die schönen Stauden mit ihren strahlkräftigen Blütenfarben hatten ihre große Zeit in der zweiten Hälfte des 19. Jahrhunderts. Damals entstanden viele herrliche Sorten, von denen viele für immer verloren sind. Dennoch haben einige historische Sorten bis heute überlebt und sind noch im Handel erhältlich. <

Potentilla × cultorum
Rosengewächse, Rosaceae

Heimat: Gärtnerischer Herkunft, die Elternpflanzen stammen aus dem Himalaja.

Wuchsform: Aufrecht, buschig, Gruppen bildend.

Blatt: Gelappt, erdbeerblattähnlich, unterseits silbrig behaart.

Blüte: Büschel mit etwa 3 cm breiten Schalenblüten. Es gibt Sorten mit einfachen, halbgefüllten und gefüllten Blüten in einem breiten-Farbspektrum.

Blütezeit: Juni bis Juli/August.

Frucht: Nüsschen.

Wuchs-/Blütenhöhe: 30–50 cm.

Standort: Sonnig in durchlässigem Boden.

Pflege: Nach der Blüte kurz über dem Boden abschneiden.

Vermehrung: Durch Teilen im Frühjahr.

Besonderes: Die langlebigen Stauden blühen sehr lange.

Die Kulturformen des Fingerkrauts stammen im Wesentlichen vom Blutroten Fingerkraut (*Potentilla atrosanguinea*) und zwei weiteren Fingerkrautarten ab. Entdeckt wurde das Blutrote Fingerkraut von Nathaniel Wallich (1786–1854) in Nepal. Der als Nathan ben Wolff in Kopenhagen geborene, jüdischstämmige Botaniker kam 1807 als Arzt in die dänische Kolonie Frederiksnagor in Bengalen. Einige Jahre später wurde er Assistent des bekannten schottischen Botanikers William Roxburgh (1751–1815) im Botanischen Garten Kalkutta und bereiste immer wieder Teile des indischen Subkontinents. Als er 1828 nach Europa zurückkehrte, hatte er zahlreiche neue Pflanzen im Gepäck. Noch aus Kalkutta ließ er im Jahr 1821 Samen des Blutroten Fingerkrauts an die damals renommierte Gärtnerei Loddiges in Hackney bei London schicken, die sich erfolgreich an der Kultur der Pflanze versuchte. Die Wildstaude mit erdbeerähnlichen Blättern und samtigen, roten Schalenblüten wurde jedoch in der Folge nur selten gepflanzt. Erst als Züchter die Art mit zwei anderen, etwa zur selben Zeit aus dem Himalaja eingeführten *Potentilla*-Arten kreuzten, gelang der Staude der Durchbruch als Gartenpflanze. Das purpurrot blühende Fingerkraut *Potentilla nepalensis* und eine gelb blühende Unterart des Blutroten Fingerkrauts, *P. atrosanguinea* var. *argyrophylla*, sorgten für die Entstehung zahlreicher Hybriden mit einem breiten Farbspektrum, die ab Mitte des 19. Jahrhunderts in den Markt eingeführt wurden. Für die folgenden 50 Jahre sollten die staudigen Fingerkräuter weithin übliche Gartenpflanzen werden. Viele Sorten brachte der französische Züchter Victor Lemoine (1823–1911) auf den Markt, der seine Gärtnerei 1849 in Nancy gegründet hatte und vor allem für seine Flieder-Züchtung bekannt wurde. Zu seinen bekanntesten Fingerkraut-Züchtungen gehört ‘Gloire de Nancy’, eine Sorte mit großen, halbgefüllten, orangeroten Blüten, die vereinzelt noch im Handel ist.

Eine weitere noch erhältliche Lemoine-*Potentilla* ist die 1860 eingeführte, scharlachrot bis gelb blühende Sorte ‘Aurora Plena’ (siehe Abbildung auf Seite 202). Der Name dieser wunderschönen historischen Sorte ist vortrefflich gewählt, denn jedes einzelne Blatt der halbgefüllten Blüte entspricht farblich einem Sonnenaufgang mit dazugehöriger Morgenröte. Von Lemoine sind ebenfalls noch erhältlich die 1864 eingeführte, in orange und gelb halbgefüllt blühende Sorte ‘William Rollinson’ und die 1868 eingeführte, dunkelrot und halbgefüllt blühende Sorte ‘Volcan’.

Potentilla × *cultorum* 'Volcan'.

Der irische Gartenschriftsteller William Robinson schwärmte vom Fingerkraut, insbesondere von den gefüllt blühenden Sorten. Weil sie „sehr schön sind und sich die Blüten an der Pflanze und auch bei Schnittblumen lange halten. Es gibt davon etwa zwei Dutzend unterschiedlicher benannter Sorten, die bei jeder großen Gärtnerei für winterharte Pflanzen [Stauden] erhältlich sind.“ Als Schnittblume ist das Fingerkraut heutzutage aus der Mode gekommen. Die Blüten mögen sich vielleicht lange in der Vase halten. Schöner wirken sie aber auf jeden Fall, wenn man sie an der Pflanze im Beet bewundern kann, wo sie auch garantiert noch länger bezaubern als in der Vase. Der englische Gärtner und Gartenschriftsteller Edward Augustus Bowles (1865–1954) war ebenfalls von den staudigen Fingerkräutern begeistert. Über die scharlachrot blühende Sorte ‘Vesuvius’ (Syn. ‘Le Vesuve’) schrieb er, die Blüte erinnere ihn immer an frisch gekochte Erdbeerkonfitüre.

Die Hochsaison für Fingerkräuter waren die 1880er- und 1890er-Jahre. Nach dem ersten Weltkrieg schrumpfte die Sortenvielfalt auf kaum mehr als ein halbes Dutzend zusammen. Einige alte Favoriten konnten sich über die Zeit retten und finden nach wie vor ihre Bewunderer. Insgesamt sieht man die schönen Stauden aber leider nur noch eher selten in den Gärten.

ALPEN-AURIKEL

> Die vom Volksmund auch Platenigl genannte Gebirgsstaude wird in ihrer Wildform meist in Steingärten gepflanzt. Ansonsten beschränkte sich ihre Kultur auf Botanische und Liebhabergärten. Erst als Naturhybriden mit anderen Blütenfarben auftauchten, pflanzten auch Bauern und Städter Aurikel in ihre Beete. <

Primula auricula

Primelgewächse, Primulaceae

Heimat: Europa, nördliche Kalkalpen.

Wuchsform: Immergrün, Rosetten und Rhizome bildend.

Blatt: Eiförmig bis rundlich, ledrig bis fleischig, am Rand gezähnt, leicht mehlig bepudert.

Blüte: Gestielte Dolden mit bis zu 30 stieltellerförmigen, gold- bis blassgelben Blüten mit hellerem, mehlig bepudertem Auge.

Blütezeit: April bis Mai.

Frucht: Kapsel.

Wuchs-/Blütenhöhe: Bis 25 cm.

Standort: Nicht zu sonnig in durchlässigem, humus- und nährstoffarmem, schotterhaltigem, kalkreichem Boden.

Pflege: Vor praller Mittagssonne und Staunässe, insbesondere im Winter, schützen.

Vermehrung: Durch Teilen nach der Blüte, die reine Art durch Aussaat nach der Samenreife.

Besonderes: Es gibt zahlreiche Kultivare, die aus Kreuzungen von *P. auricula* mit *P. hirsuta* stammen. Sie werden auch unter dem Namen *P. × pubescens* geführt.

Das Alpen-Aurikel wurde schon um 50 n. Chr. vom griechischen Arzt Dioskurides unter dem Namen *Sanicula Alpina* beschrieben. In der frühen Neuzeit war es der italienische Botaniker Matthiolus (Pietro Andrea Mattioli, 1501–1577), der 1544 die Pflanze wieder erwähnte. Conrad Gesner nannte sie 1561 in seinem „Horti Germaniae" *Arthritica genus alpinum* und Carolus Clusius gab ihr 1583 den Namen *Auricula ursi luteo flore*. Der Nürnberger Joachim Camerarius der Jüngere kultivierte die Art 1588 unter dem von Clusius erteilten Namen in seinem Apothekergarten und auch im „Hortus Eystettensis" von 1613 wurde sie auf Tafel 16 unter diesem Namen abgebildet. Der Basler Botaniker Caspar Bauhin nannte die Staude 1623 *Sanicula alpina lutea*, ebenso Sigismund Elsholtz in seiner „Flora Marchica" von 1663 und in seinem „Buch vom Garten=Baw" von 1684. Den heute gültigen botanischen Namen erhielt die Art 1753 von Carl von Linné.

Die ganz große Karriere als Gartenpflanze blieb der Wildform versagt, obwohl man sie in Steingärten pflanzte, die im 19. Jahrhundert in Mode gekommen waren. Anders dagegen die Garten-Aurikeln, eine Hybridgruppe, die seit dem 17. Jahrhundert leidenschaftliche Verehrer hatte. Die ersten Pflanzen dieser Gruppe waren Naturhybriden von *P. auricula* und der ebenfalls in den Alpen vorkommenden Behaarten Schlüsselblume (*P. hirsuta*). Botanisch nennt man sie heute *P. × pubescens*. Anfangs holten die Bauern des Pustertals diese verschiedenfarbig blühenden Aurikelhybriden in ihre Gärten. Über Umwege gelangten sie nach Wien zu dem damals dort wirkenden Botaniker Carolus Clusius. Er schickte im Jahr 1582 Samen der Hybriden nach Lüttich. Dort wurden die Pflanzen erfolgreich kultiviert, züchterisch weiter bearbeitet und unter dem Namen „Luiker Aurikeln" (Luik = Lüttich) in den Handel gebracht. Sie tauchten auch auf Blumenbildern dieser Zeit auf, etwa 1614 im „Hortus Floridus" von Crispin van de Passe dem Älteren (1564–1637). Von den Niederlanden gelangten die Zuchtsorten dann nach England.

Hier begann ein Spektakel, das die Pflanzen zu einer gesellschaftlichen Institution werden ließ. Züchter übertrafen sich in der Kreation verschiedenfarbig gestreift oder gefüllt blühender Sorten. Der passionierte Gartenfreund Sir Thomas Hanmer (1612–1678) erwähnte 1659 in seinem „Garden Book" bereits 40 Sorten. Doch die neuen botanischen Prestigeobjekte waren witterungsempfindlich. Insbesondere der britische Regen machte den mit „Mehl" bestäubten, edlen Blüten zu schaffen. Deshalb kultivierte man die Pflanzen ab den 1730er-Jahren in Töpfen, statt sie im Garten auszupflanzen. Auch in Deutschland und in den Niederlanden züchtete man beeindruckende Sorten. Im Jahr 1793 offerierte der Gärtner Paul Bouché in Berlin 300 Sorten. Den Höhepunkt ihrer Beliebtheit erlebten die Aurikeln Mitte des 19. Jahrhunderts. Textilarbeiter in Lancashire und Cheshire wetteiferten um die schönsten Züchtungen. In der zweiten Hälfte des 19. Jahrhunderts kamen die botanischen Preziosen aber aus der Mode. Nach wie vor gibt es Liebhaber dieser Sammlerpflanzen, aber ihre mangelnde Gartentauglichkeit macht sie für Staudenfreunde zu Exoten im Reich der Primeln.

Ein sogenanntes „Aurikel-Theater".

Aurikel-Theater

Als man in England begann, die Aurikeln in Töpfen zu kultivieren, entstand die Sitte, sie mit Beginn der Blütezeit auf Gestellen zu präsentieren. Diese waren überdacht, damit der pudrige Belag auf den Blüten und Blättern nicht vom Regen abgewaschen wurde. Diese Schauregale nannte man „Aurikel-Theater".

ECHTE SCHLÜSSELBLUME, WIESEN-SCHLÜSSELBLUME

Die auch unter dem Namen Himmelsschlüssel bekannte Wildstaude wird schon seit dem Mittelalter als Heil- und Zierpflanze in Gärten kultiviert. In der jüngeren Vergangenheit war sie aus den Gärten fast verschwunden. Inzwischen sieht man sie öfter in Naturgärten angepflanzt, mitunter auch in Bauerngärten, wo sie ein charmanter Frühlingsbote ist.

Primula veris

Primelgewächse, Primulaceae

Heimat: Europa (außer dem äußersten Norden), Vorderasien.

Wuchsform: Rosetten bildend, halbimmergrün bis immergrün.

Blatt: Graugrün, runzelig, zungenförmig, bis 20 cm lang.

Blüte: Dolden mit bis zu 20 becherförmigen, goldgelben, duftenden Blüten mit orangefarbenen Punkten im Schlund.

Blütezeit: April bis Mai.

Frucht: Kapsel.

Wuchs-/Blütenhöhe: 10–20 cm.

Standort: Sonnig bis halbschattig in kalkhaltigem, humosem, feuchtem, aber durchlässigem Boden.

Pflege: Um eine reichliche Selbstaussaat zu verhindern, sollten die Fruchtstände rechtzeitig entfernt werden.

Vermehrung: Durch Aussaat nach der Samenreife oder Teilen während der Wachstumsphase.

Besonderes: Die Pflanze kreuzt sich bereitwillig mit anderen Primelarten, besonders gern mit *Primula elatior*.

„Geel Schlüsselblumen" aus dem „Kreüterbuch" von Leonhart Fuchs.

Die Echte Schlüsselblume war bereits im Mittelalter eine bekannte Heilpflanze. Die Mystikerin und Heilkundige Hildegard von Bingen (1098–1179) nannte sie in ihrer „Physica" Mitte des 12. Jahrhunderts *Hymelslozel*. Der volkstümliche Name Himmelschlüssel ist also schon sehr alt. Er bezieht sich auf die Ähnlichkeit des gesamten Blütenstandes mit einem Schlüsselbund und darauf, dass Petrus mit einem Schlüssel angeblich die Himmelspforte aufschließen kann. In der christlichen Symbolik ist die Echte Schlüsselblume seit dem 14. Jahrhundert eine Licht spendende Blume und steht für die Auferstehung Christi. Dass sie damals schon in Gärten gepflanzt wurde, bezeugt das „Frankfurter Paradiesgärtlein", ein Tafelbild von etwa 1410. Darauf sieht man die Pflanze am linken Bildrand detailgetreu dargestellt. Auch auf anderen spätmittelalterlichen Tafelbildern ist die Pflanze abgebildet.

Man findet die Echte Schlüsselblume in fast allen Kräuterbüchern der frühen Neuzeit erwähnt und abgebildet. Weil sie unter anderem als Mittel gegen Gicht galt, nannte der Zürcher Botaniker Conrad Gesner sie 1561 in seinem „Horti Germaniae" auch *Arthritica*. Derselbe kultivierte schon ein Jahr vorher eine gefüllte Form der Echten Schlüsselblume in seinem Garten. Auch der englische Pflanzensammler John Gerard (1545–1612) kannte in der zweiten Hälfte des 16. Jahrhunderts bereits eine gefüllte Form der Art. Gern pflanzte man auch Formen mit abweichenden Blütenfarben, etwa orange oder braunrot blühende, natürliche Mutationen. Im „Hortus Eystettensis" von 1613 ist allerdings nur die reine Art abgebildet. Ob es sich bei der gefüllten Form, die auf Tafel 128 unter dem Namen *Primula veris Anglikana flore pleno* tatsächlich um eine gefüllt blühende Echte Schlüsselblume handelt, ist unklar.

In der Volksmedizin verwendet man Extrakte aus der Wurzel der Echten Schlüsselblume bei Erkältungen mit verschleimtem Husten und Schnupfen. Als Nebenwirkungen können jedoch Magenreizungen und Übelkeit auftreten. In der Homöopathie wird die frische, blühende Pflanze gegen Hautauschlag und Kopfschmerzen angewendet. Früher traute man der Echten Schlüsselblume noch mehr Heilkräfte zu und verwendete sie auch für Kosmetikartikel. So berichtete etwa der Arzt und Botaniker Hieronymus Bock (1498–1554) im Jahr 1551: „Die stolzen Weiber lassen jnen [sich] allein die ausgerupffte blümlin distillieren zuvor mit wein besprengt / mit solchem wasser weschen sie jre angesichter." Die pulverisierten Wurzeln verwendete man zudem früher als Niespulver. Mit den in heißem Wasser eingelegten Blüten färbte man Ostereier und die jungen, frischen Laubblätter verzehrte man als Salatbeigabe.

Eine häufig kultivierte Zierstaude war die Echte Schlüsselblume jedoch nie, und der deutsche Gärtner und Botaniker Eduard August von Regel (1815–1892) meinte um 1870, dass die Art wohl nur noch in Botanischen Gärten kultiviert werde. Es gibt zwar einzelne Nachweise über damalige Gartenvorkommen, aber sie sind wohl eher die Ausnahme gewesen. Heute findet man die reine Art gelegentlich in Naturgärten.

Feine Küche mit Schlüsselblumen

Die Blüten der Echten Schlüsselblume sind essbar. Dazu entfernt man alle grünen Pflanzenteile. Sie können frisch oder in Zucker kandiert als delikate Dekoration verwendet werden. Die jungen, zarten Blätter eignen sich – in kleinen Mengen – für Salate.

EISENHUTBLÄTTRIGER HAHNENFUSS

> Seit Jahrhunderten wird dieser Hahnenfuß in Gärten kultiviert. Insbesondere die gefüllt blühende Form der unkomplizierten Wildstaude wurde zu einer beliebten Bauerngartenpflanze und bewährte sich auch in Cottage-Gärten. Heute findet man sie nur noch selten, dabei ist sie eine lange haltbare, schöne Schnittblume. <

Ranunculus aconitifolius
Hahnenfußgewächse, Ranunculaceae

Heimat: Gebirge Mittel- und Südeuropas.

Wuchsform: Breit aufrecht, Horste bildend.

Blatt: Lang gestielt, handförmig, gesägt, dunkelgrün, bis 20 cm lang.

Blüte: Schalenförmig, bis 2 cm breit, weiß.

Blütezeit: Mai bis Juni.

Frucht: Nüsschen.

Wuchs-/Blütenhöhe: 30–70 cm.

Standort: Sonnig bis halbschattig in schwerem, nährstoffreichem, feuchtem Boden.

Pflege: Sehr pflegeleicht. Die Pflanze zieht nach der Blüte ein.

Vermehrung: Durch Aussaat nach der Samenreife oder Teilen im Frühjahr oder Herbst.

Besonderes: Alle Pflanzenteile sind giftig.

Die natürlicherweise in staudenreichen Bergwäldern, an Bächen und Quellen bis in 2600 Höhenmeter vorkommende Art ist keine spektakuläre, aber eine charaktervolle Staude. Spätestens seit Ende des 16. Jahrhunderts wurde sie sowohl in England als auch „auf dem Kontinent" in Gärten kultiviert. Damals kannte man bereits eine gefüllt blühende Form, die unter dem Namen 'Pleniflorus' (Syn. 'Flore Pleno') bekannt wurde. Im Deutschen trägt sie den hübschen Trivialnamen Silberknöpfchen. Man vermutet, dass die gefüllte Form 1596 von hugenottischen Glaubensflüchtlingen aus Frankreich nach England gebracht wurde. Darauf deutet auch der englische Trivialname *Fair Maids of France* hin, was übersetzt soviel heißt wie „Holde Jungfern aus Frankreich". Ein anderer volkstümlicher Name für die gefüllte Form ist *Fair Maids of Kent*. Im „Hortus Eystettensis" von 1613 ist die gefüllt blühende Form auf Tafel 26 abgebildet. Den heute noch gültigen botanischen Namen gab Carl von Linné der Art in seinem „Species Plantarum" im Jahr 1753.

Bis ins 19. Jahrhundert hinein war der Eisenhutblättrige Hahnenfuß, auch Sturmhutblättriger oder Eisenhut-Hahnenfuß genannt, eine beliebte Pflanze im Bauern- und Cottage-Garten. Theophil Zetter nannte sie 1837 in seinem Staudenbuch „Silberknopf; die schöne Französin". Zwar meinte „Vilmorin's illustrirte Blumengärtnerei" im Jahr 1879, die Art sei „hauptsächlich in der Bouquetbinderei gesucht". Doch Hans Grabbe schrieb noch 1897 in seinem Buch „Unsere Staudengewächse": „Auch *Ranunculus aconitifolius flore pleno*, der sturmhutblättrige Hahnenfuß, bittet sich hier [gemeint ist der halbschattige Gehölzrand] ein Plätzchen aus, erfreut das Auge durch Mengen gefüllter, zierlicher weißer Blütchen." Und Gustav Schönborn, damals Geschäftsführer von Foerster-Stauden in Bornim, schrieb 1913 in seinem Buch „Die schönsten Stauden" über die Gattung *Ranunculus*: „Am schönsten und prächtigsten sind im Staudengarten die gefüllt blühenden Formen und zwar *R. aconiti-folius fl. pl.* reinweiß (...) Alle anderen sind weniger wichtig und entbehrlich." Doch zumindest in England hatte die Pflanze im 19. Jahrhundert für die Gärtner einen Großteil ihrer Attraktivität eingebüßt. Denn der irische Gartenschriftsteller und Begründer der Naturgartenbewegung William Robinson (1838–1935) schrieb in seinem 1870 erschienenen Buch „The Wild Garden" über den damals wohl schon als altmodisch angesehenen und von manchem bereits fast vergessenen Eisenhutblättrigen Hahnenfuß: „Es gibt viele in Großbritannien nicht heimische *Ranunculus*-Arten, die genauso gut wachsen wie unsere heimischen Arten. Viele werden sich an die hübschen, knopfartigen, weißen Blüten der Fair Maids of France (*Ranunculus aconitifolius* fl. pl.) in den alten gemischten Rabatten erinnern. Diese und die Wildform, von der sie abstammt – eine häufige Pflanze auf Alpenwiesen – kann auch in unseren wilden Gärten Freude bereiten." Genau so, wie William Robinson sich die Verwendung der Pflanze vorstellt, nämlich in Wildblumengärten mit naturhaftem Charme, sollte man sie auch heute noch einsetzen, um ihrem unprätentiösen Charme gerecht zu werden.

Ranunculus aconitifolius 'Pleniflorus'.

Froschblume

Der botanische Gattungsname *Ranunculus* wurde bereits im ersten nachchristlichen Jahrhundert vom römischen Naturforscher Plinius dem Älteren verwendet. Er geht auf das lateinische Wort für Frosch, *rana*, zurück und heißt übersetzt einfach „Kleines Fröschchen". Wahrscheinlich nannte man die Gattung so, weil viele Arten an oder im Wasser wachsen, wo es auch Frösche gibt.

SCHARBOCKSKRAUT

> Das Scharbockskraut wird von den meisten Gärtnern gefürchtet und verflucht, weil es sich invasionsartig ausbreitet, wenn es erst einmal eingeschleppt wurde. Es gibt aber zahlreiche hübsche Sorten, die weniger stark oder gar nicht wuchern und als Gartenpflanzen sogar eine lange Tradition haben. <

Ranunculus ficaria
Hahnenfußgewächse, Ranunculaceae

Heimat: Nord- und Mitteleuropa, Kleinasien, Nordafrika.

Wuchsform: Halbrosetten und wurzelknollenartige Rhizome bildend.

Blatt: Lang gestielt, herzförmig, fettig glänzend, bis 5 cm lang.

Blüte: Lang gestielt, sternförmig, 2–3 cm breit, glänzend goldgelb.

Blütezeit: März bis Mai.

Frucht: Nüsschen.

Wuchs-/Blütenhöhe: 5–10 cm.

Standort: Sonnig bis halbschattig, in feuchtem Boden.

Pflege: Äußerst pflegeleicht.

Vermehrung: Durch Aussaat nach der Samenreife, die Sorten nur durch Brutknollen.

Besonderes: Die Laubblätter werden nach der Blütezeit gelb und die Pflanze zieht ein.

Der Volksmund gab dem Scharbockskraut im Lauf der Jahrhunderte viele Namen. Man nannte es Schwalbenkraut und sah es als Glücksbringer an, weil es früh im Jahr blüht, wenn die Schwalben zurückkehren. Schmalzblume heißt es, weil die Blätter fettig glänzen, Goldsternblume heißt es wegen der sternförmigen, goldgelben Blüten, und Feigwurz oder Feigwarzenkraut wegen der Form der Wurzelknollen. Angeblich soll der Saft der Wurzelknollen gegen Feigwarzen helfen, was aber einer wissenschaftlichen Grundlage entbehrt. Der gebräuchlichste Name, Scharbockskraut, bezieht sich darauf, dass die Pflanze viel Vitamin C enthält. Deshalb gehörte sie früher zum Reiseproviant von Seefahrern, denn Vitamin-C-Mangel verursacht Skorbut (Scharbock). Man kann die jungen Blätter in kleinen Mengen verzehren, um Salate oder einen Kräuterquark aufzupeppen. Allerdings sollte man sie nur vor der Blütezeit ernten, da sie später das Gift Protoanemonin anreichern, was dann beim Verzehr zu Magenreizungen führt.
Den botanischen Namen erhielt die Art 1753 von Carl von Linné. Doch kurz darauf, im Jahr 1762, stellte der britische Botaniker und Pilzkundler William Hudson (1730–1793) in seiner „Flora anglica" die Art in die Gattung *Ficaria* und nannte sie *Ficaria verna* (lat. *vernus* = Frühling). In älteren Publikationen findet man die Pflanze deshalb auch unter dem Namen *Ficaria*. Nach Meinung einiger zeitgenössischer Botaniker sollte sie wieder in die Gattung *Ficaria* gestellt werden, weil sie nicht eng genug mit den anderen Hahnenfußarten verwandt ist.
Als Gartenpflanze war die stark wuchernde Wildform des Scharbockskrauts nicht gebräuchlich. Dennoch wurde die Art 1613 im „Hortus Eystettensis" auf Tafel 126 unter dem Namen *Chelidonium minus* abgebildet. Etwa hundert Jahre später trat erstmals eine gefüllte Form auf, die dann als wirklich gartenwürdig angesehen wurde. Die gefüllte Form soll schon 1725 in nordamerikanischen Gärten gepflanzt worden sein und die 'Flore Pleno' genannte Sorte wurde nachweislich im Jahr 1736 im privaten Botanischen Garten des George Friedrich von Zieten im Brandenburgischen Örtchen Trebnitz kultiviert. Der österreichische Staudenfreund Theophil Zetter schrieb 1837 in seinem Buch „Ueber die perennirenden Gartengewächse und deren Cultur" über das Scharbockskraut, das er an dieser Stelle auch Schmalzblume, Feigwarzenkraut und, botanisch, *Ficaria ranunculoides*

Ranunculus ficaria 'Flore Plenus'.

nannte: „Die einfache Art ist Unkraut, die gefüllte liebt leichte, feuchte Erde und einen schattigen Standort."
Der Ire William Robinson, der schon im 19. Jahrhundert für die Verwendung von heimischen Stauden plädierte, schrieb 1870 in seinem Buch „The Wild Garden" über die Art: „*R. Ficaria* ist die hübsche, gelbe Art mit glänzenden Blättern, die im Frühjahr an feuchten und schattigen Standorten im Überfluss vorhanden ist." Noch heute ist es nicht üblich, die Wildform in Gärten anzusiedeln (das tut sie, sehr zum Leidwesen vieler Gärtner, ohnehin meist von selbst). Aber gefüllt blühende Formen und solche mit andersfarbigen Blüten und Blättern haben längst ihren Weg in die Gärtnerherzen gefunden. In England gibt es sogar eine nationale Sammlung („National Collection") von Sorten der Art *Ranunculus ficaria*. Sie wird von John Carter in Rowden Gardens im Örtchen Brentor bei Tavistock in der Grafschaft Devon betreut.

Feigwurz

Der deutsche Trivialname Feigwurz sowie der botanische Artname *ficaria* sind abgeleitet vom lateinischen *ficus* (Feige). Die Assoziation mit der Feige bezieht sich auf die Form der teilweise keulenartig angeschwollenen Wurzelknollen.

PRÄRIE-SONNENHUT

> Der Prärie-Sonnenhut ist eine fröhliche und zuverlässige Sommer- und Herbststaude, die auch gut zu Wildstaudenpflanzungen passt. Sie ist inzwischen ein häufig gepflanzter Klassiker im Staudengarten, obwohl sie erst im 19. Jahrhundert wirklich populär wurde. <

Rudbeckia fulgida
Korbblütler, Asteraceae

Heimat: Gemäßigtes östliches Nordamerika.

Wuchsform: Aufrecht, Gruppen, Rhizome und Ausläufer bildend.

Blatt: Große, breite, ovale Grundblätter und kleine, lanzettliche, rau behaarte Stängelblätter.

Blüte: Goldgelbe Strahlenblüten mit brauner Mitte, bis 7 cm breit.

Blütezeit: August bis Oktober.

Frucht: Achäne (Spaltfrucht).

Wuchs-/Blütenhöhe: 60–100 cm.

Standort: Sonnig in recht frischem, durchlässigem Boden.

Pflege: Der Austrieb muss vor Schneckenfraß geschützt und sollte nicht von anderen Pflanzen bedrängt werden.

Vermehrung: Durch Teilen und Aussaat im Frühjahr.

Besonderes: Gute, lang haltbare Schnittblume. Die trockenen Fruchtstände sehen auch im Winter schön im Beet aus.

In Europa wurde der Prärie-Sonnenhut im Jahr 1760 erstmals in England eingeführt und 1789 vom britischen Botaniker William Aiton in seinem „Hortus Kewensis“ beschrieben. Von England aus verbreitete sich die Staude im übrigen Europa. Im Berliner Botanischen Garten zählte sie im Jahr 1808 zum Bestand. Zunächst war die Art eher eine Staude für Botanische und Liebhabergärten. Erst Mitte des 19. Jahrhunderts pflanzte man sie häufiger auch in Privatgärten. Ausschlaggebend dafür war wohl die Einführung der Unterart var. *speciosa* im Jahr 1820 in England. Theophil Zetter pries die „leuchtende Rudbeckie“, wie er sie in seinem 1837 erschienenen Staudenbuch nannte, als „sehr schön“ und merkte an, dass sie „auch aus Samen gezogen“ werde. Die seit 1852 im Berliner Verlag Paul Parey erschienene „Zeitschrift für Garten- und Blumenkunde“ empfahl die Staude für die zur damaligen Zeit beliebten bunten Teppichbeete. Stellenweise fühlte sich die Staude wohl so heimisch, dass sie 1884 in einigen Parks verwildert anzutreffen war.
Später wurden noch weitere Unterarten von *Rudbeckia fulgida* in Europa eingeführt, darunter die Unterart *sullivantii*, deren Sorte 'Goldsturm' sehr lange und reich blüht, aber als Schnittblume weniger gut geeignet ist. Die Sorte wurde Mitte des 20. Jahrhunderts eingeführt. Eine weitere, im 20. Jahrhundert aus dem US-Bundesstaat Indiana eingeführte Unterart, *R. fulgida* var. *deamii* ist im Wuchs höher, hat etwas kleinere Blüten und bildet mit kurzen Ausläufern rasch dichte Bestände. Sie besitzt gegenüber der Unterart *sullivantii* den Vorteil, Trockenheit besser zu vertragen. Angesichts der durch den Klimawandel häufiger auftretenden, langen sommerlichen Trockenperioden ist dies sicher ein Vorteil.
Der von Carl von Linné aufgestellte Gattungsname *Rudbeckia* ehrt die beiden schwedischen Naturwissenschaftler Olof Rudbeck d. Ä. (1630–1702) und Olof Rudbeck d. J. (1660–1740). Während der Vater Rudbeck Naturhistoriker und Anatom war, machte der Sohn als Anatom und Botaniker Karriere. Letzterer war Lehrer Carl von Linnés an der Universität von Uppsala. Linné stellte den Gattungsnamen für den bereits im 17. Jahrhundert aus Nordamerika nach Europa eingeführten Schlitzblättrigen Sonnenhut (*Rudbeckia laciniata*) auf, der im Jahr 1623 im Pariser Garten von Vater und Sohn Robin, beide kundige Botaniker, unter dem Namen *Aconitum Americanum luteum* wuchs.

Schlitzblättriger Sonnenhut (*Rudbeckia laciniata* 'Goldball').

Die bis 150 cm hoch werdende Art verbreitete sich im 17. Jahrhundert rasch in Europa. Heutzutage findet man in Gärten fast nur noch die um 1900 eingeführte, gefüllte Sorte 'Goldball', die 1894 in Amerika vom Gärtner John Lewis Childs gefunden wurde.

William Aiton

Der gebürtige Schotte William Aiton (1731–1793) war ein in England wirkender Gärtner und Botaniker. Er wurde von Philip Miller (1691–1771), dem Kurator des Apothekergartens von Chelsea bei London, ausgebildet. Später war er dessen Assistent und Hauptgärtner des Chelsea Physic Gardens, wie der bis heute als Botanischer Garten bestehende Apothekergarten Millers auch genannt wird. Im Jahr 1759 wurde William Aiton Vorsteher des Botanischen Gartens von Kew bei London, der unter seiner Mithilfe zu einem der bedeutendsten Botanischen Gärten der Welt wurde. Sein Wissen fasste Aiton im 1789 erschienenen „Hortus Kewensis“ zusammen. Sein Sohn William Townsend Aiton (1766–1849) wurde ebenfalls Gärtner und folgte seinem Vater als Vorsteher des Botanischen Gartens in Kew nach. William Townsend Aiton war im Jahr 1804 Mitbegründer der renommierten Royal Horticultural Society, die bis heute besteht.

STEPPEN-SALBEI

Die robuste, langlebige Staude ist sehr vielseitig im Garten verwendbar. Sie eignet sich sowohl für Steingärten als auch für gemischte Rabatten und Staudenbeete, für die sie seit dem 19. Jahrhundert als nahezu unverzichtbar gilt. Ein idealer Kandidat ist sie für die aktuell populären Kiesgärten und als Rosenbegleiter.

Salvia nemorosa

Lippenblütler, Lamiaceae

Heimat: Südosteuropa bis Südwestasien.

Wuchsform: Aufrecht, verzweigt, Horste bildend, an der Basis verholzend.

Blatt: Eiförmig bis länglich, gekerbt, mittelgrün.

Blüte: Kerzenförmige Ähren mit zweilippigen Blüten in Blau- und Violetttönen oder Weiß.

Blütezeit: Juni und September.

Frucht: Klausenfrucht.

Wuchs-/Blütenhöhe: 40–80 cm.

Standort: Sonnig, in mäßig nährstoffreichem, mäßig feuchtem, gut durchlässigem, kalkhaltigem Boden.

Pflege: Der Austrieb ist anfällig für Schneckenfraß. Nach der Blüte komplett zurückschneiden, um eine Nachblüte im Spätsommer zu fördern.

Vermehrung: Durch Teilen oder Aussaat (nur bei der reinen Art) im Frühjahr oder durch halb verholzte Stecklinge im Sommer.

Besonderes: Nasse Böden werden, insbesondere im Winter, schlecht vertragen.

Bei uns wird der Steppen-Salbei als wertvolle Zierstaude gepflanzt, aber in der südlichen Slowakei und in Ungarn kommt er so häufig vor, dass zur Blütezeit die Straßenböschungen oft kilometerweit in blauvioletten Tönen leuchten. Den Weg von dort in unsere Gärten fand die Staude gegen Ende des 16. Jahrhunderts. Im 1594 erschienenen „Hortus Lusatiae", dem „Lausitzer Garten" des Arztes und Botanikers Johannes Franke (1545–1617), wurde die Art unter dem Namen *Hormium sylvestre alterum tenuifolium* als Gartenpflanze für die Gegend um Bautzen erwähnt. Das heute mit botanischem Namen *Hormium* bezeichnete Drachenmäulchen ist eine dem Salbei sehr ähnlich sehende, ebenfalls zu den Lippenblütlern zählende Gattung. Mangels besseren Wissens ging man zu der Zeit Frankes davon aus, dass es sich bei *Hormium* und *Salvia* um eine einzige Gattung handelt. Im „Hortus Eystettensis" von 1613 wurde auf Tafel 238 dann ein Salbei unter dem Namen *Salvia minor pinnata* abgebildet, bei dem es sich wohl um *Salvia nemorosa* handelt.
Im 17. und 18. Jahrhundert beschränkte sich die Verbreitung des Steppen-Salbeis, der auch Hain-Salbei genannt wird, auf Botanische und Liebhabergärten. Der damalige Leiter des Berliner Botanischen Gartens, Johann Gottlieb Gleditsch, schrieb 1773 in seinem „Pflanzenverzeichniß zum Nutzen und Vergnügen der Lust- und Baumgärtner und aller Liebhaber" über den Steppen-Salbei: „Eine wilde Pflanze, die einen erhabenen lockern und etwas warmen Stand liebet (...) Sie wird (...) in guten Kräuter=Sammlungen angetroffen." Zum besseren Verständnis muss angemerkt werden, dass der Steppen-Salbei keine Heilwirkung hat und deshalb auch, ganz im Gegensatz zum Echten Salbei (*S. officinalis*), nie in Kräutergärten kultiviert wurde. Mit „Kräuter" meinte Gleditsch an dieser Stelle wohl einfach krautig wachsende Pflanzen.
Erst im 19. Jahrhundert wurde die Art häufiger als Zierpflanze in Gärten kultiviert. Der österreichische Staudenkenner Theophil Zetter schrieb 1837 in seinem Buch „Ueber die perennirenden Gartengewächse" über den Hain-Salbei, wie er ihn dort nannte: „Blumen filzig, fast kleberig, mit grünen oder purpurrothen Deckblättern. Man hat eine weiße Abart." Zetter erwähnte an dieser Stelle auch die alte Benennung *Hormium orientale* für die Art. Im Jahr 1864 berichtete der Botaniker Paul Friedrich August Ascherson in seiner „Flora der Provinz Brandenburg" von verwilderten Vorkommen der Art, die jedoch unbeständig gewesen sein sollen.

Salvia nemorosa 'Schneehügel'.

Mit dem Aufkommen der Staudengärten gegen Ende des 19. Jahrhunderts wurde der Steppen-Salbei zu einer gefragten Zierpflanze und so widmeten sich auch die Züchter der Verbesserung der Wildform. Vor allem durch Auslese, aber auch durch das Einkreuzen anderer *Salvia*-Arten, entstanden reicher und farbintensiver blühende Sorten. Die meisten blühten hell- bis dunkelviolett, aber es gab auch weiß, rosarot und rot blühende Formen. Der Pflanzenexperte Ernst Graf Silva Tarouca schrieb 1913 in seinem Buch „Unsere Freiland-Stauden": „*S. nemorosa*, Mitteleuropa, 60 bis 80 cm, (...) Blütenähren leuchten tief violettblau, (...) sehr wirkungsvoll."
Die heute bekanntesten und beliebtesten Sorten des Steppen-Salbeis entstanden erst Mitte des 20. Jahrhunderts, etwa die von Ernst Pagels eingeführten Sorten 'Ostfriesland' und 'Blauhügel' sowie die 1960 von Karl Foerster eingeführte Sorte 'Mainacht', bei der die Einkreuzung des Wiesen-Salbeis (*S. pratensis*) für breite Blütenähren und einen straff aufrechten Wuchs sorgt.

ECHTER SALBEI

> Der Echte Salbei ist eine uralte Heilpflanze, die schon im Mittelalter so geschätzt wurde, dass es hieß: „Warum soll ein Mensch sterben, wenn Salbei in seinem Garten wächst?" Auch in der Küche wird er gern verwendet. Doch er ist nicht nur nützlich, sondern auch schön, insbesondere für naturnahe Pflanzungen. <

Salvia officinalis

Lippenblütler, Lamiaceae

Heimat: Mittelmeergebiet, Nordafrika.

Wuchsform: Immergrüner Halbstrauch, an der Basis verholzend.

Blatt: Gestielt, lanzettlich bis länglich-eiförmig, graugrün, weißfilzig behaart. Die oberen Blätter sind ungestielt.

Blüte: Lockere Quirle mit 2–3 cm langen, fliederblauen Lippenblüten.

Blütezeit: Mai bis Juli.

Frucht: Klausenfrucht.

Wuchs-/Blütenhöhe: 40–60 cm.

Standort: Vollsonnig in kalkhaltigem, durchlässigem Boden.

Pflege: Im Winter vor austrocknenden Winden und zu viel Bodenfeuchtigkeit schützen.

Vermehrung: Durch Aussaat oder Stecklinge im Sommer.

Besonderes: Wertvolle Heil- und Gewürzpflanze, auch für Pflanzgefäße. Eine Frühjahrspflanzung ist empfehlenswert.

Der aromatische Halbstrauch kam wahrscheinlich schon mit den Römern auf ihren Eroberungsfeldzügen in die Gärten West- und Mitteleuropas. Sie nannten die Pflanze *salvia*, was vom lateinischen *salvus* (heil, gesund) abgeleitet ist. In der „Capitulare de villis", der von Kaiser Karl dem Großen um 812 erlassenen Landgüterverordnung, wurde der Echte Salbei zum Anbau empfohlen. Der Reichenauer Abt Walahfrid Strabo (um 808–849) eröffnete sein um 840 verfasstes Gartengedicht „Hortulus" mit dem Echten Salbei. Er schrieb: „Leuchtend blüht der Salbei ganz vorn am Eingang des Gartens, süß von Geruch, voll wirkender Kräfte und heilsam zu trinken." Hildegard von Bingen (1098–1179) schrieb über den Salbei: „Er wächst mehr aus Sonnenwärme als aus Erdfeuchte und nützt gegen kraftlose Säfte, weil er trocken ist. Roh und gekocht ist er dem gut zu essen, welchen schädigende Säfte erschöpfen, da er diese aufzehrt." In den Kloster- und Arzneigärten des Mittelalters war die Art damals unverzichtbar. Eine frühe, detailgetreue Abbildung findet sich auf dem „Frankfurter Paradiesgärtlein", einem um 1410 entstandenen Tafelbild eines oberrheinischen Meisters.
In alten Arzneibüchern hatte der Echte Salbei seinen festen Platz. Der Arzt und Botaniker Hieronymus Bock (1498–1554) pries ihn 1539 in seinem „New Kreütter Buch": „Unter allen stauden ist kaum ein gewächs über die Salbey, denn es dienet dem arzet, koch, keller, armen und reichen." Natürlich darf der Salbei auch im „Hortus Eystettensis" von 1613 nicht fehlen. Dort ist er unter dem Namen *Salvia Hispanica flore albo* auf Tafel 238 abgebildet. Außer als Heilpflanze gegen allerlei Gebrechen diente und dient der Salbei zudem als Würzkraut in der Küche. Schon früh kannte man auch buntlaubige Sorten. John Parkinson (1567–1650), Apotheker des englischen Königs Jakob I., erwähnte 1629 eine dreifarbig panaschierte Form, bei der es sich vermutlich um die Sorte 'Tricolor' handelt. Aber auch gelb und weiß panaschierte Sorten sowie die purpurlaubige Form, die heute noch unter dem Namen 'Purpurascens' im Handel ist, waren spätestens seit dem 17. Jahrhundert bekannt.
Zur dreifarbigen Sorte 'Tricolor' meinte „Villmorin's illustrirte Blumengärtnerei" im Jahr 1879: „Die dreifarbige Garten-Salbei ist gesucht zu Einfassungen in trockenen und unfruchtbaren Theilen großer Gärten oder zur Ausschmückung

Salvia officinalis 'Tricolor'.

von Steingruppen, Grotten, Böschungen usw." Als Zierpflanze hat der Salbei dennoch bis heute keine große Karriere vorzuweisen. Er spielt jedoch nach wie vor als Arzneidroge eine wichtige Rolle. Seine Wirkung ist adstringierend (zusammenziehend), antibakteriell und entzündungshemmend. Man kann den Echten Salbei selbst anbauen, die Blätter vor oder nach der Blütezeit ernten sowie frisch oder getrocknet als Tee verwenden. Heutzutage wird jedoch häufig auf standardisierte Präparate aus der Apotheke zurückgegriffen. Seinen botanischen Namen erhielt der Echte Salbei übrigens 1753 von Carl von Linné.

Muskateller-Salbei

Der Muskateller-Salbei (*Salvia sclarea*) ist eine zweijährige Art, deren große Blätter einen Muskatgeruch aufweisen. Dies machte man sich früher zunutze, um schlechten Wein durch Beigabe dieser Blätter aufzuwerten. Die Art wird unter dem Namen *Sclaria* bereits in der Landgüterverordnung Karls des Großen erwähnt. Seit dem 16. Jahrhundert wurde der Muskateller-Salbei oft in Gärten gepflanzt. Heutzutage findet man die bis 120 cm hoch wachsende Art nicht mehr so häufig in Ziergärten.

GRAUES HEILIGENKRAUT

> Dieser mediterran anmutende Halbstrauch wird schon seit dem späten Mittelalter kultiviert. Er passt gut in sonnige Stein- und Kiesgärten, aber auch in Staudenbeete und Rabatten. Wegen seiner guten Schnittverträglichkeit eignet er sich auch als Einfassungspflanze in Form niedriger Hecken. <

Santolina chamaecyparissus
Korbblütler, Asteraceae

Heimat: Westliches und zentrales Mittelmeergebiet bis zum Balkan, Nordafrika.

Wuchsform: Aufrecht an der Basis verholzend, immergrün.

Blatt: Weißfilzig, stark aromatisch, gefiedert, 1–4 cm lang.

Blüte: Klein, knopfartig, gelb, zu mehreren auf den Stängeln.

Blütezeit: Juli bis August.

Frucht: Achäne (Spaltfrucht).

Wuchs-/Blütenhöhe: 30–50 cm.

Standort: Vollsonnig in kalkhaltigem, durchlässigem Boden.

Pflege: Im späten Frühjahr kräftig, nach der Blüte leicht zurückschneiden. Im Winter vor strengen Frösten schützen.

Vermehrung: Durch Stecklinge aus halb verholzten, nicht blühenden Trieben im Sommer.

Besonderes: Eine Frühjahrspflanzung ist empfehlenswert.

In Deutschland wurde das Heiligenkraut spätestens seit der ersten Hälfte des 16. Jahrhunderts in Gärten kultiviert. Hieronymus Bock schrieb 1539 in seinem „New Kreütter Buch" über die von ihm „Cypressen" genannte Pflanze, dass sie zum Kranzbinden und als Heilpflanze genutzt werde. Leonhart Fuchs berichtet 1543 in seinem „New Kreüterbuch": „Den Zypreß zilt [zieht] man in den Gärten vnd Scherben [Töpfen] allenthalben." Nach England kam die Art etwas später. Der erste Nachweis findet sich beim Naturforscher William Turner (1508–1568) in seinem 1548 erschienenen Buch „The Names of Herbes". Ende des 16. Jahrhunderts war die Art in Großbritannien dann schon so weit verbreitet, dass der Botaniker John Gerard (1545–1612) schrieb, sie wachse nahezu in jedem Garten. Auch im übrigen Mittel- und Westeuropa war die Art zu dieser Zeit bereits gut bekannt. Der Botaniker Johannes Franke (1545–1617) nannte sie 1594 in seinem „Hortus Lusatiae" (Lausitzer Garten) *Abrotanum foemina* und mit deutschem Namen „Cypresse/Cypresskraut". Er erwähnte auch den sorbischen Namen für die Pflanze, *Boshe dreiwko*, was übersetzt Gottesbäumchen heißt. Der flämische Botaniker Rembert Dodonaeus (1516/17–1585) gab der Art 1583 den Namen *Santolina*, den Carl von Linné 1753 in seinem „Specium Plantarum" übernahm und der seitdem als offizieller Artname gilt. Den botanischen Namenszusatz übernahm Linné vom Zürcher Botaniker Conrad Gesner, der die Art 1561 in seinem Buch „Horti Germaniae" als *chamaecyparissus* (zwergzypressenähnlich) beschrieb.
Der „Hortus Eystettensis" von 1613 bildete das Heiligenkraut auf Tafel 311 unter dem Namen *Abrotanum faemina sive Chamaecyparissus* ab. In zahlreichen weiteren Pflanzenbüchern aus dem 17. und 18. Jahrhundert wird das Heiligenkraut ebenfalls erwähnt und abgebildet. Man verwendete es damals auch als Heilkraut. Der Berliner Arzt und Botaniker Johann Gottlieb Gleditsch empfahl 1769 in seinem „Alphabetischen Verzeichnis der gewöhnlichsten Arzneigewächse": „Man hat es ehedem bey der Schwäche des Magens, Verstopfung der Eingeweide, wie auch gegen die Würmer mit Nutzung vornehmlich in infuso gebraucht, einen Antihystericum daraus bereitet und sonst zu allerhand stärkenden und zertheilenden Umschlägen mit anderen Kräutern verordnet." Als Heilpflanze verlor die Art im 19. Jahrhundert jedoch zunehmend an Bedeutung. Die

Knotengarten aus Heiligenkraut.

getrockneten Zweige legte man aber weiterhin gern als wirksames Mittel gegen Motten zwischen die Wäsche. Auch als Zierpflanze wurde das Heiligenkraut damals immer seltener gepflanzt. „Vilmorin's illustrite Blumengärtnerei" schrieb 1879 über das Heiligenkraut: „Diese Art ist in Betracht sowohl ihres buschigen Wuchses als ihres graulichen Colorits eine empfehlenswerthe Topfpflanze für Wohnräume; sie würde sich aber auch als Einfassung für blühende Gruppen vortrefflich ausnehmen." Für Wohnräume eignet sich die Pflanze jedoch weniger gut, da sie sehr viel Licht braucht. Aber als Einfassungspflanze hat sie eine lange Tradition und wurde schon in den italienischen und englischen Knotengärten der Renaissance für niedrige Formschnitthecken verwendet.

Kraut der Santoner

Der Gattungsname *Santolina* stammt vom südwestfranzösischen Volk der Santoner. Später assoziierte man auch das lateinische *sanctus* (heilig) mit dem Namen, was zum deutschen Namen Heiligenkraut führte. Der botanische Namenszusatz *chamaecyparissus* nimmt Bezug auf den zypressenartigen Wuchs und das harzig-würzige Aroma der Pflanze.

ECHTES SEIFENKRAUT

Das Echte Seifenkraut wurde seit dem Mittelalter als Heilpflanze und die fleischigen, saponinhaltigen Wurzeln als Waschmittel verwendet. Später kultivierte man die duftende Staude auch als Zierpflanze und sie wurde zu einer beliebten Bauerngartenpflanze, insbesondere die gefüllt blühenden Sorten.

Saponaria officinalis

Nelkengewächse, Caryophyllaceae

Heimat: Gemäßigtes Europa, Madeira, Westsibirien. In Nordamerika eingebürgert.

Wuchsform: Aufrecht, unverzweigt; Rhizome und stark verzweigte, unterirdische Ausläufer bildend.

Blatt: Lanzettlich, rau, auffällig geadert, mittelgrün, 5–10 cm lang.

Blüte: Trugdolden mit duftenden, blassrosafarbenen, 2 cm breiten Einzelblüten.

Blütezeit: Juli bis September.

Frucht: Kapsel.

Wuchs-/Blütenhöhe: 50–80 cm.

Standort: Sonnig in durchlässigem, kalkhaltigem Boden.

Pflege: Vor Schneckenfraß schützen.

Vermehrung: Durch Aussaat oder Teilen im Herbst oder Frühjahr.

Besonderes: Die Blüten duften abends und nachts am intensivsten.

Ursprünglich war das Seifenkraut in Europa nur südlich der Alpen beheimatet. Schon früh wurde es jedoch von dort im gesamten gemäßigten Europa verbreitet, sodass bereits der Dominikaner und Naturwissenschaftler Albertus Magnus (um 1200–1280) die Pflanze kannte und sie wegen ihrer Verwendung als Waschmittel *saponaria* (von lateinisch *sapo* = Seife) nannte. Im 18. Jahrhundert übernahm Carl von Linné diesen Artnamen und ergänzte ihn um das Epitheton *officinalis* als Zeichen dafür, dass es sich um eine Arzneipflanze handelt. Im Volksmund nennt man die Pflanze auch Seifen- oder Waschwurz. Die Wirkung beruht auf dem hohen Saponingehalt der rhizomartigen Wurzel. Die Pflanze wurde seit dem Mittelalter zudem als Heilpflanze geschätzt. Die Inhaltsstoffe wirken schleimlösend bei Bronchialinfekten. In den Kräuterbüchern des 16. und 17. Jahrhunderts empfahl man das Seifenkraut als Medikament gegen Engbrüstigkeit, Husten, Würmer, die Syphilis sowie als schweißtreibendes und menstruationsförderndes Mittel.

Damals wuchs das Seifenkraut in vielen Gärten, allerdings nicht als Zier- sondern als Nutzpflanze mit einfachen Blüten. So bildete auch Basilius Besler das Seifenkraut im Jahr 1613 im „Hortus Eystettensis" auf Tafel 261 ab. Zum Schmuck der Gärten wurden erst die gefüllt oder andersfarbig blühenden Formen erkoren. Der englische Pflanzensammler John Gerard (1545–1612) hatte Ende des 16. Jahrhunderts bereits weiß, hellviolett und rosa blühende Formen in seinem Garten, jedoch keine gefüllte Sorte. Diese erwähnte erst sein Landsmann John Parkinson 1629 und fügte an, sie sei „übers Meer" gekommen. Später, im Jahr 1634, wuchs sie auch im Garten von Vater und Sohn Tradescant in Lambeth. In Deutschland trat eine gefüllte Form erstmals 1625 auf. Spätestens im Jahr 1630 war sie im Garten der herzoglich-braunschweigischen Residenz in Hessen am Fallstein vorhanden.

Sie wurde auch vom Naturforscher Johann Sigismund Elsholtz 1663 in seiner „Flora Marchica" und 1684 in seinem Buch „Vom Garten=Baw" erwähnt, wo er schrieb: „*Saponaria major flore pleno*. Seiffenkraut mit gefüllten Blumen. Selbige sind von Farben weiß/und blaß=purpur vermischet." Offensichtlich gab es damals neben der 'Alba Plena' genannten Form mit weißen, gefüllten Blüten auch schon andersfarbig und gefüllt blühende Sorten. Im 18. Jahrhundert waren diese dann weit verbreitete Zierpflanzen.

Saponaria officinalis 'Alba Plena'.

Der Berliner Botaniker Carl Bolle zählte das gefüllt blühende Seifenkraut jedoch Ende des 19. Jahrhunderts zu den altmodischen Blumen und schrieb, es sei „Aus den Gärten an wüste Stellen und Zäune verstoßen". Gleichzeitig warnte er, es sei „eine gefährliche Wucherpflanze, bei deren Anpflanzung Vorsicht zu empfehlen sein dürfte" – eine Warnung, die man tatsächlich ernst nehmen sollte. Hans Grabbe schrieb 1897 in seinem Buch „Unsere Staudengewächse" über die Art: „Wegen ihres starken Wucherns vermeide man ihre Anpflanzung auf der Rabatte, sondern weise ihr hier am Gehölzrande einen Platz an." Er erwähnte an dieser Stelle auch Formen mit gefüllt blühenden, „hellrosenroten (...), karminrosenroten und purpurroten Blumen". Heutzutage findet man sowohl die einfach blühende Form wie auch die gefüllten Sorten selten in Gärten, was eigentlich schade ist, denn sie duften, insbesondere in den Abendstunden, einfach herrlich!

Eine saubere Sache

Das Echte Seifenkraut wird auch heute noch zum Waschen verwendet. In Restaurationswerkstätten werden beispielsweise empfindliche historische Textilien und Möbelstücke damit gereinigt.

SCHÖNE FETTHENNE

Die Schöne Fetthenne macht ihrem Namen alle Ehre. Sie ist eine unkomplizierte Staude, die sich gut in Rabatten einfügt und vom Austrieb über die Blüte bis zum Samenstand immer attraktiv aussieht. Besonders gut passt sie zu Rosen, Astern, Sonnenhut, Salbei und nicht allzu hohen Ziergräsern.

Sedum spectabile
Dickblattgewächse, Crassulaceae

Heimat: Nordöstliches China, Korea.

Wuchsform: Aufrecht, unverzweigt, Gruppen bildend.

Blatt: Eiförmig bis elliptisch, fleischig, graugrün, gebuchtet und gesägt, bis 8 cm lang.

Blüte: Dichte, abgeflachte, bis 12 cm breite, doldenartige Blütenstände mit rosafarbenen, sternförmigen, bis 1 cm breiten Einzelblüten.

Blütezeit: August bis September.

Frucht: Balgfrucht.

Wuchs-/Blütenhöhe: 30–50 cm.

Standort: Sonnig in gut durchlässigem, mäßig feuchtem, mäßig nährstoffreichem Boden.

Pflege: Im Sommer bei Trockenheit gießen. Rückschnitt der verblühten Triebe möglichst erst im zeitigen Frühjahr.

Vermehrung: Durch Teilen im Frühjahr.

Besonderes: Gute Schnittblume. Nach dem Verblühen sehen die trockenen Blütenstände noch lange Zeit reizvoll aus.

Die Schöne Fetthenne wurde in den 1860er-Jahren aus Ostasien nach Frankreich eingeführt. Der französische Apotheker und Botaniker Alexandre Boreau (1803–1875) beschrieb die Art erstmals 1866 in dem Aufsatz „Monographie du quelques Sedum du groupe Telephium“ unter dem Namen *Sedum spectabile*. Schon bald darauf, im Jahr 1868, wurde die Art von Frankreich aus auch in England und Deutschland eingeführt. Dort sorgten Handelsgärtnereien für ihre Verbreitung in den Gärten, oft allerdings unter dem falschen Namen *Sedum fabaria/fabarium*. Im Bestand des Botanischen Gartens Wien war die Art 1870 verzeichnet, und die Zeitschrift „Gartenflora“ stellte sie ihren Lesern 1872 als neue Art in Wort und Bild vor. Der irische Gartenschriftsteller William Robinson erwähnte die neue Art bereits 1870 in seinem Buch „The Wild Garden“ und zählte sie, zusammen mit *Sedum spurium*, *S. pulchellum* und *S. kamtschaticum*, zu den besten Fetthennen. Hans Grabbe empfahl die Art 1897 in seinem Buch „Unsere Staudengewächse“ für den Ziergarten, allerdings unter dem Namen *Sedum Fabianum* (bohnenblättriges Sedum). Auch die englische Gartengestalterin Gertrude Jekyll (1843–1932) verwendete die Art für ihre legendären Staudenrabatten und empfahl sie in ihrem 1908 erschienenen Buch „Colour for the Flower Garden“, um rosafarbene Akzente im Beet zu setzen.
Schon bald nahmen sich auch die Züchter der Staude an und 1913 waren erste, durch Auslese gewonnene Sorten im Handel, so etwa die dunkelrot blühende ‘Brillant’. Gustav Schönborn empfahl die Sorte 1913 in seinem Buch „Die schönsten Stauden“ mit den Worten: „Für die trockenste Lage und ziemlich magern Boden geeignet, da diese Pflanzenart vollständig widerstandsfähig und hart ist.“ Im gleichen Jahr empfahl auch der Pflanzenexperte Ernst Graf Silva Tarouca die Sorte in seinem Buch „Unsere Freiland-Stauden“ für die Pflanzung: „noch schönere Formen sind var. *atropurpureum*, tiefrot und ‘Brillant’, dunkelrot, schön und überall brauchbar in sonniger Lage.“ Die historische Sorte ‘Brillant’ (siehe Abbildung auf Seite 222) ist nach wie vor im Handel erhältlich. Und obwohl es inzwischen auch zahlreiche andere schöne Sorten und Hybriden von *Sedum spectabile* gibt, ist diese alte Sorte durchaus noch empfehlenswert.
Den Namen *Sedum* gab Carl von Linné der Gattung übrigens 1753 in seinem Werk „Species Plantarum“. Dieser Name für die Gattung war schon in der Antike bekannt und wurde beispielsweise vom Naturforscher Plinius dem Älteren im ersten nachchristlichen Jahrhundert für die Bezeichnung von *Sedum*- und *Sempervivum*-Arten verwendet. Diese wurden damals noch nicht zu verschiedenen Gattungen gezählt, da sie gewisse Ähnlichkeiten im Wuchs aufweisen, etwa die fleischigen Laubblätter. Man verwendete die saftigen Blätter dieser Arten als schmerzstillendes und beruhigendes Mittel bei Quetsch- und Brandwunden, Entzündungen und Geschwüren. Wegen der beruhigenden Wirkung (das lateinische Verb *sedare* heißt beruhigen, stillen, hemmen) nannte man die Gattung *Sedum*. Die Volksmedizin weiß übrigens noch heute die lindernde Wirkung der sukkulenten Blätter von *Sedum*- und *Sempervivum*-Arten zu schätzen.

Schöne Fetthenne (*Sedum spectabile*) im Staudenbeet.

Hylotelephium oder Sedum?

Der japanische Botaniker Hideaki Ohba (geb. 1943) stellte *Sedum telephium* in die neue, etwa 33 Arten umfassende Gattung *Hylotelephium* und nannte die Art *Hylotelephium spectabile*. Dieser botanische Name setzt sich jedoch nur sehr zögerlich in der Fachwelt durch und wird auch vom maßgeblichen deutschen Handwörterbuch der Pflanzennamen, dem „Zander“, nicht unterstützt.

DACH-HAUSWURZ

Sempervivum tectorum
Dickblattgewächse, Crassulaceae

Heimat: Gebirge West-, Mittel- und Südeuropas; in Skandinavien, Irland, dem Kaukasus und Iran verwildert.

Wuchsform: Immergrün, Rosetten und Kindel bildend.

Blatt: Lanzettförmig, dickfleischig, bis 4 cm lang, mittel- bis dunkelgrün, oft purpurn überlaufen.

Blüte: An einem 20–60 cm hohen Blütentrieb bis zu 100 sternförmige, weißliche bis rosafarbene, bis 2 cm breite Einzelblüten.

Blütezeit: Juni bis Juli.

Frucht: Balgfrucht.

Wuchs-/Blütenhöhe: Rosette 5–10 cm, Blüte bis 60 cm.

Standort: Vollsonnig in trockenem, durchlässigem, magerem Boden.

Pflege: Winterliche Nässe wird schlecht vertragen.

Vermehrung: Durch Aussaat oder Kindel.

Besonderes: Nach der Blüte stirbt die Blattrosette ab.

> Die ungewöhnliche Staude ist eine alte Heil- und Zauberpflanze, die früher oft zum Schutz vor Blitzschlag auf Dächern und Mauerkronen angesiedelt wurde. Heutzutage verwendet man die Pflanze im Steingarten, zur Dachbegrünung, aber auch auf Gräbern und in Töpfen. <

Einige Hauswurzarten sind schon seit so langer Zeit in Kultur, dass man kaum mehr weiß, wann und wo sie zum ersten Mal von Menschen gepflanzt wurden. Dies ist, im Gegensatz zur Berg-Hauswurz (*Sempervivum montanum*), die erst im 17. Jahrhundert als Gartenpflanze in Erscheinung trat, auch bei der Dach-Hauswurz der Fall. Schon in grauer Vorzeit war es üblich, die genügsame Staude auf die Firste von mit Rohr oder Stroh gedeckten Dächern zu setzen. Dort, so der Aberglaube, sollten sie das Haus vor Blitzschlag und Funkenflug schützen. Im ersten nachchristlichen Jahrhundert erwähnte der griechische Arzt Dioskurides in seinem Werk „De materia medica" eine Pflanze namens *aeizoon* (das griechische Wort für *sempervivum*), die auf Dächer gepflanzt wurde. Diesen Brauch gab es auch noch Jahrhunderte später, denn im „Capitulare de villis", der Landgüterverordnung Karls des Großen aus dem frühen 9. Jahrhundert, hieß es: *„et ille hortulanus habeat super domum suam Jovis barbam"* (= und jeder Gärtner soll auf seinem Dach Jupiterbart haben). Mit Jupiterbart ist die Hauswurz gemeint, denn früher glaubte man, dass Jupiter die Blitze schleudere. Die aus der Blattrosette aufragenden Blütenstände der Art ähneln im Aussehen einem (Zwirbel-)Bart, was im Volksmund zum Namen Jupiterbart führte. Schon in der Antike kannte man zudem die wundheilende Wirkung der Dachwurz. Die Volksmedizin des Mittelalters übernahm das Wissen um die Heilkraft der Pflanze. Hildegard von Bingen (1098–1179) erwähnte die Art in ihrem Werk „Physica" als *huswurtz* und *semperviva*. Auch der frühe Naturwissenschaftler Konrad von Megenberg (1309–1374) erwähnte sie in seinen Schriften als Arzneipflanze. In den Kräuterbüchern des 16. und 17. Jahrhunderts wurde die Pflanze als offizinales Arzneimittel genannt, und noch heutzutage findet sie in der Volksmedizin und in der Homöopathie Verwendung.
Als Zierpflanze wurde die Hauswurz spätestens durch Conrad Gesner bekannt, als der Zürcher Botaniker sie 1561 in seinem Werk „Horti Germaniae" als *Sempervivum majus vulgare* aufführte. Im „Hortus Eystettensis" von 1613 wurde sie auf Tafel 298 unter dem Namen *Sedum vulgare* mit stolzem Blütenstand abgebildet. Im Garten verwendete man sie bis ins 19. Jahrhundert hinein als Einfassungspflanze für Beete. Für die in den 1870er-Jahren in Mode gekommenen Teppichbeete benutzte man die Hauswurz gern, um akkurate Teppichmuster damit zu formen. Weil die Pflanze immergrün ist, wie schon der lateinische Name *sempervivum* (immer lebend) sagt, pflanzte und pflanzt man sie auch als Symbol der Unsterblichkeit auf Gräber. Die Hauswurz war zudem eine beliebte Pflanze für die ebenfalls im 19. Jahrhundert in Mode gekommenen Steingärten. Bis heute wird sie dort, aber auch in Troggärten, auf Trockenmauern, zur Dachbegrünung und in Töpfen gepflanzt. Inzwischen gibt es eine kaum noch überschaubare Vielfalt an Sorten und Hybriden.

Donarsbart (*Jovibarba globifera* subsp. *globifera*).

Jovibarba

Der Donarsbart (*Jovibarba globifera* subsp. *globifera*), auch Fransenhauswurz genannt, sieht der Hauswurz sehr ähnlich, weist aber geringe Unterschiede zu dieser auf, etwa im Aufbau der Blüte. Der Schweizer Botaniker Augustin-Pyrame de Candolle (1778–1841) stellte daher im Jahr 1828 mit *Jovibarba* eine Sektion der Gattung *Sempervivum* auf. Der Prager Botaniker Maximilian Philipp Opiz (1787–1858) erhob diese dann 1852 zu einer eigenständigen Gattung. Aufgrund der nur sehr geringen Unterschiede wird von Botanikern eine Einteilung in zwei Gattungen bis heute kontrovers diskutiert. *Jovibarba* bildet im Gegensatz zu *Sempervivum* keine Kindel, sondern vermehrt sich durch Rosettenteilung.

BRENNENDE LIEBE, SCHARLACH-LICHTNELKE

Brennende Liebe – was für ein schöner Name für eine Pflanze! Die auch als Bauerngartenpflanze beliebte Art bringt mit ihrer intensiven Blütenfarbe Temperament ins Staudenbeet. Leider wird sie heute viel zu selten kultiviert, obwohl sie unkompliziert ist und auch im lichten Schatten für Farbe sorgt.

Silene chalcedonica

Nelkengewächse, Caryophyllaceae

Heimat: Südwestliches Russland bis in die Mongolei und Nordchina.

Wuchsform: Steif aufrecht, horstartig, kaum verzweigt, Rhizome bildend.

Blatt: Eiförmig, die Stängel umfassend und behaart.

Blüte: Trugdolden mit bis zu 50 scharlachroten Einzelblüten.

Blütezeit: Mai bis Juli.

Frucht: Kapsel.

Wuchs-/Blütenhöhe: 60–80 cm.

Standort: Sonnig in lockerem, humosem, nährstoffreichem, nicht zu trockenem, durchlässigem Boden.

Pflege: Ein Rückschnitt nach der Blüte hält die Pflanze vital. Dabei sollte man die Blattrosette stehen lassen, dann folgt oft ein weiterer Flor.

Vermehrung: Durch Aussaat oder Teilen im zeitigen Frühjahr.

Besonderes: Gute Schnittblume.

Die Brennende Liebe kam um die Mitte des 16. Jahrhunderts aus der Türkei nach Mittel- und Westeuropa. Wahrscheinlich brachten die Venezianer sie auf dem Handelsweg von der levantinischen Küste mit. Darauf verweisen zumindest einige der damaligen Namen für die Staude: *Flos Constantinopolitanus*, *Lychnis Byzantina* und *L. Chalcedonia*. Letzterer bezieht sich auf die damalige Stadt Chalcedon östlich von Konstantinopel, heute der Istanbuler Stadtteil Kadiköy. Die erste Abbildung der Pflanze findet sich 1583 im Buch „Stirpium historiae" des flämischen Botanikers Reubert Dodoens (latinisiert: Dodonaeus). Der Naturforscher Joachim Camerarius der Jüngere, in dessen Nürnberger Garten die Pflanze 1588 wuchs, nannte sie in seinem „Camerarius Florilegium", einem von seinem Neffen Joachim Jungermann (1561–1591) um das Jahr 1589 herausgegebenen Buch, *Lychnis Constantinopolitanus vel Cretica*. Heute lautet der korrekte botanische Name *Silene chalcedonica;* im Handel ist aber auch *Lychnis chalcedonica* manchmal noch gebräuchlich. Zuerst wurde die Art wohl um 1560 vom Zürcher Botaniker Conrad Gesner in seinem Garten kultiviert. Er nannte die Pflanze *Ocimum peregrinum* und *O. croceum*. Im Jahr 1594 wuchs sie auch im Garten des Arztes und Botanikers Johannes Franke (1545–1617) im sächsischen Kamenz. Wenige Jahre später wurden im „Hortus Eystettensis" von 1613 auf Tafel 254 drei Formen der Brennenden Liebe abgebildet, eine rosafarbene, eine zinnoberrote und eine weiße. Im Garten der herzoglich-braunschweigischen Residenz Hessen am Fallstein soll es im Jahr 1629 eine rote, gefüllt blühende Form ('Rubra Plena') gegeben haben. Johann Wolfgang von Goethe (1749–1832) schätzte diese Form noch über hundert Jahre später außerordentlich und schrieb, sie sei als Gartenschmuck das Schönste, was man sehen könne. Im Verlauf des 17. Jahrhunderts breitete sich die Brennende Liebe weiter in europäischen Gärten aus. So war sie bereits 1673 bis ins damals schwedische Åbo, das heutige finnische Turku, vorgedrungen. Johann Sigismund Elsholtz (1623–1688), seines Zeichens „Hofbotanikus" des Kurfürsten Friedrich Wilhelm von Brandenburg, nannte 1666 in seinem Buch „Vom Garten=Baw", die Pflanze „Scharlach=Lychnis/Zinnober=Blume/Jerusalems-blume". Im Englischen wird die Brennende Liebe auch als *Jerusalem's cross* oder *Maltese cross* bezeichnet. Diese Namen beziehen sich auf

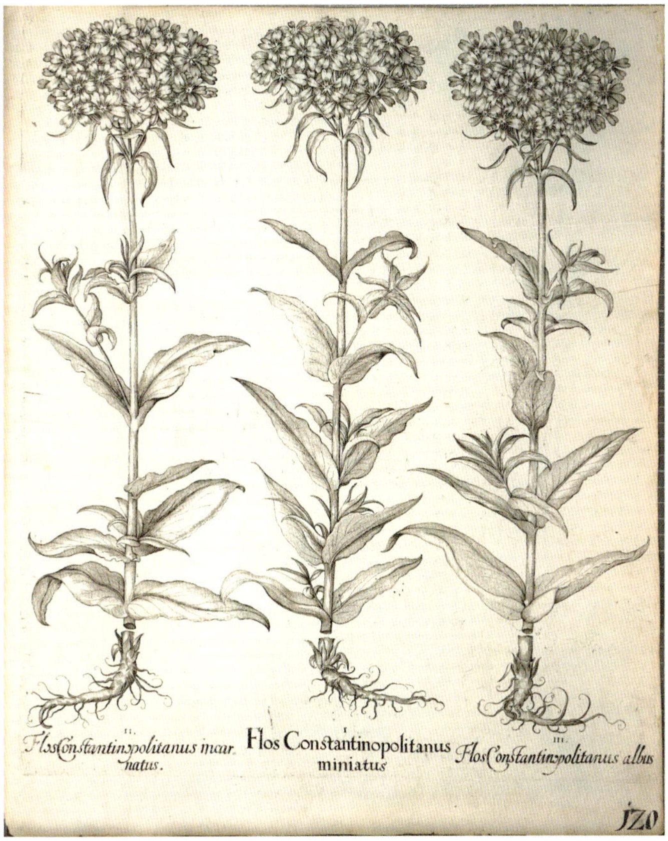

Darstellung der Brennenden Liebe im „Hortus Eystettensis".

die Ähnlichkeit der Form der einzelnen Blüte mit einem Malteserkreuz. Nur dass die Malteser Flagge ein weißes Kreuz mit acht Spitzen auf rotem Grund zeigt und die Brennende Liebe ein ähnliches in roter Farbe.

Unabhängig voneinander fanden die deutschen, in russischen Diensten stehenden Botaniker und Entdeckungsreisenden Peter Simon Pallas im Jahr 1772 und Johann Georg Gmelin im Jahr 1739 in Süd- und Mittelrussland Wildvorkommen der Art. Pallas berichtete, dass die Tartaren sie dort als Seife benutzten.

Der russische Trivialname für die Pflanze, *Bojarskaja Spes* (Frauenschmuck), deutet darauf hin, dass die Art dort ebenfalls als Zierpflanze geschätzt wurde. Auch bei uns war die Brennende Liebe lange Zeit eine beliebte Beet- und Bauerngartenstaude. Aber gegen Ende des 19. Jahrhunderts galt sie als altmodisch und das ist leider bis heute so geblieben. Man sieht sie nur noch selten in Gärten, und Sorten mit andersfarbigen oder gefüllten Blüten sogar noch seltener.

KRONEN-LICHTNELKE, VEXIERNELKE

Dass die Kronen-Lichtnelke eine seit Jahrhunderten in Gärten kultivierte Pflanze ist, bezeugen schon allein ihre zahlreichen volkstümlichen Namen: Rotes Leimkraut, Herrgottsblut oder Sammetnelke, um nur einige zu nennen. Sie ist eine traditionelle Bauerngartenpflanze mit unprätentiösem Charme.

Silene coronaria
Nelkengewächse, Caryophyllaceae

Heimat: Südosteuropa, Kleinasien bis zum Himalaja.

Wuchsform: Aufrecht, wintergrün, Rosetten bildend.

Blatt: Eilanzettlich, weißfilzig behaart, Grundblätter bis 18 cm, Stängelblätter bis 10 cm lang.

Blüte: Verzweigte Blütentriebe mit stieltellerförmigen, 3 cm breiten, purpurroten Blüten.

Blütezeit: Mai bis Juli.

Frucht: Kapsel.

Wuchs-/Blütenhöhe: 60–80 cm.

Standort: Sonnig in trockenem, nicht zu nährstoffreichem Boden.

Pflege: Sehr pflegeleicht. Durch Auskneifen verblühter Blütenstände kann die Blütezeit verlängert werden.

Vermehrung: Durch Aussaat.

Besonderes: Zweijährige, die sich aber durch Selbstaussaat erhält.

Schon in der Antike war die Kronen-Lichtnelke eine bekannte Art, die unter dem Namen *lychnis* von Theophrast, Dioskurides und Plinius in ihren Schriften erwähnt wurde. Dioskurides nannte sie im 1. Jh. n. Chr. auch *lychnis stephanomatike*, also „zum Kranz Gehörende“. Plinius der Ältere bezeichnete die Pflanze im ersten nachchristlichen Jahrhundert zudem als *rosa graeca*, was vermuten lässt, dass die Römer sie aus Griechenland kannten.

Wann genau die Vexiernelke Einzug in die Gärten Mitteleuropas hielt, ist nicht bekannt. Die Pflanze wurde bereits um 1410 auf dem „Frankfurter Paradiesgärtlein“ dargestellt, einem kleinen Tafelbild eines anonymen oberrheinischen Meisters. Sie galt in der christlichen Symbolik als Oculus Christi, also als „Auge Christi“, sowie als Rosa Mariana, Marienrose (*Märgenrößlin*). Erstmals schriftlich erwähnt wurde die Kronen-Lichtnelke in Deutschland von Otto Brunfels (1488–1534) in seinem „Contrafayt Kreuterbuch“ aus dem Jahr 1532. Er berichtete, dass es sich nicht um eine Heilpflanze handele, sondern die *Frawenrößlein*, wie er sie nennt, „werden allein für ein Gartenzyer gepflantzet/ vm kräntz darauß zu machen“. Auf die traditionelle Verwendung als Zutat für gebundene Kränze verweist auch einer der Trivialnamen für die Pflanze, nämlich Kranz-Lichtnelke. Der Naturforscher Joachim Camerarius der Jüngere (1534–1598) gab 1586 eine erweiterte Ausgabe des Buchs „De plantis epitome utilissima“ von Petrus Andreas Matthiolus heraus. Hinter dem latinisierten Namen Matthiolus verbirgt sich der italienische Arzt und Botaniker Pietro Andrea Mattioli (1501–1577). In dem Buch erwähnte Camerarius bereits weiße, rote und „leibfarbene“, also rosafarbene Formen und sogar solche mit gefüllten Blüten. Im „Hortus Eystettensis“ von 1613 wurden auf den Tafeln 250 bis 252 fünf verschiedene Formen abgebildet: purpurrote einfache und gefüllte Formen, eine weiße einfache, eine fleischfarbene sowie eine fleischfarbene, rot gesprenkelte Form.

Erstmals botanisch beschrieben und benannt wurde die Art von Louis Auguste Joseph Desrousseaux (1753–1838), einem französischen Botaniker. In die heute gültige Systematik eingeordnet wurde die Art aber vom deutschen Naturwissenschaftler und Systematiker Heinrich Gottlieb Ludwig Reichenbach (1793–1879) nach einer Beschreibung des französischen Botanikers

Silene coronaria 'Alba'.

Joseph Philippe de Clairville (1742–1830). Den Gattungsnamen *Lychnis* hatte Carl von Linné bereits zuvor festgelegt. Er galt bis ins Jahr 1995, aber dann wurde die Gattung *Lychnis* zur Gattung der Leimkräuter (*Silene*) gestellt. Heute lautet der korrekte botanische Name daher *Silene coronaria*; die Art ist vielfach aber noch unter dem alten Namen *Lychnis coronaria* im Handel.

Der Pflanze und ihren Liebhabern dürfte es egal sein, wer ihren Namen wann geändert hat. Die Standortvorlieben der Kronen-Lichtnelke haben sich genauso wenig geändert wie ihre Verwendung im Garten. Aufgrund ihrer reichlichen Selbstaussaat hat sie sich über Jahrhunderte in Bauerngärten erhalten. Mit ihren silbrigen Laubblättern ist sie aber auch eine gute Wahl für Beetkompositionen, die sich auf weiße Töne beschränken. Hierfür eignet sich die weiß blühende Sorte 'Alba' besonders gut. Moderne, durch Auslese entstandene Formen haben größere und farbintensivere Blüten, aber auch die reine Art ist nach wie vor eine bezaubernde Gartenpflanze.

An der Nase gekitzelt

Der Trivialname Vexiernelke beruht darauf, dass die fünf spitzen Zähnchen in der Blüte denjenigen in die Nase stechen, der auf der Suche nach dem (nicht vorhandenen) Duft an der Pflanze schnuppert. Vexieren bedeutet soviel wie jemanden hänseln, necken, quälen oder plagen.

WOLL-ZIEST

Die vom Volksmund auch als Eselsohren oder Hasenohren bezeichnete Staude passt gut in Gärten mit mediterranem Flair, wird aber auch gern zur Dachbegrünung, im Alpinum und in Geröllsteingärten eingesetzt. Seit Mitte des 19. Jahrhunderts ist der Woll-Ziest eine beliebte Gartenpflanze.

Stachys byzantina
Lippenblütler, Lamiaceae

Heimat: Vorderasien und Kaukasusgebiet, nördliche Türkei, Iran.

Wuchsform: Rosetten, Ausläufer und Matten bildend.

Blatt: Länglich-elliptisch, graufilzig behaart, bis 10 cm lang.

Blüte: Aufrechte Sprossen mit wollig behaarten Ähren mit kleinen, rosavioletten Blüten.

Blütezeit: Juni bis Juli.

Frucht: Nüsschen.

Wuchs-/Blütenhöhe: 40–60 cm.

Standort: Sonnig in durchlässigem, mäßig nährstoffreichem Boden.

Pflege: Die Staude verträgt keine Nässe. Nach der Blütezeit die Blütentriebe ausputzen.

Vermehrung: Durch Teilen im Frühjahr.

Besonderes: In längeren Regenperioden können die Blätter faulen.

Stachys byzantina 'Silver Carpet'.

Der Woll-Ziest wurde von dem in Russland wirkenden Schweizer Arzt und Botaniker Johann Amman (1707–1740) „auf den sonnigen Gefilden Tauriens", also in Südrussland, entdeckt. Er beschrieb die Art in seinem 1739 erschienenen Buch „Stirpium rariorum in Imperio Ruthenico" (Über die seltenen Pflanzen des russischen Reiches) als *Galeopsis longifolia villosa et incana*. Er fügte an, die Pflanze sei dort sehr häufig. Doch erst über 40 Jahre später gelangte die Art in den Botanischen Garten von Wien. Dessen damaliger Direktor Nikolaus Joseph von Jacquin (1727–1817) nannte die Pflanze im Jahr 1781 *Stachys lanata*. Dieser Name erwies sich als ungültig, weil der österreichische Mediziner und Botaniker Heinrich Johann Nepomuk von Crantz den Namen bereits 1769 an eine andere Art vergeben hatte. Der Berliner Botaniker Karl Heinrich Koch (1809–1879) nannte die Art 1848 schließlich *Stachys byzantina*. Der Namenszusatz verweist auf die Herkunft der Pflanze aus Byzanz, wie man das im Jahr 1453 untergegangene oströmische Reich auch nannte.

Ab dem Ende des 18. Jahrhunderts verbreitete sich die Art zunächst in Botanischen und Liebhabergärten. In England war sie seit 1782 in Kultur und im Jahr 1808 wurde sie im Bestand des Berliner Botanischen Gartens geführt. Im Jahr 1817 wuchs sie im Breiterschen Garten in Leipzig und 1818 wurde sie in Johann Christian Ludwig Wredows Buch „Der Gartenfreund" unter dem Namen „Wolliges Bulkiskraut" empfohlen. Theophil Zetter erwähnte die Art 1837 in seinem Buch „Ueber die perennirenden Gartengewächse", natürlich unter dem damaligen botanischen Namen *S. lanata*, der sich im Übrigen noch bis ins 20. Jahrhundert hinein neben dem offiziellen neuen Namen behaupten konnte. Noch 1908 nannte die englische Gartengestalterin Gertrude Jekyll (1843–1932) den Woll-Ziest in ihrem Buch „Colour for the Flower Garden" *Stachys lanata* und meinte, er sei eine der nützlichsten Pflanzen für graue Effekte.

Auch „Vilmorin's illustrirte Blumengärtnerei" lobte im Jahr 1879 das graue Laub: „Die weiße Farbe der sammetartig-filzigen Blätter ist der einzige ornamentale Theil dieser *Stachys*-Art." Tatsächlich hatte sich der Woll-Ziest um die Mitte des 19. Jahrhunderts zu einer beliebten Gartenstaude gemausert, die in vielen Gärten als Blattschmuck- und Einfassungspflanze sowie als Bodendecker für sonnige Standorte zu finden war. Die Zeitschrift „Gartenflora" empfahl die Art im Jahr 1871 auch für die damals modernen Teppichbeete.

Wie „Vilmorin's illustrirte Blumengärtnerei" schon richtig anmerkte, ist die Pflanze sehr dauerhaft, aber die aus den Laubblättern herausragenden Blütentriebe sacken nach der Blütezeit oder auch in längeren Regenperioden zur Seite, wodurch die Pflanze dann wenig attraktiv aussieht. Der Gartenbaulehrer Hans Grabbe empfahl daher in seinem 1913 erschienenen Buch „Unsere Staudengewächse", die „Blütenstängel im Entstehen zu unterdrücken zu Gunsten der Blätter". Wenn man beim Woll-Ziest keinen Wert auf die Blüten legt, kann man auf die in England beim Züchter Bloom entstandene, moderne Sorte 'Silver Carpet' ausweichen. Sie bildet geschlossene, silberweiße Laubteppiche und zeigt nur einen sehr geringen Blütenansatz. Mit seinen graufilzigen, schön geformten Blättern ist der Woll-Ziest eine dezente Bodendeckerpflanze für kleine Flächen. Damit er dort einen guten Eindruck macht, ist es besonders wichtig, dass die Pflanzen genug Sonne und Wärme bekommen und einen nicht zu nährstoffreichen, gut durchlässigen Boden vorfinden. Der Matten bildende Woll-Ziest eignet sich zudem gut für den vorderen Rand von Rabatten und Staudenbeeten und ist ein schöner Rosenbegleiter, insbesondere für Rosensorten, die weiße, rosafarbene oder rote Blüten haben.

GROSSBLÜTIGER ZIEST

> Die schöne Staude aus dem Kaukasus mit langer Blütezeit ist robust und langlebig. Sie bildet mit den Jahren dichte Horste, die zur Blütezeit eine schöne Fernwirkung haben. Obwohl man die Art schon über 200 Jahre kennt und kultiviert, findet man sie bisher eher selten in unseren Gärten. <

Stachys macrantha
Lippenblütler, Lamiaceae

Heimat: Vom Schwarzen Meer über Armenien und den Nordiran bis zum Kaukasus.

Wuchsform: Horste, Rhizome und grundständige Rosetten bildend, mit aufrechten, behaarten Stängeln.

Blatt: Grundständige Blätter breit eiförmig, gebuchtet, runzelig geadert, bis 7 cm lang, mittelgrün.

Blüte: Dichte Scheinähren mit bis zu 16, etwa 3 cm langen Einzelblüten in Purpurrosa.

Blütezeit: Juli bis August.

Frucht: Achäne (Spaltfrucht).

Wuchs-/Blütenhöhe: 40–60 cm.

Standort: Sonnig bis halbschattig in mäßig nährstoffreichem, humosem Boden.

Pflege: Im Winter vor übermäßiger Feuchtigkeit schützen.

Vermehrung: Durch Aussaat im Herbst oder Frühjahr und durch Teilen im Frühjahr bei Wachstumsbeginn.

Besonderes: Im Handel findet man häufig die Sorte 'Superba', die besonders großblütig ist und 50 cm hoch wird.

Der französische Botaniker Joseph Pitton de Tournefort (1656–1708) fand die Pflanze auf seiner Expedition in den Jahren 1700 bis 1702, die ihn von Marseille bis ans Schwarze Meer führte. Er beschrieb sie in seinem 1703 veröffentlichten Werk „Corollarium institutionum rei herbariae" als *Betonica orientalis latifolia, caule brevi, flore maximo*. Er brachte jedoch kein lebendes Exemplar mit nach Europa. Auf seiner Orientreise, die er von 1724 bis 1727 unternahm, stieß der deutsche Botaniker Johann Christian Buxbaum (1693–1730) ebenfalls auf den Großblütigen Ziest. Er beschrieb die Art in seinem 1728 bis 1740 (zum Teil postum veröffentlichten) fünfbändigen Werk „Plantarium minus cogniturum centuria" als *Galeopsis major corium moscoviticum redolens*. Auch der deutschstämmige, baltische Naturforscher Anton Johann von Güldenstädt (1745–1781) traf den Großblütigen Ziest im südöstlichen Russland an. Von Güldenstädt war, zusammen mit den Botanikern Samuel Gottlieb Gmelin (1744–1774) und Iwan Iwanowitsch Lepjochin (1740–1802), in russischem Auftrag zwischen 1768 und 1775 durch den Kaukasus bis ans Kaspische Meer gereist. Seine Aufzeichnungen „Reisen durch Russland und im Caucasischen Gebürge" wurden postum von Peter Simon Pallas in den Jahren 1787 bis 1791 veröffentlicht. Der in Moskau wirkende deutsche Botaniker Christian Friedrich Stephan (1757–1814) schickte Ende des 18. Jahrhunderts gesammeltes Pflanzenmaterial des Großblütigen Ziests an den Berliner Botaniker Carl Ludwig Willdenow (1765–1812). Dieser gab in seiner Erstbeschreibung der Art 1800 an, sie wachse „in Sibirien am Flusse Terek". Nun fließt der Terek aber nicht durch Sibirien, sondern von seinem Ursprung im Kaukasus im nördlichen Georgien ostwärts ins Kaspische Meer. Aber wie das immer so ist – in den folgenden Jahrzehnten schrieb ein Botaniker vom anderen ab, und so geisterte die falsche geographische Herkunftsangabe noch lange durch spätere Publikationen. Willdenow, von dem die wissenschaftliche Erstbeschreibung stammt, stellte die Art in die Gattung *Betonica*. Der englische Botaniker George Bentham (1800–1884) stellte sie dann 1834 in die Gattung *Stachys*. Laut Zander, Handwörterbuch der Pflanzennamen, lautet der offizielle Name der Art jetzt *Stachys macrantha*. Man findet sie sowohl in der Literatur als auch im Handel außerdem unter dem Synonym *Betonica macrantha*.

In England wurde die Art um das Jahr 1800 von der Gärtnerei Loddiges in Hackney bei London eingeführt. „Curtis's Botanical Magazine" stellte die Art im Jahr 1804 ihren Lesern vor und bildete sie auch farbig ab. Das seit 1787 erscheinende, illustrierte Gartenmagazin ist übrigens die älteste botanische Fachzeitschrift der Welt und wird noch immer von den Royal Botanic Gardens in Kew herausgegeben. Nach Deutschland kam der Großblütige Ziest nach Beendigung der Napoleonischen Kriege (1804–1812). Ein erster Nachweis stammt aus dem Breiterschen Garten in Leipzig, wo die Art 1817 kultiviert wurde. In der nachfolgenden Zeit wurde die Art zwar in einigen Gärten gepflanzt, war aber bis Mitte des 20. Jahrhunderts eher eine Liebhaberstaude. Erst in den letzten Jahrzehnten sieht man den Großblütigen Ziest häufiger in unseren Gärten, und inzwischen gibt es auch Sorten mit weißen und rosafarbenen Blüten.

Der Gattungsname *Stachys*

Der wissenschaftliche Gattungsname geht zurück auf den griechischen Arzt Dioskurides und den römischen Naturwissenschaftler Plinius den Älteren, die beide im ersten nachchristlichen Jahrhundert wirkten. Sie verwendeten den Namen *stachys* (griechisch = Ähre), den Pitton de Tournefort (siehe Abbildung unten) um 1700 aufnahm und der 1735 von Carl von Linné übernommen wurde.

MUTTERKRAUT

> Diese alte Arznei- und Bauerngartenpflanze ist eine wunderbare Bereicherung für viele Gartensituationen. Besonders schön sieht Mutterkraut als Begleitstaude zu Rosen aus. Durch die lange Blütezeit und gute Haltbarkeit der Blüten ist das Mutterkraut auch eine beliebte Schnittblume. <

Tanacetum parthenium
Korbblütler, Asteraceae

Heimat: Östliches Mittelmeergebiet, vielerorts eingebürgert.

Wuchsform: Aufrecht, verzweigt, am Grund verholzend.

Blatt: Grundblätter eiförmig, gefiedert, hellgrün, aromatisch duftend, bis 8 cm lang. Die Stängelblätter sind kleiner.

Blüte: Lockere Doldenrispen mit zahlreichen bis 2,5 cm breiten, kamillenähnlichen, weißen Einzelblüten mit gelber Mitte.

Blütezeit: Juni bis September.

Frucht: Achäne (Spaltfrucht).

Wuchs-/Blütenhöhe: 60–80 cm.

Standort: Sonnig in lockerem, humosem, nährstoffreichem Boden.

Pflege: Um eine reichliche Selbstaussaat zu verhindern, schneidet man die verblühten Blüten vor der Samenreife ab.

Vermehrung: Durch Aussaat bei Samenreife.

Besonderes: Die Pflanze ist kurzlebig, sät sich aber gut aus.

Man findet die ursprünglich im Mittelmeergebiet heimische Staude bei uns gelegentlich verwildert in alten Gärten, auf offenem Brachland sowie am Rand von Dörfern und Feldrainen. Das zeigt, dass sie bei uns schon seit Jahrhunderten als Arznei- und Bauerngartenpflanze kultiviert worden ist. Früher verwendete man das Mutterkraut dazu, die Wehen einzuleiten und die Geburt zu beschleunigen. Von einer Anwendung in der Schwangerschaft ist jedoch heute dringend abzuraten, da die Pflanze Kontraktionen der Gebärmutter und damit einen Abort auslösen kann. Der englische Arzt, Apotheker und Astrologe Nicholas Culpeper (1616–1654) empfahl sie auch als Antidepressivum und bei Kopfschmerzen. Tatsächlich hat die neuere Forschung ergeben, dass Mutterkraut Migräne lindern kann. Früher glaubte man, die Pflanze wirke auch fiebersenkend, weshalb der englische Volksmund die Art *Feverfew* (wenig Fieber) nannte. In Großbritannien war sie bis in die jüngste Vergangenheit diesbezüglich so geschätzt, dass man ihr auch den Beinamen *Englisches Aspirin* gab. Allerdings können die Inhaltsstoffe des Mutterkrauts allergische Reaktionen und, bei empfindlichen Personen, eine Kontaktdermatitis (eine Hautreizung bei Körperkontakt) auslösen. Deshalb ist von einer Selbstmedikation dringend abzuraten.

Schon der griechische Arzt Dioskurides erwähnte im ersten nachchristlichen Jahrhundert die Art als Heilpflanze gegen Kopfweh. Etwa zur gleichen Zeit nannte der römische Naturforscher Plinius der Ältere die Pflanze *parthenium* (von griechisch *parthenos* = Jungfrau). Der alte botanische, von Carl von Linné im 18. Jahrhundert vergebene Artname *Matricaria parthenium* bezieht sich auf die Verwendung bei Schwangerschaftsbeschwerden, denn *matrix* heißt auf Lateinisch Gebärmutter und *mater* Mutter. Den heutigen botanischen Namen erhielt die Pflanze über Umwege. Man ordnete sie zunächst der Gattung *Matricaria* (Kamille) zu, später stellte man sie zu *Chrysanthemum* und zuletzt zu *Tanacetum*.

Wann genau das Mutterkraut in West- und Mitteleuropa eingeführt wurde, lässt sich heute nicht mehr mit Gewissheit feststellen. Tatsache ist, dass es Mitte des 16. Jahrhunderts bereits eine gefüllt blühende Form gab. Im „Hortus Eystettensis“ von 1613 wurden sowohl die einfach blühende als auch eine dicht gefüllte Form auf Tafel 210 abgebildet. Auch wenn das Mutterkraut im

Tanacetum parthenium 'Plenum'.

18. Jahrhundert als Arzneipflanze an Bedeutung verlor, kultivierte man insbesondere die gefüllt blühenden Formen weiter gern als Zierpflanzen. Damals entstanden viele Sorten, darunter solche mit halb gefüllten Blüten und solche, die fast keine Strahlenblüten oder weiße Röhrenblüten hatten. Im 19. Jahrhundert kannte man auch gelblaubige Formen wie 'Aureum', eine Sorte, die von der englischen Gartengestalterin Gertrude Jekyll gern verwendet wurde und die noch heute im Handel ist. Die französische Gärtnerei Vilmorin in Nancy bot 1996 auch eine zwergwüchsige Sorte an. Zudem gab es Formen mit geschlitzten, goldgelben Laubblättern und einfachen Blüten, die eher als Blattschmuck- denn als Blütenpflanzen in den damals beliebten Teppichbeeten Verwendung fanden.

Krauser Rainfarn

Nahe verwandt mit dem Mutterkraut ist der seit Mitte des 16. Jahrhunderts in West- und Mitteleuropa bekannte Krause Rainfarn (*Tanacetum vulgare* 'Crispum'), der vermutlich aus Sardinien stammt. Die Spielart des gewöhnlichen, einheimischen Rainfarns wurde wegen ihrer schmückenden Blätter zunächst in England, ab Ende des 16. Jahrhunderts auch in Deutschland als Zierpflanze in Gärten kultiviert. Heutzutage findet man sie nur noch äußerst selten als Blattschmuckpflanze in Bauerngärten.

EUROPÄISCHE TROLLBLUME

> Eine schöne Wildstaude, die man manchmal noch am Uferrand stehender Gewässer findet. Bis ins 19. Jahrhundert hinein war sie eine relativ selten in Gärten anzutreffende Art. Erst, als die Züchter Auslesen mit größeren Blüten und Kreuzungen mit anderen *Trollius*-Arten schufen, pflanzte man sie häufiger. <

Trollius europaeus
Hahnenfußgewächse, Ranunculaceae

Heimat: Europa bis Westsibirien.

Wuchsform: Aufrecht, unverzweigt, Horste bildend.

Blatt: Grundblätter tief handförmig geteilt, bis 12 cm lang, oberseits glänzend dunkelgrün.

Blüte: Kugelig, zitronengelb, bis 5 cm breit an aufrechten Trieben.

Blütezeit: Mai bis Juni.

Frucht: Balgfrucht.

Wuchs-/Blütenhöhe: 50 cm.

Standort: Sonnig bis halbschattig in feuchtem Boden.

Pflege: Durch einen bodenebenen Rückschnitt direkt nach der Blüte kann eine Nachblüte angeregt werden.

Vermehrung: Durch Aussaat nach der Samenreife oder Teilen im zeitigen Frühjahr.

Besonderes: Die Grundblätter sterben zur Blütezeit ab.

Die Europäische Trollblume wurde schon früh in Gärten kultiviert, zuerst wahrscheinlich in der Schweiz, wo sie noch heute zu finden ist. Und dort entstand auch der Name, denn *trollen* bedeutet dort soviel wie rollen und bezieht sich auf die kugelige Blütenform. Bereits aus dem 15. Jahrhundert ist der Name *trollblum* belegt und der Schweizer Arzt, Alchimist und Mystiker Paracelsus (eigentlich Theophrastus Bombastus von Hohenheim, 1493–1541) nannte die Pflanze im Jahr 1534 *trollenblum*. Der Zürcher Botaniker Conrad Gesner latinisierte den Namen zu *Trollius*, verwendete ihn erstmals 1555 und erwähnte in seinem Werk „Horti Germaniae" von 1561, dass die Art in Gärten kultiviert wurde. In seinem „Hortus Lusatiae" von 1594 nannte der Botaniker Johannes Franke (1545–1617) die Art *Ranunculus flore globso, Flos Trollius Gesneri* und auf Deutsch „Alphanenfuß, Trollblumen". Auch im „Hortus Eystettensis" von 1613 wurde die Art auf Tafel 26 unter dem Namen *Ranunculus flore globoso* abgebildet.

Im 16. und 17. Jahrhundert pflanzte man die Europäische Trollblume nur vereinzelt in Gärten. Ein frühes Zeugnis stammt aus dem Garten der herzoglich-braunschweigischen Residenz in Hessen am Fallstein. Der dort wirkende Hofgärtner Johann Royer (1574–1655) erwähnte die Art in der 1651 erschienenen zweiten Auflage seines Buchs „Beschreibung des gantzen Fürstlich Braunschweigischen Gartens zu Hessem (...)" und schrieb: „Der *Ranunculus glomeratus*, sonst *Flos Trollius* genand / wächst auff einer Wiesen zwischen Dedeleben und Parbstorff häuffig / da ich die grössesten außgehoben / und in den Fürst. Lust=Garten verpflanzt / sind je länger je schöner gewachsen."

In England tat es ihm die Schwester des romantischen englischen Dichters William Wordsworth, die Poetin Dorothy Wordsworth (1771–1855), rund hundertfünfzig Jahre später gleich. Sie sammelte Anfang des 19. Jahrhunderts wild vorkommende Trollblumen und pflanzte sie in den Garten ihres Hauses Dove Cottage in Grasmere im Lake District. Schon 1769 beschrieb der Berliner Arzt und Botaniker Johann Gottlieb Gleditsch (1714–1786) Wildvorkommen der Art in Brandenburg und meinte: „der schönen großen Blumen wegen, verdienet das Gewächse in den Gärten in Mengen gezogen zu werden." In seinem „Pflanzenverzeichniß zum Nutzen und Vergnügen der Lust und Baumgärtner" von 1773 nannte Gleditsch die Trollblume „eines der schönsten einheimischen und dauerhaftesten Staudengewächse im Frühlinge".

Trollius × cultorum 'Orange Globe'.

Im 19. Jahrhundert wurde die Europäische Trollblume dann häufiger in den Gärten West- und Mitteleuropas kultiviert und Staudengärtnereien begannen, Sorten mit größeren Blüten auszulesen. Die Züchter kreuzten die einheimische Art auch mit ausländischen Trollblumen, so etwa mit der Ende des 18. Jahrhunderts aus Nordostasien eingeführten *T. asiaticus* und später auch mit der Chinesischen Trollblume (*T. chinensis*). Letztere wurde zwar schon 1835 vom deutsch-russischen Arzt und Botaniker Alexander von Bunge (1803–1890) beschrieben, aber erst 1912 durch den Pflanzensammler William Purdom (1880–1921) in England eingeführt. Den heute gültigen botanischen Namen erhielt die Art 1753 von Carl von Linné.

Trollius-Hybride 'Orange Globe'

Eine historische, noch heute erhältliche Trollblume ist die Hybride 'Orange Globe'. Sie ist vermutlich eine Kreuzung aus *T. europaeus* und *T. ranunculinus* und hat aufrechte, gut verzweigte Stängel mit großen, kugelförmigen, orangegelben Blüten. Sie wurde im Jahr 1900 von der Gärtnerei Koll & Sonntag aus Hilden eingeführt und wird 60–80 cm hoch.

GROSSES IMMERGRÜN

Das Große Immergrün ist ein guter Bodendecker für den Gehölzgarten und Strauchrabatten. Die Art ist anpassungsfähig, obwohl sie Wärme liebt. Man sollte sich aber nur für diese Pflanze entscheiden, wenn man ihr genügend Platz zugestehen kann, denn sie besitzt einen starken Ausbreitungsdrang.

Vinca major

Hundsgiftgewächse, Apocynaceae

Heimat: Westliches und zentrales Mittelmeergebiet.

Wuchsform: Kriechend, Ausläufer treibend, immergrün.

Blatt: Ei- bis lanzettförmig, dunkelgrün, bis 9 cm lang.

Blüte: Gestielt, tellerförmig, violettblau, bis 5 cm breit.

Blütezeit: April bis Mai.

Frucht: Balgfrucht.

Wuchs-/Blütenhöhe: 30–40 cm.

Standort: Sonnig bis halbschattig in humosem, durchlässigem, eher trockenem Boden.

Pflege: Ein Rückschnitt im zeitigen Frühjahr sorgt für einen frischen Austrieb. In rauen Lagen ist ein Winterschutz empfehlenswert.

Vermehrung: Durch Stecklinge oder Teilen im Herbst oder Frühjahr.

Besonderes: Alle Pflanzenteile sind giftig.

Das Große Immergrün kam Mitte des 16. Jahrhunderts über die Alpen nach West- und Mitteleuropa. Als Erster erwähnte der Zürcher Botaniker Conrad Gesner die Art 1561 in seinem Buch „Horti Germaniae" unter dem Namen *Clematis Aegyptiae hortensis*. Wenig später, im Jahr 1588, wurde die Art im Apothekergarten des Nürnberger Arztes und Botanikers Joachim Camerarius des Jüngeren (1534–1598) kultiviert. Auch in Großbritannien kannte man das Große Immergrün zu dieser Zeit bereits, denn der Pflanzensammler John Gerard (1545–1612) erwähnte die Art 1597 in seinem Buch „The Herball or General History of Plants". Im Garten der herzoglich-braunschweigischen Residenz in Hessen am Fallstein gab es die Art bereits Anfang des 17. Jahrhunderts. Im „Hortus Eystettensis" von 1613 wurde das Große Immergrün auf Tafel 129 unter dem Namen *Clematis Daphnoides maior* abgebildet.
In den raueren Regionen Deutschlands überwinterte man das Große Immergrün wegen seiner geringeren Frosthärte in Gewächshäusern. Der Berliner Arzt und Botaniker Johann Gottlieb Gleditsch (1714–1786) schrieb 1773 in seinem „Pflanzenverzeichniß" über die Art: „Wird in Töpfen in Winterhäusern ohne sonderliche Pflege erhalten." Das Große Immergrün wurde, anders als das seit der Römerzeit auch in West- und Mitteleuropa weit verbreitete Kleine Immergrün (*V. minor*), nur selten in bürgerlichen Gärten und auf Friedhöfen kultiviert. Dennoch gab es auch – heute verschollene – Formen mit gefüllten Blüten, wie Aufzeichnungen von Joachim Camerarius d. J. aus den Jahren 1586 und 1588 dokumentieren. Rund hundert Jahre später, 1684, erwähnte Sigismund Elsholtz in seinem „Buch vom Garten=Baw" eine Form mit gelb panaschierten Laubblättern, die er *Vergülter Singrün* nannte. *Singrün* ist ein anderer Name für das Immergrün und geht auf das mittelhochdeutsche *sin-grüene* (immergrün) zurück. Im 18. Jahrhundert trat in den Niederlanden dann eine Form mit cremeweiß panaschierten Laubblättern auf. In England war diese Form im 19. Jahrhundert in viktorianischen Gärten eine beliebte Zierpflanze. Bis heute ist sie als 'Variagata' oder auch 'Elegantissima' im Handel. Da sie noch etwas empfindlicher als die reine Art ist, sollte man sie, insbesondere an sonnigen Wintertagen, mit einem Winterschutz versehen. Hans Grabbe empfahl sie in seinem Buch „Unsere Staudengewächse" im Jahr 1913 folgendermaßen:

Vinca major 'Variagata'.

„*Vinca m.* var. *elegantissima* hat gelblich weiß panaschierte und gerandete Blätter. Dieses prächtige Sinngrün sowohl wie auch die Stammform lassen sich recht wirkungsvoll als Rabattenpflanze verwenden."
Das Große Immergrün enthält, genauso wie das Kleine Immergrün, das giftige Alkaloid Vincamin. Früher nutzte man die Pflanze als Arzneikraut gegen allerlei Gebrechen. Heute werden die Inhaltsstoffe der Pflanze pharmazeutisch als blutdrucksenkendes, beruhigendes und durchblutungsförderndes Mittel eingesetzt.

Überwindung der Vergänglichkeit

Der botanische Gattungsname *Vinca* ist abgeleitet vom lateinischen Verb *pervincere* (überwinden, überwältigen) und bezieht sich darauf, dass die immergrüne Pflanze ein Symbol der Überwindung der Vergänglichkeit ist. Früher band man aus den biegsamen Trieben Kopfkränze für Verstorbene. Auch Verurteilte auf dem Weg zum Schafott trugen einst Kränze aus Immergrün auf dem Kopf. Der englische Name des Immergrüns, *Periwinkle*, verweist ebenfalls auf diese Symbolik. Seinen botanischen Namen erhielt die Art von Carl von Linné im Jahr 1753.

MÄRZ-VEILCHEN, WOHLRIECHENDES VEILCHEN

Schon seit der Antike kennt und schätzt man den Duft des Veilchens und kultivierte deshalb die kleine Staude in den Gärten. So bescheiden sie wirkt, hatte sie dennoch im Lauf der Jahrhunderte eine ganze Schar begeisterter Anhänger. Auch heutzutage kann man sich dem Charme des Veilchens kaum entziehen!

Viola odorata

Veilchengewächse, Violaceae

Heimat: West- und Südeuropa, sehr weiträumig verwildert.

Wuchsform: Büschelig aufrecht, in milden Regionen wintergrün.

Blatt: Herzförmig bis rundlich, bis 6 cm lang, dunkelgrün.

Blüte: Gestielt, bis 2 cm breit, blauviolett oder weiß, duftend.

Blütezeit: März bis Mai.

Frucht: Kapsel.

Wuchs-/Blütenhöhe: 10–15 cm.

Standort: Sonnig bis halbschattig in nicht zu trockenem Boden.

Pflege: Ein Rückschnitt nach der Blüte verhindert (bei vegetativen Sorten) ein unerwünschtes Versamen.

Vermehrung: Bei vegetativen Sorten durch Aussaat im Spätherbst (Kaltkeimer!) oder durch Teilen der Rhizome im Spätwinter.

Besonderes: Ein Entfernen der welken Blüten verlängert die Blütezeit nicht.

Bereits in der Antike wurden Veilchen in Gärten kultiviert. Man verwendete sie als Schnittblumen sowie um Kosmetik, Duftwässer und Arzneien daraus herzustellen. Der griechische Philosoph und Naturforscher Theophrast (um 370–288 v. Chr.) berichtete, man hätte Veilchen in Gärtnereien angebaut, um sie auf dem Markt in Athen zu verkaufen. Wann und wie das ursprünglich im Mittelmeerraum und Kleinasien heimische März-Veilchen nach Mittel- und Westeuropa kam, lässt sich nicht mehr nachvollziehen. Aber schon im Mittelalter war es hierzulande eine häufig kultivierte Gartenpflanze. Der Reichenauer Abt Walahfrid Strabo (um 808–849) erwähnte es in seinen Schriften ebenso wie die Mystikerin und Heilkundige Hildegard von Bingen (1098–1179) und der frühe Naturwissenschaftler Konrad von Megenberg (1309–1374). Der Dominikaner und Naturwissenschaftler Albertus Magnus (um 1200–1280) nannte die Pflanze *Viola vera* und in den Kräuterbüchern des 16. Jahrhunderts fand die Art ebenfalls Erwähnung. Hieronymus Bock nannte sie 1539 in seinem „New Kreütter Buch" *Viola nigra*. Doch es gab schon damals nicht nur die einfache, violett blühende Form. Der Zürcher Botaniker Conrad Gesner erwähnte in seinen „Horti Germaniae" im Jahr 1561 bereits eine gefüllt blühende Form, die er *Viola multiplici flore* nannte. Er vermerkte, sie sei in den Gärten Frankreichs und Savoyens häufig. Eine weiße, gefüllte Form wurde erstmals von Johannes Franke 1594 in seinem „Hortus Lusatiae" erwähnt. Der „Hortus Eystettensis" bildete 1613 auf Tafel 18 schon fünf verschiedene Formen des März-Veilchens ab, drei einfach blühende mit weißen, purpurroten und violetten Blüten und zwei gefüllt blühende Formen in Weiß und Violett.

Obwohl in den Gärten der Bürger meist nur die einfachen, violett oder weiß blühende Sorten zu finden waren, gewann die kleine Staude immer mehr Liebhaber. In den Gärten von Pflanzensammlern fanden sich schon damals ausgefallene Sorten. Im Jahr 1817 führte der Leipziger Hofgärtner Christian August Breiter zehn Sorten des März-Veilchens auf, darunter auch eine mit gefüllten rosafarbenen, eine mit gestreiften Blüten und eine mit panaschiertem Laub. In den folgenden zwei Jahrhunderten wurde das Veilchen immer populärer und Anfang des 19. Jahrhunderts bemühten sich die Züchter, möglichst langstielige und großblütige Sorten als Schnittblumen

Viola odorata 'Alba.'

hervorzubringen. In Gewächshäusern wurden blühende März-Veilchen nahezu ganzjährig durch Treiberei zum Verkauf als Schnitt- und Knopflochblumen herangezogen. Es gab zahlreiche Sorten in verschiedenen Farben und Formen. Eine der populärsten war die 1863 eingeführte 'Czar', eine mit fast rein purpurfarbenen, duftenden Blüten, die noch heute im Handel erhältlich ist.

Im 20. Jahrhundert sah man das März-Veilchen zunehmend als altmodische Blume an und mit Beginn des Zweiten Weltkriegs kam die

Napoleon und das Veilchen

Als Napoleon I. (1769–1821), selbst ernannter Kaiser der Franzosen, sich in Josephine de Beauharnais (1763–1814) verliebte, trug sie angeblich ein Bouquet aus Veilchen am Busen. Nach der Heirat im Jahr 1796 ließ er ihr, wo immer er auch gerade war, fast jeden Tag einen Veilchenstrauß zukommen. Als der Veilchengruß am Hochzeitstag im Jahr 1808 ausblieb, ahnte die kinderlos gebliebene Kaiserin, dass ihre Scheidung bevorstand. Das Veilchen wurde später zu einem Erkennungszeichen der Anhänger des auf die Insel Elba verbannten Kaisers. Als Napoleon 1821 in der erneuten und endgültigen Verbannung auf der Insel St. Helena starb, trug er angeblich ein Medaillon mit einer Haarlocke Josephines und einigen getrockneten Veilchenblüten auf seiner Brust.

Stephan Lochner: „Madonna mit dem Veilchen", um 1450.

kommerzielle Produktion von Veilchen als Schnittblumen praktisch zum Erliegen. Heutzutage wächst das März-Veilchen zwar noch in vielen Gärten, meist wenig beachtet, am Gehölzrand. Aber seine große Symbolkraft hat es längst verloren. So verschwanden auch viele der herrlichen alten Sorten oder warten, versteckt und vergessen in irgendwelchen verwunschenen Gärten, auf ihre Wiederentdeckung.

Der Name der Gattung *Viola* geht zurück auf das lateinische *viola*. Im klassischen Latein stand der Name für mehrere duftende Pflanzen, die je nach Farbe als *Viola alba* (Garten-Levkoje, heute: *Matthiola incana*), *Viola lutea* (Goldlack, heute: *Erysimum cheiri*) oder *Viola purpurea* (März-Veilchen, heute: *Viola odorata*) bezeichnet wurden. Der heute gültige Gattungsname wurde vom französischen Botaniker Joseph Pitton de Tournefort (1656–1708) aufgestellt und 1753 von Carl von Linné in seinem Werk „Specium Plantarum" festgeschrieben.

Das März-Veilchen war lange Zeit auch als Heildroge in Gebrauch. Schon die griechischen Ärzte der Antike wie Hippokrates (um 460 v. Chr.– 370 v. Chr.) und Pedanios Dioskurides (er wirkte im ersten nachchristlichen Jahrhundert) empfahlen das Veilchen etwa zur Behandlung von Ekzemen. Die Wurzelstöcke der Staude enthalten Saponin, Bitterstoffe, etwas ätherisches Öl und das Alkaloid Odoratin. Die Pflanze wurde vor allem gegen Husten und Atemwegserkrankungen eingesetzt, früher auch gegen Fieber, Kopfschmerzen und ein Aufguss der Sprossteile als Mundspülung.

Die alten Römer schworen auf Veilchenextrakte gegen die Katerstimmung nach Gelagen. Auch Tabernaemontanus (eigentlich Jakob Dietrich aus Bergzabern, 1522–1590) sagte dem Veilchen eine dementsprechende Wirkung nach. In der Aromatherapie wird der Duft als beruhigendes und schlafförderndes Mittel empfohlen. Im Jahr 2007 wurde das März-Veilchen vom Verein zur Förderung der naturgemäßen Heilweise (NHV Theophrastus) zur Heilpflanze des Jahres erkoren, denn moderne Forschungen haben ergeben, dass aus der Pflanze extrahierte Inhaltsstoffe eine antibakterielle und antitumorale (krebshindernde) Wirkung haben. Sie können zudem sowohl bei erhöhten Blutfettwerten als auch bei Hypertonie, also Bluthochdruck, eingesetzt werden. Bis ins 19. Jahrhundert hinein wurde der Veilchenduft zudem in der Parfümindustrie verwendet.

Allerdings extrahierte man den Veilchenduft nicht aus echten Veilchen, sondern aus dem Rhizom der Florentiner Schwertlilie (*Iris × germanica* subsp. *albicans*), vom Volksmund wegen ihres charakteristischen Dufts auch „Veilchenwurzel“ genannt. Heute wird Veilchenduft, wie fast alle Duftaromen, meist chemisch erzeugt. Wie bei einer so alten Kulturpflanze nicht anders zu erwarten, ranken sich seit der Antike abenteuerliche Geschichten um die kleine Pflanze. Bei den alten Griechen wurde die Entstehung des Veilchens mit folgendem Mythos erklärt: Eine für ihre Schönheit bekannte Tochter des den Himmel stützenden Gottes Atlas wurde vom Sonnengott Helios lüstern mit seinen sengenden Strahlen verfolgt. Die scheue Schöne floh jedoch vor seinen Nachstellungen und bat den Göttervater Zeus um Beistand. Dieser erhörte ihr Flehen und verwandelte sie in ein Veilchen, das seitdem, geschützt vor Sonnenstrahlen, im Unterholz des Waldes wächst. Diese Standortwahl im Halbschatten unter Gehölzen entspricht den natürlichen Ansprüchen des Veilchens durchaus und sollte auch bei der Pflanzung im Garten berücksichtigt werden. Und nicht nur in der Mythologie, sondern auch in der bildenden Kunst hinterließ das März-Veilchen seine Spuren. Schon um 1410 wurde es von einem unbekannten oberrheinischen Meister auf einem kleinen Tafelbild, genannt das „Frankfurter Paradiesgärtlein“ dargestellt. Stephan Lochner (um 1400–1451) malte seine berühmte „Madonna mit dem Veilchen“ im Jahr 1450. Das vermeintlich von Albrecht Dürer (1471–1528) naturgetreu gemalte Veilchensträußchen stammt nach neueren Erkenntnissen nicht von ihm selbst, ist aber deshalb nicht weniger reizvoll. Viele weitere bildende Künstler ließen sich bis in die Gegenwart vom März-Veilchen zu Kunstwerken inspirieren.

In der Literatur ist das Veilchen nach der Rose und der Lilie die wohl am häufigsten betextete Blume. Sprichwörtlich geworden ist die mit dem Veilchen assoziierte Demut und Bescheidenheit, denn bekanntlich blüht das Veilchen „im Verborgenen“. Der Dichterfürst Johann Wolfgang von Goethe pflegte bei seinen Spaziergängen rund um Weimar stets Veilchensamen dort auszustreuen, wo er geeignete Stellen fand. Er verfasste 1774 die Ballade „Das Veilchen“, das 1785 von Wolfgang Amadeus Mozart vertont wurde.

Andere Poeten verbanden das Veilchen mit dem Frühling, so etwa Eduard Mörike in seinem bekannten Gedicht „Er ist’s“ von 1832:

„Frühling lässt sein blaues Band
Wieder flattern durch die Lüfte
Süße, wohlbekannte Düfte
Streifen ahnungsvoll das Land.
Veilchen träumen schon,
Wollen balde kommen.
Horch, von fern ein leiser Harfenton!
Frühling, ja du bist’s!
Dich hab ich vernommen!“

Veilchen in der Küche

Das März-Veilchen wird seit Langem auch in der Küche verwendet. Seine Blüten schmecken genauso gut wie sie duften! Aus den Blüten kann man Tee bereiten, einen Sirup, Veilchenkonfitüre, -bowle oder -essig. Letzterer veredelt nicht nur Wildkräutersalate, sondern auch feine Obstsalate. Die aparten Blüten werden zudem gern kandiert, um damit Gebäck und Desserts zu verzieren. Nicht zuletzt kann man aus Traubensaft, Zucker, Zitronen und Veilchenblüten ein köstliches Veilchensorbet kreieren.

WEITERE HISTORISCHE MÄRZ-VEILCHEN

Die große Zeit des März-Veilchens ist zwar vorbei, aber es haben sich einige historische Sorten bis heute erhalten. Leider sind viele der generativ vermehrten alten Sorten nicht mehr wirklich identisch mit den Ursprungssorten.

▼ 'Baronne Alice de Rothschild'

Diese langstielige, 1894 in Frankreich eingeführte Sorte mit purpurvioletten, stark duftenden, großen Blüten ist starkwüchsig und eignet sich auch gut zum Schnitt. „Möller's Deutsche Gärtner-Zeitung" schrieb 1904 über diese Sorte: „Übertrifft jedenfalls alle bekannten Sorten an Grösse und dabei sind die Blumen wirklich herrlich dunkelblau, sodass dieser Sorte eine grosse Zukunft prophezeit werden kann." Benannt wurde diese Sorte nach der Botanikerin und Gartenliebhaberin Alice Charlotte von Rothschild (1847–1922).

▲ 'Cœur d'Alsace'

Die vom berühmten Veilchenzüchter Armand Millet (1845–1920) aus Bourg-la-Reine bei Paris im Jahr 1916 in Frankreich eingeführte Sorte zeichnet sich durch auffallende Blütenpracht und grazile, rötlich-rosafarbene Blüten mit zartem Duft aus. Die Sorte ist sehr wüchsig und versamt sich auch gut. Allerdings variiert die Blütenfarbe bei Sämlingen zwischen rosa und roten Tönen. Die Elternpflanzen dieser schönen Sorte sind 'Lilas' und 'Perle Rose'.

▲ 'Königin Charlotte'

Ein reich blühender Klassiker mit typischem, kräftigem Veilchenduft und blauvioletten Blüten, die im Herbst – was außergewöhnlich ist – ein zweites Mal erscheinen. Die Sorte ist zum Verwildern geeignet, da sie bei Aussaat sortenecht ausfällt. Früher wurde diese Sorte auch für die Treiberei verwendet. So lobte „Möller's Deutsche Gärtner-Zeitung" im Jahr 1900 diese Sorte: „Das Veilchen Königin Charlotte wurde vor 3 Jahren in der Veilchentreiberei des Herrn Wilh. Gerst in Bietigheim gefunden, und dürfte (...) wohl das Treibveilchen der Zukunft sein. Es ist von einem Blütenreichtum, den keine der anderen Sorten aufzuweisen imstande ist."

▲ 'Mme Armandine Pages'

Die um 1900 von Armand Millet in Frankreich eingeführte Sorte hat weißlich-rosafarbene, große, lang gestielte Blüten, die zart duften. Sie ist wüchsig und die Blüten eignen sich gut zum Schnitt.

▲ 'Princesse de Galle'

Diese stark wachsende Sorte ist eine Hybride mit blauvioletten, auffallend schönen, großen, weit geöffneten, lang gestielten Blüten, die sich auch gut zum Schnitt eignen. Die Sorte wurde 1889 in Frankreich von Armand Millet eingeführt. Ein Elternteil ist wahrscheinlich das Pfingst-Veilchen (*Viola sororia*). Schwach duftend.

DIE VERWENDUNG HISTORISCHER STAUDEN IN GÄRTEN

Schon allein das Aufspüren und Sammeln historischer Stauden ist ein spannendes Unterfangen. Noch mehr Freude macht es, mit diesen interessanten Gewächsen zu arbeiten. Ganz gleich, welche Vorlieben Sie bezüglich Ihres eigenen Gartens haben – historische Stauden bieten eine Vielzahl von Gestaltungsmöglichkeiten.

KAUF UND PFLEGE
VON HISTORISCHEN STAUDEN

Historische Stauden gibt es nicht überall zu kaufen. Man muss schon etwas danach suchen. Aber die Mühe lohnt sich durchaus, denn wenn man fündig wird, erhält man bewährte Arten und Sorten, die viele Vorzüge gegenüber moderner Massenware aus dem Gartencenter haben.

In diesem Kapitel finden Sie Anregungen zur Gestaltung mit historischen Stauden. Damit das Gärtnern mit solchen Pflanzenpersönlichkeiten, wie sie historische Stauen unzweifelhaft sind, auch gut gelingt, haben wir ein paar Tipps für die Auswahl, den Kauf und die Pflege dieser Gewächse an den Anfang gestellt. Denn nichts ermutigt mehr zum Gärtnern mit Stauden, als die erfolgreiche Etablierung der neu erworbenen botanischen Preziosen im Garten. Unser persönlicher Ratschlag an alle Gartenfreunde ist das standortgerechte Pflanzen. Wenn Sie die individuellen Bedürfnisse der Gewächse berücksichtigen, gelingt das Vorhaben ganz gewiss, einen traumhaften schönen Garten mit ganz besonderen Pflanzen anzulegen. Nur eine gesunde Pflanze macht lange Freude. Sie erkennen sie an frischem Laub ohne Flecken oder Fraßstellen. Außerdem sollten die Pflanzen mehrere Triebe besitzen. Die meisten Stauden werden heutzutage in Plastiktöpfchen verkauft, sogenannten Containern. Sie können die Pflanze vorsichtig austopfen und sehen, ob der Topf gut durchwurzelt ist und ob die Wurzelspitzen vital sind. Die Erde sollte angenehm würzig und nicht faulig riechen. Wenn der erste Eindruck gut ist, können Sie die Staude bedenkenlos kaufen. Von kränkelnden Exemplaren sollten Sie aber in jedem Fall die Finger lassen, denn daraus werden sich kaum jemals schöne Pflanzen entwickeln.

Wo findet man historische Stauden?

Viele Staudengärtnereien haben alte Pflanzenschätze in ihrem Sortiment. Ein Blick in die Kataloge lohnt sich, entweder in die gedruckten Exemplare oder in die Internet-Versionen. Manche Betriebe haben sich auf bestimmte Staudenarten konzentriert, etwa auf Pfingstrosen (*Paeonia*), Funkien (*Hosta*), Iris oder – wie im Fall der Staudengärtnerei Gaißmayer – auf Stauden-Phlox (*Phlox paniculata*). Deshalb ist die Wahrscheinlichkeit, historische Arten und Sorten zu finden, bei diesen Anbietern am größten. Zudem gewähren die mit viel Herzblut geführten Staudengärtnereien ein großes Maß an Gewissheit, auch wirklich die gewünschte Sorte zu bekommen und nicht eine nur ähnlich aussehende, die jedoch mit der ursprünglichen Sorte nicht identisch ist. Dabei sind historische Stauden nicht unbedingt teurer in der Anschaffung als moderne Sorten. Nur wenn man etwas ganz Besonderes sucht, kann es sein, dass man ein wenig tiefer in die Tasche greifen muss. Aber ist das bei anderen wertvollen Anschaffungen nicht genauso?
Ein weiterer Ort, an dem Sie nach historischen Stauden suchen können, sind alte Gärten, insbesondere auf dem Land. In vielen Bauerngärten wurden die Pflanzen über Generationen unverändert weitergereicht. Dies ist beispielsweise bei so

langlebigen Stauden wie Pfingstrosen oft der Fall. Mit einer freundlichen Bitte und ausgedrückter Bewunderung für die schönen Pflanzen erreicht man oft, dass die Besitzer einem einen Ableger, einen Steckling oder ein Teilstück überlassen, um sie im eigenen Garten weiter vermehren zu können.
Saatgut historischer Stauden finden Sie bei renommierten Saatguthändlern und natürlich im Internet. Letzteres ist jedoch eine Quelle, die mit Vorsicht zu genießen ist, da vieles, was dort von Händlern angeboten wird, von zweifelhafter Herkunft ist. Bei den reinen Arten ist das Risiko noch am geringsten, falsch deklariertes Saatgut zu bekommen. Doch nur die wenigsten Sorten historischer Stauden lassen sich durch Aussaat wirklich sortenecht vermehren. Sie können sich aber auch an eine der Organisationen wenden, die sich für den Erhalt und die Verbreitung historischer Pflanzen einsetzen. Im Service-Teil dieses Buches finden Sie entsprechende Adressen. Dort erhalten Sie zwar nicht unbedingt immer sofort das gewünschte Saatgut, aber in jedem Fall Hinweise auf zuverlässige Bezugsquellen.
Nicht zuletzt können Sie sich an die „National Collections“ in Großbritannien wenden, also Spezialsammlungen von bestimmten Pflanzengattungen. Die engagierten Mitglieder der „National Collections“ können mitunter dort weiterhelfen, wo man „auf dem Kontinent“ nicht weiter weiß. Eine vollständige Liste der „National Collections“ finden Sie im Internet auf der Seite von „Plant Heritage“ (Informationen dazu im Service-Teil ab Seite 282).
Wenn Sie die Stauden über den Versandhandel erwerben, müssen Sie sich darauf verlassen, dass der Anbieter Ihnen die bestmögliche Ware in frischem Zustand liefert. In der Bioland-Staudengärtnerei Gaißmayer gibt es neben dem regulären Pflanzenverkauf vor Ort auch einen solchen Pflanzenversand. Wir sind stets bemüht, die hohen Erwartungen unserer Kunden sowohl beim Kauf in unserer Gärtnerei als auch beim Pflanzenversand

Viele Staudengärtnereien, wie die von Dieter Gaißmayer in Illertissen, bieten eine Auswahl auch an historischen Stauden.

Ein Pflanztisch ist nicht nur äußerst praktisch, er kann durchaus auch dekorativ sein.

zu erfüllen. Der Vorteil eines Kaufs vor Ort in der Gärtnerei besteht jedoch immer noch darin, dass Sie die Pflanzen selbst begutachten können.

Pflegen und vermehren

Die Pflege historischer Stauden unterscheidet sich im Prinzip nicht von der anderer Staudenarten und -sorten. Wichtig ist hier wie dort vor allem eine standortgerechte Pflanzung. Das bedeutet, dass die Ansprüche der jeweiligen Pflanzenart an Bodenqualität, Licht und Nährstoffe bei der Wahl des Pflanzplatzes möglichst umfassend berücksichtigt werden sollten. Bei der anschließenden Pflege kommt es ebenfalls darauf an, die Ansprüche der Pflanzen, etwa ihren Bedarf an Dünger, Wasser oder Licht, möglichst gut zu erfüllen. Im Lauf einer Saison verändert sich eine Standortsituation mitunter, weil manche Stauden vielleicht stärker wachsen als andere und ihre Nachbarn bedrängen. Oder Laubbäume werfen im Sommer dort Schatten, wo im Frühjahr noch den ganzen Tag die Sonne schien. Manchmal brauchen Stauden auch eine Stütze, wenn sie zu hoch wachsen oder die Blütenstände zu schwer werden. Achten Sie deshalb auf die Entwicklung der Stauden und greifen Sie gegebenenfalls korrigierend oder unterstützend ein, damit Ihre historischen Pflanzenschätze so gut wie möglich gedeihen.

Um die Wuchskraft und Blühfreude der Pflanzen zu erhalten, müssen die meisten Staudenarten verjüngt werden, sobald sie Alterungserscheinungen zeigen. Sie erkennen das daran, dass die Horste

nach einigen Jahren von innen kahl oder die Pflanzen blühfaul werden. Das Verjüngen geschieht am besten durch Teilen der Wurzelballen. Dazu graben Sie die Pflanze vorsichtig aus und teilen den Wurzelballen mit einem Spaten oder einem scharfen Messer in Teilstücke. Jedes Teilstück sollte mindestens drei gesunde Triebknospen aufweisen. Entfernen Sie Abgestorbenes und Unkraut und pflanzen Sie die einzelnen Teilstücke wieder ein. Am besten geschieht dies im zeitigen Frühjahr oder im Herbst, wenn die Stauden ihr Laub noch nicht entwickelt oder bereits wieder eingezogen haben.
Bei der Vermehrung besteht zwischen historischen Stauden und modernen Stauden ein kleiner Unterschied. Nicht jedoch beim Teilen, das zugleich eine vegetative (ungeschlechtliche) Vermehrungsmethode ist. Durch das Teilen erhalten Sie neue Pflanzen, die Sie wieder einpflanzen oder an andere Pflanzenfreunde weiterreichen können. Die durch die Teilung erzeugten Nachkommen haben die gleichen Eigenschaften wie die Mutterpflanzen. Das Gleiche gilt für die Vermehrung durch Stecklinge, bei denen es sich, wie bei den geteilten Pflanzen, um genetisch identische Abkömmlinge der Mutterpflanzen handelt.
Anders verhält es sich bei der generativen (geschlechtlichen) Vermehrung historischer Stauden durch Aussaat. Bei dieser Vermehrungsmethode vermischen sich die Gene der beiden Elternpflanzen und es droht – zumindest bei den Sorten – ein Verlust der Sortenreinheit. Nur sehr wenige historische Stauden lassen sich durch Aussaat wirklich sortenrein vermehren. Bei züchterisch unveränderten Wildarten ist das Risiko einer genetischen Verunreinigung geringer, obschon auch hier Gene von Zuchtformen für eine Veränderung der Eigenschaften sorgen können. In Gärtnereien werden noch andere Formen der Vermehrung wie etwa die durch Wurzelschnittlinge oder Gewebekulturen praktiziert. Diese Vermehrungsmethoden sind jedoch so speziell, dass sie für Hobbygärtner kaum infrage kommen. Bei den Porträts haben wir jeweils die für Sie praktikabelsten und einfachsten Methoden der Vermehrung empfohlen.

Rückschnitt

Bei vielen Stauden wie Indianernessel (*Monarda*), Stauden-Phlox (*Phlox paniculata*) oder Sonnenbraut (*Helenium*) lässt sich die Blühfreude steigern und die Blütezeit verlängern, wenn verwelkte Blütentriebe ständig entfernt werden. Dadurch wird die Entwicklung neuer Blütenknospen statt der Samenbildung angeregt. Sogenannte remontierende Stauden wie Rittersporn (*Delphinium*), Lupinen, Katzenminze (*Nepeta*) oder Steppen-Salbei (*Salvia nemorosa*) blühen ein zweites Mal, wenn man sie sofort nach der ersten Blüte knapp über dem Boden zurückschneidet und düngt.
Zuviel Ordnung muss nicht sein! Abgeblühte Stauden mit stabilen Blütenständen wie Schöne Fetthenne (*Sedum spectabile*) Astern, Sonnenbraut (*Helenium*) oder Sonnenhut (*Rudbeckia*) können im Winter auf den Beeten stehen bleiben. Ungeschnitten widerstehen sie Frösten besser und ihre Samen sind für viele Vögel eine wertvolle Futterquelle. Mit Raureif oder Schnee überzogen wirken die trockenen Blütenstängel auch im Winter äußerst reizvoll. Bei Stauden mit weichen oder fleischigen Blattstielen wie Funkien (*Hosta*) schneidet man das verwelkte Laub jedoch schon im Herbst ab.

Winterschutz

Grundsätzlich brauchen frostharte Staudenarten keinen Winterschutz. Wenn jedoch auf eine warme winterliche Periode plötzlich Minusgrade folgen, können bereits entwickelte Triebknospen und immergrüne Stauden Schaden nehmen. Besonders gefährlich sind Kahlfröste ohne schützende Schneedecke. Hier hilft eine vorübergehende Abdeckung mit Koniferenreisig, Strohmatten oder Vlies. Auf keinen Fall sollte man Plastikfolie zur Abdeckung verwenden. Das luftdichte Material begünstigt Fäulnis. Die Abdeckung sollte entfernt werden, sobald keine strengen Fröste mehr zu erwarten sind. Insbesondere immergrüne Stauden faulen sonst leicht oder gehen an Lichtmangel zugrunde. Alpine und Polsterstauden im Steingarten und auf Trockenmauern schützt man in frostigen Perioden ebenfalls mit einer Reisigabdeckung. Bei besonders empfindlichen Stauden, die aus milderen Regionen stammen, genügt eine solche Abdeckung als Frostschutz nicht. Sie müssen frostfrei in geschützten Räumen überwintert werden.

DEN HAUSGARTEN
MIT HISTORISCHEN STAUDEN GESTALTEN

Das Wissen über historische Stauden ist der Anfang eines Abenteuers im Garten, das weite Kreise ziehen kann. Die zufällige Entdeckung einer besonderen Staudenart oder -sorte kann der Beginn einer echten Leidenschaft werden, die schließlich die schönsten Blüten treibt.

Man könnte die schönsten Pflanzenexemplare wie auf einem Silbertablett einzeln und exponiert ins Beet setzen. Aber dann kämen sie nicht so zur Geltung, wie es ihnen gebührt. Viel reizvoller ist es, die historischen Pflanzenschätze miteinander oder mit anderen Gewächsen zu kombinieren. Wenn man sich dann außerdem ein Thema für die Gestaltung der Bepflanzung wählt, wird die ganze Sache noch spannender. Historische Stauden haben nicht nur selbst eine Vergangenheit, sondern sind zudem Teil eines größeren Ganzen, nämlich der Geschichte des Gartenbaus, der Pflanzenzüchtung, der Gartengestaltung und der Gartenkultur mit allen ihren wundervollen Facetten. So waren viele historische Stauden beispielsweise Bestandteil alter Klostergärten oder bildeten das blühende Rückgrat bunter Bauerngärten. Manche historische Stauden verlocken mit ihrem Duft dazu, Gärten auch nach anderen Aspekten als nur nach optischen Reizen anzulegen. Natürlich sind historische Stauden unverzichtbar, wenn man Beete und Rabatten im traditionellen englischen Landhausstil wie in einem Cottage-Garten anlegen möchte. Und die Liaison historischer Stauden mit Alten Rosen ist etwas, das sich fast von selbst ergibt. Was wäre ein prächtiger Rosengarten ohne so passende Staudenbegleiter wie Katzenminze (*Nepeta cataria*), Sterndolde (*Astrantia major*) oder Mutterkraut (*Tanacetum parthenium*)? Nicht zuletzt bieten historische Stauden die Möglichkeit, moderne Beetgestaltungen nachhaltig und dennoch reizvoll zu machen.

Lassen Sie sich von uns zu Gartenabenteuern mit historischen Stauden verführen. Sie werden sehen, dass es sich lohnt, bei der Auswahl Ihrer Gartenpflanzen auf Details zu achten: Die Blütenformen und -farben, das Blattwerk, zudem die Düfte der Blüten und des Laubes sowie die Wuchsform der Stauden sind Aspekte, die Sie bei der Planung Ihres ganz individuellen Lieblingsgartens nicht unberücksichtigt lassen sollten.

Denken Sie auch daran, dass die Pflanzen zu jeder Jahreszeit anders aussehen. Was sich im Frühjahr unscheinbar und niedrig im Beet duckt, kann sich bis zum Sommer zu hohen, ja sogar imposanten Gewächsen entwickeln. So etwa Sonnenbraut (*Helenium*) oder die riesige Weidenblättrige Sonnenblume (*Helianthus salicifolius*).Wenn es Herbst wird und sich die Blüten im Garten rar machen, sind es die Laubblätter der Stauden, die vor dem Welken den Garten noch einmal in feurigen Farben auflodern lassen. Die sich golden verfärbenden Blätter der Funkien (*Hosta*) oder das rot aufleuchtende Laub der Nördlichen Dreiblattspiere (*Gillenia trifoliata*) gehören dabei zu den schönsten „Brandstiftern". Im Winter sind es andere Aspekte, die eine Rolle spielen: Winter- oder immergrüne historische Stauden wie einige Sockenblumen-Arten (etwa *Epimedium × rubrum*), Christrose (*Helleborus niger*) oder Heiligenkraut (*Santolina*) tragen in den kalten Monaten dazu bei, dass der Garten nicht verwaist aussieht. Wenn man die welken Blütenstände standfester Arten erst im Frühjahr abschneidet, behalten die Beete auch im Winter eine gewisse Struktur. Einen Garten mit Null-acht-fünfzehn-Pflanzen, also mit Massenware aus dem Gartencenter, kann jeder halbwegs gärtnerisch begabte Laie anlegen. Das sieht zwar auf den ersten Blick hübsch aus und funktioniert auch ein paar Monate lang ganz gut. Aber wirklich dauerhafte Freude macht ein Garten erst, wenn er der Spiegel der eigenen Seele ist und mit Gewächsen bepflanzt wurde, die man bewusst nach eigenem Geschmack ausgewählt und standortgerecht kombiniert hat. Dann kann man mit Stolz und Gewissheit sagen: Dies ist mein Garten!

Staudenbeet mit großflächig gepflanztem Großblütigem Ziest (*Stachys macrantha*).

Duftgärten mit historischen Stauden

Historische Stauden betören nicht allein durch ihr schönes Aussehen. Unsere Sinne werden außer durch die Blüten auch durch den Duft der Pflanzen angeregt. Bei vielen modernen Staudenzüchtungen wurde vor allem auf die Schauwirkung der Blüten Wert gelegt. Deshalb duften auch viele der so prächtig blühenden, modernen Stauden kaum noch. Früher spielte für die Attraktivität der Pflanzen neben den Blüten auch der angenehme Geruch eine große Rolle. Was wäre der Zauber eines Maiglöckchens oder eines Veilchens ohne deren charakteristischen Duft? Die kleinen Stauden sind zwar zweifellos hübsch anzusehen, doch die wahre Sensation ist doch das unvergleichliche Parfüm, das von ihren Blüten ausgeht!
Aber es ist nicht immer nur der Blütenduft, der unsere Nasen betört. Auch das Laub mancher historischer Stauden riecht aromatisch. Seit Jahrhunderten nutzt die Menschheit das in der Küche bei Kräutern wie Thymian (*Thymus*-Arten), Berg-Bohnenkraut (*Satureja montana*), Zitronen-Melisse (*Melissa officinalis*) und Minze (*Mentha*-Arten). Deshalb zählen diese mehrjährigen Würzkräuter eigentlich auch zu den historischen Stauden, obwohl sie nicht so opulente Blüten hervorbringen wie etwa Stauden-Phlox oder Pfingstrosen. Aromatisch duftendes Laub haben zudem Römische Kamille (*Chamaemelus nobils*), Artemisien, etwa die Eberraute (*Artemisia abrotanum*), und

Nachtviolen (*Hesperis matronalis*), die vor allem abends duften, sollten in Sitzplatznähe gepflanzt werden.

die attraktiv blühenden Indianernesseln (*Monarda*-Arten). Viele Indianernesselarten und -sorten verströmen beim Zerreiben der Blätter ein köstliches Bergamotte-Aroma, das an Zitrusfrüchte erinnert. Olfaktorisch nicht weit davon entfernt ist Lavendelduft.

Mit dem herb-würzigen Duft von Lavendel verbinden wir gern Erinnerungen an einen romantischen Urlaub in der Provence. Umso schöner, dass man die Blüten des Lavendels gut trocknen und den Duft dadurch mehrere Monate bewahren kann. Zu den historischen Lavendel-Varietäten gehören die immer noch beliebte Sorte von *Lavandula angustifolia* 'Munstead', die 1916 von Barr und Jekyll eingeführt wurde. Sie ist benannt nach dem Wohnort und Garten der legendären englischen Gartengestalterin Gertrude Jekyll(1843–1932). Intensiv duftet auch die 1912 von Cibran eingeführte Sorte 'Grappenhall' von *Lavandula × intermedia* mit langstieligen Blütentrieben. Trotz der Intensität ihres Duftes lässt sie bei der Blütenfarbe leider zu wünschen übrig. Sie ist wohl deshalb auch unter dem Namen 'Pale Pretender' (übersetzt: „blasser Blender") im Handel.

Am besten pflanzt man duftende Stauden, egal ob historisch oder modern, am Wegrand oder in der Nähe eines Sitzplatzes. Auf diese Weise kann man die Düfte besser wahrnehmen, als wenn die Stauden irgendwo weit hinten im Beet stehen. Und so man kann sich beim Herumflanieren im Garten hemmungslos an den Aromen berauschen und die Nase auch mal tiefer in die duftenden Blüten stekken, um die himmlischen Düfte zu genießen, die uns die Natur so großzügig schenkt.

Manche historische Stauden duften in den Abend- und Nachtstunden übrigens besonders intensiv, allen voran – nomen est omen – die Nachtviole (*Hesperis matronalis*). Aber auch andere historische Stauden warten bei nächtlicher Dunkelheit mit aromatischen Düften auf. Zwar haben sie es nicht auf unsere Aufmerksamkeit abgesehen, sondern auf die der in den Abend- und Nachtstunden fliegenden und die Blüten bestäubenden Insekten. Aber es lohnt sich, bei Mondlicht mit wachen Sinnen durch den Garten zu schlendern und ihn auch mal mit der Nase statt nur mit den Augen zu erkunden!

Auch von Lavendel (*Lavandula angustifolia*) gibt es historische Schätze, etwa die gedrungen wachsende Sorte 'Munstead'.

Besonders gut duftende historische Stauden

- Römische Kamille (*Chamaemelum nobile*, aromatisches Laub)
- Maiglöckchen (*Convallaria majalis*)
- Feder-Nelke (*Dianthus plumarius*)
- Diptam (*Dictamnus albus*, aromatisches Laub)
- Rispiges Gipskraut (*Gypsophila paniculata*)
- Nachtviole (*Hesperis matronalis*)
- Chinesische Pfingstrose (*Paeonia lactiflora*, manche Sorten)
- Stauden-Phlox (*Phlox paniculata*, manche Sorten)
- Echtes Seifenkraut (*Saponaria officinalis*)
- Wohlriechendes Veilchen (*Viola odorata*)

Historische Stauden für den Bauerngarten

Der Bauerngarten ist der Archetypus des ländlichen Hausgartens und wird traditionell mit einer Mischung aus Obst, Gemüse, Heil- und Würzkräutern sowie mit bunten Blumen zum Schnitt für die Vase bepflanzt. Letztere können Einjährige wie Ringelblumen (*Calendula*) oder Sommerastern (*Callistephus*) sein, die jedes Jahr erneut ausgesät werden. Aber auch Stauden hatten und haben ihren festen Platz in Bauerngärten. Die dort kultivierten Pflanzenarten und -sorten sind zwar in der Regel bodenständig und robust, aber nicht unbedingt einheimisch. Eigentlich finden sich sogar ziemlich viele Exoten in so einem ländlichen Idyll. Einige typische Bauerngartenpflanzen wie Tränendes Herz (*Dicentra spectabilis*), Türkischer Mohn (*Papaver orientale*) oder Braunrote Taglilie (*Hemerocallis fulva*) stammen ursprünglich aus dem fernen Asien. Mit der Entdeckung Amerikas kamen ab dem 16. Jahrhundert zudem Stauden wie Stauden-Sonnenblumen (*Helianthus*-Arten), Stauden-Phlox (*Phlox paniculata*) und Vielblättrige Lupine (*Lupinus polyphyllus*) nach Europa. Über kurz oder lang fanden diese Stauden ihren Weg auch in die Bauerngärten. Obgleich einige Arten als traditionell und damit fast schon als einheimisch gelten, sind manche der heutzutage als charakteristisch angesehenen Bauerngartenstauden erst vor weniger als zwei Jahrhunderten aus fernen Ländern eingeführt worden.
Erhalten konnten sich in Bauerngärten nur Staudenarten und -sorten, die nicht zu empfindlich oder pflegebedürftig sind. Denn eine echte Bäuerin (denn meistens waren und sind es die Frauen, die sich um den Bauerngarten kümmern) hat noch anderes zu tun, als sich um sensible Pflanzenschätze zu sorgen. Wenn sich eine Staudensorte besonders bewährt hatte, wurde sie früher nicht

Ein üppig blühender Bauerngarten, bepflanzt unter anderem mit historischen Stauden.

Vorbild der Bauerngärten waren Klostergärten wie etwa der von Kloster Mittelzell auf der Bodenseeinsel Reichenau.

nur über den Gartenzaun an die Nachbarn weitergereicht, sondern auch über Generationen weiter vererbt. Deshalb kann man in Bauerngärten heute noch viele historische Stauden finden. Oft weiß die Besitzerin zwar nicht mehr den Namen einer bestimmten Staudensorte, kann sich aber erinnern, dass sie schon von der Großmutter kultiviert wurde, die sie wiederum von der Schwiegermutter bekommen hatte und so weiter. Manchmal sind alte Staudensorten regional besonders stark verbreitet, wie etwa die Sorte des Stauden-Phloxes (*Phlox paniculata*) 'Württembergia', der in der Heimat der Gaißmayers, in Oberschwaben, der Bauerngarten-Phlox schlechthin ist. Die Sorte ist sehr anpassungsfähig und kommt an vielen Standorten zurecht, was ziemlich charakteristisch für Bauerngartenpflanzen ist.

Vorbild der traditionellen Bauerngärten waren Klostergärten. Diese haben ihren Ursprung im frühen Mittelalter um die Zeit Karls des Großen, also im 9. Jahrhundert. Sie wurden damals zum Zweck der Selbstversorgung der Nonnen und Mönche mit Obst, Gemüse und (Heil-)Kräutern angelegt. Der Grundriss war meist rechteckig mit zwei sich kreuzenden Wegen, die den Garten in vier gleich große Teile untergliederten. An der Kreuzung beider Wege gab es einen Brunnen (praktisch zum Bewässern des Gartens) oder ein bepflanztes Rondell. Die Beete waren meist mit Flechtwerk aus Weiden- oder Haselnussruten oder mit Holzbrettern eingefasst, später auch mit niedrigen Formschnitthecken. Gepflanzt wurden in den Klostergärten vor allem Würz- und Heilkräuter sowie Frischgemüse für die Klosterküche. Ackerfrüchte, die in größeren Mengen benötigt wurden, wie etwa Getreide, Rüben, Kohl und Hülsenfrüchte, wurden außerhalb der Klostermauern angebaut. Zum Schmuck der Kirchen und Kapellen gab es gewiss immer auch Blumen im Klostergarten.

Durch den Austausch mit anderen Klöstern, aber auch durch den Fernhandel, gelangten neue Pflanzen und deren Samen aus Südeuropa sowie dem Orient in den west- und mitteleuropäischen Raum. Viele heute bekannte Gartenpflanzen stammen aus fernen Ländern und fanden tatsächlich über die Klostergärten ihren Weg in bäuerliche und bürgerliche Gärten, etwa Fenchel (*Foeniculum vulgare*) oder Liebstöckel (*Levisticum officinale*). Insbesondere Heilpflanzen und Würzkräuter aus Südeuropa wie Echter Salbei, Ysop und Rosmarin wurden und werden gern in Bauerngärten kultiviert, da sie eine Art „Hausapotheke" darstellen und bei uns nicht in der Natur vorkommen.

Heilkräftige Stauden für Bauerngärten

Außer Würz- und Heilkräutern kultivierte man in traditionellen Bauerngärten auch „Marienpflanzen" wie Akelei (*Aquilegia vulgaris*), Madonnen-Lilie (*Lilium candidum*), Rosen (*Rosa*-Arten) und März-Veilchen (*Viola odorata*). Nicht alle Arten wuchsen überall, sodass sich die Bauerngärten je nach Region und Klima voneinander unterschieden. Viele einheimische, zu Heilzwecken verwendete Wildstauden wie Spitz-Wegerich (*Plantago lanceolata*), Beinwell (*Symphytum officinale*) oder Rainfarn (*Tanacetum vulgare*) wurden meist nicht kultiviert, sondern in der Natur gesammelt. Heilkräuter aus dem Bauerngarten waren früher so etwas wie die Hausapotheke, denn man war der festen Überzeugung, dass gegen jedes Weh ein Kraut gewachsen sei. Vor dem Siegeszug der pharmazeutischen Medizin waren Heilkräuter tatsächlich oft die einzige Medizin, die man zur Verfügung hatte. Deshalb waren die meisten der im Folgenden genannten, staudenartig wachsenden Heilkräuter auch in fast jedem Bauerngarten zu finden:

- Echter Eibisch (*Althaea officinalis*)
- Arznei-Engelwurz (*Angelica archangelica*)
- Eberraute (*Artemisia abrotanum*)
- Echter Wermut, Absinth (*Artemisia absinthium*)
- Gewöhnlicher Beifuß (*Artemisia vulgaris*)
- Wilde Artischocke, Kardy (*Cynara cardunculus*)
- Fenchel (*Foeniculum vulgare*)
- Ysop (*Hyssopus officinalis*)
- Echter Alant (*Inula helenium*)
- Echter Lavendel (*Lavandula angustifolia*)
- Echtes Herzgespann (*Leonurus cardiaca*)
- Liebstöckel (*Levisticum officinale*)
- Zitronen-Melisse (*Melissa officinalis*)
- Polei-Minze (*Mentha pulegium*)
- Gewöhnlicher Dost (*Origanum vulgare*)
- Rosmarin (*Rosmarinus officinalis*)
- Wein-Raute (*Ruta graveolens*)
- Echter Salbei (*Salvia officinalis*)
- Muskateller-Salbei (*Salvia sclarea*)
- Winter Bohnenkraut (*Satureja montana*)
- Echter Thymian (*Thymus vulgaris*)
- Echter Arznei-Baldrian (*Valeriana officinalis*)

Wenn Sie einen Bauerngarten mit historischen Stauden anlegen möchten, dann achten Sie auf die typischen Elemente: Einen viereckigen Grundriss mit zwei sich kreuzenden Wegen, die den Garten in vier gleich große Teile untergliedern. An der Kreuzung der beiden Wege markiert ein Brunnen, eine Sonnenuhr oder ein bepflanztes Rondell das „Herz" des Gartens. Die äußere Einfassung besteht im Idealfall aus einem hölzernen Staketenzaun oder aus einer Natursteinmauer. Dies soll (Haus-)Tiere von den Beeten fernhalten. Als traditionelle Einfassung der Beete dienen niedrige Hecken aus Buchsbaum (*Buxus sempervirens*). Angesichts der zunehmenden Bedrohung dieser Pflanzengattung durch Pilze und tierische Schädlinge (insbesondere den Buchsbaumzünsler, eine jüngst aus Asien eingeschleppte Kleinschmetterlingsart) ist es jedoch ratsam, auf andere Einfassungspflanzen auszuweichen. Empfehlenswert sind etwa kompakt wachsende Selektionen der Japanischen Stechpalme (*Ilex crenata*) oder der Buchsblättrigen Berberitze (*Berberis buxifolia*). Die etwa kniehohen Hecken werden regelmäßig in Form geschnitten, damit sie nicht zu breit und hoch wachsen.

Die Wege im Bauerngarten bestehen entweder aus fest gestampfter Erde oder werden mit Kies, Rindenmulch, Klinker- oder Pflastersteinen befestigt. Klinkersteine sind eher in Norddeutschland gebräuchlich, Kies und Natursteinpflaster in südlichen Regionen. Weil Rindenmulch sich mit der Zeit zersetzt, muss er alle paar Jahre neu aufgebracht werden. Grundsätzlich gilt: Je weiter der Bauerngarten vom Haus entfernt liegt, desto „weicher" und informeller darf der Wegebelag sein. Die Hauptwege sollten mindestens Schubkarrenbreite haben. Pflegewege zwischen den Kulturen dürfen schmaler sein.

Bei der Pflanzenauswahl für einen Bauerngarten gibt es eigentlich keine genauen Vorgaben. Ein stimmiger, ländlicher Eindruck entsteht jedoch am ehesten, wenn Stauden mit Einjährigen, Kräutern und Gemüsepflanzen kombiniert werden. Obstgehölze wie etwa Beerensträucher oder ein Holunderbusch sind nur für große Bauerngärten anzuraten, denn das Wurzelwerk der Gehölze steht in starker Konkurrenz zu dem der Stauden. Zudem rauben Gehölze anderen Pflanzen viel Platz und vor allem auch Licht. Und Licht ist ein wichtiger Faktor für das gute Gedeihen der meisten Stauden. Zwiebel- und Knollenpflanzen

wie Dahlien (*Dahlia*) und Gladiolen (*Gladiolus*) sollten Sie bei der Pflanzenauswahl nicht vergessen. Wenn diese blühen, eignen sie sich für herrliche Schnittblumensträuße. Eine traditionelle Zwiebelpflanze für Bauerngärten ist übrigens auch die Madonnen-Lilie (*Lilium candidum*). Sie erweist sich heutzutage leider als ziemlich problematisch, weshalb wir zur ähnlich aussehenden, äußerst robusten und ebenfalls herrlich duftenden Königs-Lilie (*Lilium regale*) raten.
Wenn Sie ein Faible für Schnittblumen haben, dann achten Sie unbedingt darauf, von Ihren Lieblingsstauden eine ausreichende Anzahl zu pflanzen, damit Sie ohne Reue auch mal ein paar Stängel mehr für die Vase abschneiden können!

Traditionelle Bauerngartenstauden

- Stockrose (*Alcea rosea*)
- Gewöhnliche Akelei (*Aquilegia vulgaris*)
- Astern (*Aster*-Arten)
- Knäuel-Glockenblume (*Campanula glomerata*)
- Garten-Chrysantheme (*Chrysanthemum × grandiflorum*)
- Stauden-Sonnenblumen (*Helianthus decapetalus, H. salicifolius*)
- Raues Sonnenauge (*Heliopsis helianthoides*)
- Schwertlilien (*Iris germanica, I. sibirica*)
- Vielblättrige Lupine (*Lupinus polyphyllus*)
- Bauern-Pfingstrose (*Paeonia officinalis*)
- Türkischer Mohn (*Papaver orientale*)
- Stauden-Phlox (*Phlox paniculata*)
- Jakobsleiter, Blaue Himmelsleiter (*Polemonium caeruleum*)
- Steppen-Salbei (*Salvia nemorosa*)
- Brennende Liebe (*Silene chalcedonica*, Syn. *Lychnis chalcedonica*)
- Mutterkraut (*Tanacetum parthenium*)

Echter Eibisch (*Althaea officinalis*) wurde und wird bei Husten angewandt.

Die Wilde Artischocke (*Cynara cardunculus*) ist auch unter dem Namen „Cardy“ bekannt.

Historische Stauden und Alte Rosen

Eine vortreffliche Liaison gehen historische Stauden mit sogenannten Alten Rosen ein. Denn wie jede Majestät braucht auch die Rose, die „Königin der Blumen" (die ein Gehölz ist), unbedingt einen Hofstaat, um richtig zur Geltung zu kommen. Unter den historischen Stauden finden sich viele wunderschöne Arten und Sorten, die sich hervorragend mit ebenfalls historischen Rosensorten kombinieren lassen.
Der Begriff „Alte Rosen" bezieht sich gemeinhin auf alle Arten und Sorten von Rosen, die man bis in die zweite Hälfte des 19. Jahrhunderts in unseren Gärten kannte. Damals wurden in Europa nur fünf Kulturrosenarten und deren Abkömmlinge kultiviert: Die Weiße Rose (*Rosa* × *alba*), die Hundertblättrige oder Kohl-Rose (*R.* × *centifolia*), die Moschus-Rose (*R. moschata*), die Damaszener- oder Portland-Rose (*R.* × *damascena*) und vor allem die Gallische oder Essig-Rose (*R. gallica*). Anfang des 19. Jahrhunderts wurden asiatische Rosenarten, darunter die China-Rose (*Rosa chinensis*), in Europa eingeführt. Sie brachten neue Eigenschaften mit, unter anderem die des wiederholten oder kontinuierlichen Blühens sowie neue Blütenfarben.
Mit der Einführung der großblütigen Teehybriden und der rispenblütigen Buschrosen (Floribundas) in der zweiten Hälfte des 19. Jahrhunderts begann der Niedergang der alten Rosensorten. Zwar setzten sich Gartenkoryphäen wie William Robinson (1838–1935), Gertrude Jekyll (1843–1932), Ellen Willmott (1858–1934) und Henry Nicholson Ellacombe (1822–1916) für die Bewahrung der Alten Rosen ein. Dennoch gingen viele Sorten bis Mitte des 20. Jahrhunderts verloren. Von manchen gab es nur noch wenige Exemplare, als man nach dem Zweiten Weltkrieg begann, die alten Rosensorten wieder wertzuschätzen. Durch gewissenhafte Vermehrung und die Verbreitung durch Rosenfreunde in der ganzen Welt haben viele der alten Rosensorten dennoch überlebt und sind heute wieder erhältlich.
Inzwischen haben Alte Rosen neue Liebhaber unter den Gartenfreunden gefunden und man kann sie wieder in vielen Gärten bewundern. In England werden Alte Rosen sogar in den „National Collections" (Nationale Sammlungen) in den berühmten Anlagen in Mottisfond, Sissinghurst, Castle Howard, Hidcote und Wisley kultiviert.

Was sind „alte" Rosen?

Als „Alte Rosen" bezeichnet man alle vor 1867, dem Entstehungsjahr der ersten echten Teehybride, in Gärten vorhandenen oder entstandenen Rosenarten und Rosensorten. Als Teehybriden bezeichnet man die älteste, durch Einkreuzen asiatischer Rosenarten entstandene Klasse der modernen Kulturrosen.

Alte Rosen und Steppen-Salbei (*Salvia nemorosa*) gehen in diesem Garten eine perfekte Liaison ein.

Steppen-Salbei und Rosen

Der Steppen-Salbei (*Salvia nemorosa*) ist unserer Meinung nach ein perfekter Rosenbegleiter, denn er blüht zum ersten Mal zusammen mit den Rosen im Frühsommer. Nach einem beherzten Rückschnitt bis auf den Grund bringt er nach dem erneuten Austrieb eine zweite Blüte hervor.

Mit Alten Rosen gestalten

Unter den Alten Rosen gibt es strauchförmig wachsende und kletternde Sorten. Für ein harmonisches Miteinander sollten die begleitenden Stauden in Farbe, Habitus und Größe zu der jeweiligen Rosensorte passen. Historische Rosen blühen in der Regel in verschiedenen Weiß-, Rosa- und Rottönen. Es gibt unzählige herrliche Sorten, etwa die 1826 eingeführte, rosafarben blühende 'Queen of Denmark', die 1832 eingeführte, weiß blühende 'Mme Hardy' oder die schon um 1790 eingeführte, karminrot blühende 'Charles de Mills'. Wirklich bezaubernd ist die im 19. Jahrhundert eingeführte Sorte 'Fantin Latour' mit duftenden, zartrosafarbenen Blüten. Sie ist benannt nach dem französischen Maler Henri Fantin-Latour (1836–1904), der durch seine Blumenstillleben bekannt wurde. Alle oben genannten Sorten haben übrigens dicht gefüllte Blüten. Zu den edlen Rosenblüten in Rot oder Pastelltönen passen historische Stauden mit weißen, blauen, violetten, rosafarbenen und karminroten Blüten. Gelb, orange oder feuerrot blühende Stauden wie etwa Brennende Liebe (*Silene chalcedonica*, Syn. *Lychnis chalcedonica*) oder Fackellilien (*Kniphofia*) erzeugen eine eher schrille optische Wirkung und sollten daher in Kombination mit pastellfarbenen Rosenblüten möglichst gemieden werden – es sei denn, Sie lieben kräftige Kontraste und ein kunterbuntes, quicklebendiges Durcheinander im Beet.

Die Alte Rose 'Variegata di Bologna'.

Sehr wirkungsvoll sieht die Kombination Alter Rosen mit graulaubigen historischen Stauden aus. Das graugrüne Laub der Stauden kontrastiert schön mit dem grünen Laub der Rosenbüsche. Vorsicht geboten ist jedoch bei Staudensorten mit gelbgrünem oder panaschiertem Laub. Das sieht in Kombination mit Alten Rosen nur in den seltensten Fällen wirklich hübsch aus. Zudem sollten Sie bei der Wahl der Begleitstauden auf die Blütezeiten der Pflanzen achten. Da die meisten Alten Rosen nur einmal jährlich – in der Regel im Juni – blühen, sollten Sie Staudenarten wählen, die ebenfalls im Juni blühen.
Historische Kletterrosen können Sie an Holzspalieren, metallenen Rosenbögen, Rankobelisken oder über romantische Lauben aus Holz wachsen lassen. Sie sollten dabei bedenken, dass Alte Rosen oft sehr langlebig sind und entsprechend groß werden. Gut zu historischen Stauden passen Rosensorten mit kleinen, büschelartig angeordneten Blüten wie etwa die Ende des 18. Jahrhunderts in Europa eingeführte Vielblütige Rose (*Rosa multiflora*) mit ungefüllten, reinweißen, etwa 2 cm breiten Blüten, auf die winzige, rote Hagebutten folgen. Sie stammt aus Ostasien und wurde erstmals im Jahr 1784 vom schwedischen Naturforscher Carl Peter Thunberg beschrieben.

Die Gallische Rose

Die Gallische oder Essig-Rose (*Rosa gallica*) war schon in der Antike bekannt und beliebt. Sie ist die Stammmutter vieler Alter Rosen. Sie hat purpurrote, ungefüllte Blüten und bildet Ausläufer. Ihr natürliches Vorkommen reicht von Portugal über Frankreich und das restliche südliche Mitteleuropa bis nach Kleinasien und den Kaukasus. In Deutschland findet man sie bis ins Harzvorland. Bereits in der Antike kannte man halb gefüllte und gefüllte Formen. Der griechische Geschichtsschreiber Herodot (um 490/480 bis etwa 424 v. Chr.), sein Landsmann, der Naturforscher Theophrast (um 370–288 v. Chr.), sowie der römische Naturforscher Plinius der Ältere (um 24–79 n. Chr.) erwähnten die Gallische Rose bereits in ihren Schriften.
Im Mittelalter empfahl Karl der Große die Rose in seiner Landgüterverordnung „Capitulare de villis" zur Anpflanzung. Der St. Galler Klosterplan, ein idealer Klosterentwurf, der um 820 entstand, sah die Pflanzung von Rosen im Kräutergarten vor. Rund 20 Jahre später pries der Reichenauer Abt

Walahfrid Strabo (808–849) die Rose in seinem Gedicht vom Gartenbau, dem „Hortulus". Später erwähnte Hildegard von Bingen (1098–1179) sie in ihrem Buch „Physica". Dass es sich jeweils um die Gallische Rose handelte, ist ziemlich sicher. Denn im Mittelalter wurde nur diese als Rose bezeichnet. Die anderen in Mitteleuropa heimischen Wildrosenarten nannte man damals *hiufalter*, was aus dem Mittelhochdeutschen übersetzt soviel heißt wie Hagebuttenstrauch.

In den Kräuterbüchern des 15. und 16. Jahrhunderts wurde die Gallische Rose immer wieder erwähnt. So schrieb 1543 Leonhart Fuchs (1501–1566) in seinem „New Kreüterbuch": „Die zamen Rosen wachsen allenthalben in Gärten, dahin sie gepflanzet." Einige Jahrzehnte später, im Jahr 1583, erwähnte der Botaniker Carolus Clusius erstmals eine Form der Gallischen Rose mit rot-weiß gestreiften Blüten. Im Jahr 1613 bildete Basilius Besler in seinem „Hortus Eystettensis" dann fünf verschiedene Formen der Gallischen Rose ab, darunter auch eine gefüllte sowie die von Clusius erwähnte gestreifte Sorte.

Bis ins 18. Jahrhundert hinein war die Gallische Rose auch eine geschätzte Heilpflanze, aus der man Tee, Pulver, Salben und Tinkturen bereitete. Zudem stellte man aus den Blütenblättern Rosenöl, -wasser und -essig her. Letzterem verdankt die Essig-Rose ihren Namen. Wegen ihrer häufigen Verwendung in der Medizin erhielt sie auch den volkstümlichen Namen Apothekerrose und wurde im Botanikerlatein *Rosa gallica* 'Officinalis' genannt.

In der Kulturgeschichte spielt die Gallische Rose ebenfalls eine große Rolle. Sie galt als Marienpflanze und wurde oft auf mittelalterlichen Tafelbildern, Altären und anderen Kunstwerken abgebildet. In der sakralen Architektur taucht sie transformiert als Fensterrosette der gotischen Kathedralen auf. Nicht zuletzt war sie ein beliebtes Emblem auf Adels- und Städtewappen. In England kennt man sie deshalb auch unter dem Namen „Red Rose of Lancaster", also die rote Rose des königlichen Hauses Lancaster. Noch heute findet man diese robuste Rose in verschiedenen Formen im Handel, meist mit halb gefüllten, hell karminroten Blüten. Obwohl sie nur einmal im Frühsommer blüht, ist sie eine Bereicherung für alle Gärten mit historischen Stauden.

Gallische Rose (*Rosa gallica*).

Öfter blühende Alte Rosen

Im Gegensatz zu modernen Sorten blühen Alte Rosen meist nur einmal in der Saison. Es gibt jedoch Ausnahmen:

- 'Comte de Chambord' (Syn. 'Mme Knorr'): Dicht gefüllte, warm rosafarbene Blüten mit gutem Duft. Eingeführt 1860 von Moreau-Robert.
- 'Jacques Cartier': Benannt nach dem französischen Seefahrer (1491–1557); große, dicht gefüllte, satt rosafarbene Blüten mit sehr gutem Duft. Eingeführt 1868 von Moreau-Robert.
- 'Rose de Resht': Gefüllte, purpur-karmesinrote, stark duftende Blüten. Unbekannte Entstehung, jedenfalls vor 1880; in England eingeführt 1940 von Norah Lindsay.
- 'Variegata di Bologna': Große, schalenförmige, dicht gefüllte Blüten in Weiß mit karmesinroten Streifen. Eingeführt 1909 von Bonfiglioli.

Historische Stauden für den Cottage-Garten

Cottage-Gärten sind, wie es der Name schon sagt, eine typisch britische Angelegenheit. Ursprünglich waren diese ländlichen Gärten für die Selbstversorgung der Landarbeiter auf der Insel überlebenswichtig. Man pflanzte Gemüse, Kräuter und ein paar Obstbäume. Letztere nur, wenn der Platz es zuließ. Ein Brunnen, einige Bienenstöcke und auch ein paar Blumen machten die Idylle perfekt. Blütenstauden gab es kaum in diesen Nutzgärten, und Rasenflächen schon gar nicht. Man hatte Hunger und musste satt werden. Im 19. Jahrhundert wurden Cottages dann als Landsitz bei wohlhabenden Städtern beliebt. Die Selbstversorgung spielte eine immer geringere Rolle. Und so wuchsen in Cottage-Gärten immer mehr Blütenstauden, darunter auch Exoten aus Ostasien, Nordamerika und mediterranen Gefilden.

Den Reiz eines Cottage-Gartens macht seine schlichte Gestaltung aus. Es handelt sich um eine möglichst informelle Anlage mit traditionellen Materialien für Wegebau und Einfassungen sowie einer Mischbepflanzung aus Nutz- und Ziergewächsen. Die Gesamtwirkung sollte eher anmutig und charmant als repräsentativ und prätentiös wirken. Die Pflanzen werden so dicht gesetzt, dass zwischen ihnen kein Unkraut aufkommt, was die Pflege erleichtert. Im Gegensatz zu den Bauerngärten im deutschsprachigen Raum sind Cottage-Gärten in britischem Stil weniger formal gegliedert. Hier dominiert die künstlerisch gestaltete Unregelmäßigkeit. Statt der Symmetrie und Akkuratesse zu huldigen, dürfen die Wege durch den Garten mäandern und die Pflanzen auch schon mal über den Beetrand wachsen. Alles in allem sollte ein Cottage-Garten so aussehen wie

Authentisches englisches Cottage mit dazu passendem, ländlichem Garten.

ein Gemüsegarten, der im Lauf der Zeit von blühenden Stauden und Einjährigen übernommen wurde. Was zählt, ist die Gesamtwirkung, nicht die einzelne Pflanze als Blickfang oder Trophäe. Zu diesem Konzept passen historische Stauden hervorragend. Sie zeichnen sich durch ihre Beständigkeit und Zuverlässigkeit aus, was sie von modernen Züchtungen oftmals unterscheidet. Kombinieren Sie historische Stauden in einem Cottage-Garten unbedingt mit Zwiebel- und Knollenpflanzen wie etwa Tulpen (*Tulipa*), Narzissen (*Narcissus*) und Lilien (*Lilium*); gut eignen sich Türkenbund-Lilie (*L. martagon*) oder Königs-Lilie (*L. regale*). Und vergessen Sie nicht die Kaiserkrone (*Fritillaria imperialis*). Letztere kam übrigens in der zweiten Hälfte des 16. Jahrhunderts aus den Hochländern des mittleren Ostens nach West- und Mitteleuropa. Unverzichtbar sind zudem die kleinen Frühjahrsblüher wie Winterlinge (*Eranthus hyemalis*), Schneeglöckchen (*Galanthus*), Hasenglöckchen (*Hyacinthoides hispanica, H. non-scripta*), die als *Bluebells* typisch für englische Landhausgärten sind, sowie Traubenhyazinthen (*Muscari*) und Blausterne (*Scilla bifolia, S. siberica*).

Die historischen Stauden bilden die dauerhafte Pflanzenstruktur der Beete. Durch die ergänzende Kombination mit Knollen- und Zwiebelpflanzen sowie Einjährigen bekommen Cottage-Gärten den lebendigen Charme, der sie auszeichnet. Zaubern Sie eine unbeschwerte, heitere Atmosphäre mit Ein- und Zweijährigen wie Garten-Löwenmaul (*Antirrhinum majus*), Ringelblumen (*Calendula officinalis*), Bart-Nelken (*Dianthus barbatus*), Goldlack (*Erysimum cheiri*), Duft-Wicken (*Lathyrus odoratus*) und Jungfer im Grünen (*Nigella damascena*). Ein attraktiver Blickfang im Cottage-Garten ist auch traditionell die Wilde Artischocke oder Kardone (*Cynara cardunculus*). Gartendekoration in Form von gläsernen Rosenkugeln, einer stimmungsvollen Gartenbank oder alten Gießkannen aus Zink darf durchaus sein. Berücksichtigen Sie aber auf jeden Fall die Devise: *Less is more*, weniger ist mehr. Wirklich ländlich wird ein Cottage-Garten nicht durch viele vermeintlich rustikale Deko-Objekte, sondern durch eine entspannte und authentische Atmosphäre, die Spötter auch als „perfekt gepflegte Nachlässigkeit" bezeichnen.

Historische Stauden für Cottage-Gärten:

> Ungarischer Akanthus, Balkan-Bärenklau (*Acanthus hungaricus*)
> Sumpf-Schafgarbe (*Achillea ptarmica*)
> Chinesische Stockrose (*Alcea rosea*)
> Japanische Herbst-Anemone (*Anemone hupehensis* var. *japonica*)
> Gewöhnliche Akelei (*Aquilegia vulgaris*)
> Großblättriges Kaukasusvergissmeinnicht (*Brunnera macrophylla*)
> Rote Spornblume (*Centranthus ruber*)
> Feder-Nelke (*Dianthus plumarius*)
> Felsen-Storchschnabel (*Geranium macrorrhizum*)
> Blutroter Storchschnabel (*Geranium sanguineum*)
> Braunrote Taglilie (*Hemerocallis fulva*)
> Gelbe Taglilie (*Hemerocallis lilioasphodelus*)
> Gewöhnliche Nachtviole (*Hesperis matronalis*)
> Deutsche Schwertlilie (*Iris germanica*)
> Florentiner Schwertlilie (*Iris × germanica* subsp. *albicans*, Syn. *Iris florentina*)
> Wiesen-Schwertlilie (*Iris sibirica*)
> Bauern-Pfingstrose (*Paeonia officinalis*)
> Chinesische Pfingstrose (*Paeonia lactiflora*)
> Türkischer Mohn (*Papaver orientale*)
> Stauden-Phlox (*Phlox paniculata*)
> Garten-Aurikel (*Primula auricula, P. × pubescens*)
> Eisenhutblättriger Hahnenfuß (*Ranunculus aconitifolius*)
> Frühlings-Nabelnüsschen (*Omphalodes verna*)
> Jakobsleiter, Blaue Himmelsleiter (*Polemonium caeruleum*)
> Mutterkraut (*Tanacetum parthenium*)

Historische Stauden im New German Style

Historische Stauden kann man ganz stilkonform für historische Gartenanlagen verwenden. Aber das schöpft nicht das breite Spektrum der Möglichkeiten aus, das diese wundervollen Pflanzen bieten. Die Arten und Sorten historischer Stauden mögen zwar weit in die Vergangenheit zurückreichende Wurzeln haben. Dennoch kann man sie durchaus für moderne Beetgestaltungen einsetzen. Mitunter ist es sogar sinnvoll, die bewährten historischen Stauden in modernen Pflanzkonzepten zu verwenden. Denn sie sind meist robuster und damit gleichzeitig pflegeleichter als moderne Sorten. Schließlich ist ein nicht unwichtiger Aspekt moderner Gartengestaltung die Pflegeleichtigkeit der Anlagen. Historische Stauden können beispielsweise in Beete im „New German Style" integriert werden. Dieser englische Begriff bezeichnet eine neuzeitliche Form der Staudenverwendung, die sich in den letzten Jahren sowohl in privaten Gärten als auch im öffentlichen Bereich etabliert hat.

Nachdem Jahrzehnte lang der klassische englische Staudengarten als das Nonplusultra in der Beetgestaltung angesehen wurde, entwickelte sich in den 1980er-Jahren ein neuer Trend in der Gartengestaltung: Das Gärtnern mit Stauden, die naturnah, großflächig, pflegeleicht und dennoch ästhetisch ansprechend verwendet werden. So entstehen geradezu impressionistisch anmutende, fast ganzjährig attraktive Gartenbilder mit zahlreichen Variationsmöglichkeiten. Der ästhetische Reiz besteht darin, dass es nicht auf die einzelne Pflanze ankommt, sondern auf die Gesamtwirkung eines Beetes und das Zusammenspiel der darin verwendeten Stauden.

Dass dieses in Deutschland von Staudenexperten entwickelte Gestaltungskonzept einen englischen Namen trägt, kommt daher, dass in den 1990er-Jahren englische Gartenplaner auf die in Deutschland damals bereits praktizierte Form der Gartengestaltung aufmerksam wurden. Auf einem Symposium im Jahr 1994 in den südwestlich von London gelegenen Kew Gardens stellten die deutschen Staudenexperten Rosemarie Weisse und Urs Walser einem Publikum aus britischen Landschaftsarchitekten, Gartendesignern, Staudenzüchtern, Gartenjournalisten, Fotografen und Universitätsdozenten die Theorie der Lebensbereiche von Stauden und die neue Form der Staudenverwendung vor. Der Brite Christopher Bradley-Hole verwirklichte im Jahr 1997 auf der renommierten Chelsea Flower Show ein Beetkonzept, bei dem er die neue, aus Deutschland stammende Pflanzenverwendung vorstellte. Der britische Gartenjournalist Stephen Lacey prägte für diesen Stil damals den Begriff „New German Style", der sich zunächst in Fachkreisen etablierte und schließlich zu einer allgemein gebräuchlichen Bezeichnung wurde.

Historische Stauden für Beetkonzepte nach dem „New German Style" können einheimische Wildformen sein, die züchterisch nicht oder kaum verändert wurden, so wie Gewöhnliche Akelei (*Aquilegia vulgaris*), Nachtviole (*Hesperis matronalis*) oder Jakobsleiter (*Polemonium caeruleum*). Es können aber auch Wildstauden aus anderen Weltregionen sein, etwa nordamerikanische Arten wie Stauden-Sonnenblumen (*Helianthus decapetalus* und *H. salicifolius*), Scheinsonnenhut (*Echinacea*-Arten) oder Prärie-Sonnenhut (*Rudbeckia fulgida*). Neben den züchterisch nicht veränderten Wildstauden werden im „New German Style" durchaus auch Zuchtsorten und Hybriden verwendet, wenn sie standortgerecht eingesetzt werden können, so etwa viele Asternarten (zum Beispiel *Aster cordifolius* 'Photograph'), Sonnenbraut (*Helenium*-Hybriden) oder Ballonblume (*Platycodon grandiflorus* 'Mariesii'). Da es sich, anders als bei der Naturgarten-Bewegung, nicht um ein ideologisch begründetes, sondern um ein

Ein farblich subtil abgestimmtes Staudenbeet mit historischen Stauden im „New German Style".

Ton in Ton, aber in der Blütenform variierend: Indianernessel (*Monarde fistulusa*) mit Rotem Scheinsonnenhut (*Echinacea purpurea*).

ästhetisches Gestaltungskonzept handelt, sollten im „New German Style“ Berührungsängste zwischen historischen, modernen und Wildstaudenarten keine Rolle spielen.

Damit eine Pflanzung nach den Prinzipien des „New German Style“ überzeugend gelingt und dauerhaft Bestand hat (wobei das Wort „dauerhaft“ in Bezug auf Gartenthemen immer relativ zu verstehen ist), braucht man jedoch etwas mehr Pflanzenkenntnis. Nur, wenn die Stauden entsprechend ihrer Standortvorlieben und ihres Wuchsverhaltens sowie ihrer Blütezeiten richtig miteinander kombiniert werden, können sie mit- und nebeneinander gedeihen und ein stimmiges Gesamtbild erzeugen. Zudem spielen noch weitere Aspekte für das Gelingen eines Beetes im „New German Style“ eine Rolle (siehe Kasten). Da Laien meist nicht über die ganze Bandbreite der relevanten Aspekte Bescheid wissen, sollten Sie weitere Literatur konsultieren oder sich an Fachleute wenden, wenn Sie Ihren Garten nach dem Konzept des „New German Styles“ umgestalten möchten. Die Belohnung sind Beete, die nach der Pflanzung wenig Arbeit bei der Pflege benötigen, lange Jahre wirklich Freude machen und nahezu das ganze Jahr über einen zweiten Blick lohnen.

Was ist „New German Style"?

- Die Verwendung der Pflanzen gemäß ihres natürlichen Standorts (Stichwort: standortgerechtes Pflanzen).
- Die Verwendung der Pflanzen in ihrer Anzahl und Gruppierung gemäß ihrer natürlichen Verbreitung – nicht zu viele und nicht zu wenige Exemplare pro Quadratmeter.
- Die Kombination der Pflanzen gemäß ihres natürlichen Wuchs- und Ausbreitungsverhaltens: Manche Pflanzen neigen zum Wuchern, andere stehen gern allein.
- Die Mengenverteilung der Pflanzenarten nach dem Leitstauden- und Aspektbildnerprinzip: Einige Stars im Beet machen Eindruck, aber ein begleitender Hofstaat steigert deren Wirkung noch.
- Die Planung von Struktur, Textur und Farbe der Pflanzenkombination entsprechend der Garten- bzw. der Beetgröße. Zu spektakuläre „Knaller" sprengen den Rahmen in einem kleinen Beet, aber in großzügigen Pflanzungen können sie eine frappierende Fernwirkung entfalten.
- Die Berücksichtigung jahreszeitlicher Einflüsse auf die Stauden-Mischpflanzung. Manche Stauden sehen auch im Herbst und Winter schön aus, andere haben ihren Höhepunkt im Frühling oder Sommer.
- Die Berücksichtigung des Lebenszyklus der verwendeten Stauden: Kurzlebige Arten können zwischen „Dauerbrennern" für lebendige Akzente und saisonale Highlights sorgen.

Kontrastreich: Braunrote Taglilie mit Kugeldistel.

Historische Stauden für Pflanzgefäße

Mit Stauden verbinden die meisten Gärtner hübsch bepflanzte Beete im Garten. Doch auch das Kultivieren von Stauden in Pflanzgefäßen hat eine lange Tradition – motiviert von praktischen und ästhetischen Überlegungen.

Für die Topfkultur gab und gibt es verschiedene Gründe. Manchmal fehlt einfach ein Garten, um dort etwas zu pflanzen. Wenn Sie einen Balkon oder eine Terrasse haben, können Sie mit Stauden in Töpfen und Kübeln dennoch einen schönen „Garten" schaffen. Dies wurde schon in der Antike praktiziert, wo die Römer die Innenhöfe ihrer Atriumhäuser mit eingetopften Pflanzen schmückten. Oftmals werden zudem exotische Staudenarten in Töpfen kultiviert, um sie vor starken klimatischen Schwankungen zu schützen. Bis heute ist dies eine gängige Strategie, um in unseren Breiten nicht sicher frostharte Staudenarten wie etwa Heiligenkraut (*Santolina chamaecyparissus*) unbeschadet über den Winter zu bringen. Zudem können zum Wuchern neigende Stauden wie Maiglöckchen (*Convallaria majalis*) oder Pfennigkraut (*Lysimachia nummularia*) durch die Pflanzung in Töpfen in ihrem Ausbreitungsdrang kontrolliert werden.

Die schönen Sorten von Alpen-Aurikeln (*Primula auricula*) kommen in Töpfen bedsonders gut zur Geltung.

Durch die Wahl eines dekorativen Pflanzgefäßes und das Präsentieren an einem prominenten Standort, etwa auf einem Säulenstumpf, einer Balustrade oder schlicht und einfach auf den Stufen einer Treppe, kann man besondere Stauden manchmal schöner zur Geltung bringen als im Beet. Kleine Stauden wie März-Veilchen (*Viola odorata*), Dach-Hauswurz (*Sempervivum tectorum*) oder Feder-Nelke (*Dianthus plumarius*) bekommen in Töpfen und Schalen garantiert die Aufmerksamkeit, die sie verdienen. Während bei größeren Pflanzgefäßen die Einzelstellung zu bevorzugen ist, kann man bei kleinen Töpfen die optische Wirkung verstärken, wenn man mehrere Pflanzgefäße in Gruppen arrangiert. Das sieht insbesondere bei Sammlungen wie beispielsweise verschiedenartigen Hauswurzsorten sehr hübsch aus.

Ein anderer guter Grund, Stauden in Pflanzgefäßen zu ziehen, ist die Mobilität. Die Topfpflanzen können als Blickfänge dort im Garten platziert werden, wo sie momentan gebraucht werden, etwa wenn während der Saison durch den Ausfall einer Pflanze eine unschöne Lücke im Beet entstanden ist. Stauden in größeren, schmückenden Pflanzgefäßen können zudem Strukturen im Garten betonen und architektonische Akzente setzen. Nicht zuletzt eignen sich manche Stauden als temporärer Schmuck für Wohnräume. Da Stauden sich im Freien wohler fühlen als in der Wohnung, sollte man sie zwar generell im Garten kultivieren. Manche haben aber so entzückende Blüten, dass sie sich gut für die Dekoration von Wohnräumen eignen, etwa als Tafelschmuck für ein besonderes Ereignis oder weil sie während ihrer Blütezeit einen wundervollen Duft verströmen. Früher war es beispielsweise bei Bauern üblich, Tränendes Herz (*Dicentra spectabilis*) in kühlen Räumen vorzutreiben und zur Blütezeit als Schmuck in die Wohnräume zu holen. Weil ein Verpflanzen für die Stauden in jedem Fall Stress bedeutet, empfiehlt es sich, die für den Zimmerschmuck vorgesehenen Kandidaten schon frühzeitig in Töpfe zu pflanzen. Diese kann man im Garten

eingraben, um sie vor Witterungseinflüssen wie strengen Frösten oder Hitzeperioden zu schützen. Kurz vor der Blütezeit nimmt man einfach den eingegrabenen Topf auf und platziert ihn – eventuell in einem dekorativen Übertopf – an der dafür gedachten Stelle in der Wohnung. Nach dem Verblühen darf die Pflanze wieder ihren Platz im Garten einnehmen.
Übrigens eignen sich außer den rechts genannten Stauden auch kleine Zwiebelblüher wie Schneeglöckchen (*Galanthus*), Traubenhyazinthe (*Muscari*), Krokus (*Crocus*), Blaustern (*Scilla*) oder die Kleine Netzblatt-Iris (*Iris reticulata*) für die temporäre Topfkultur. Nicht zuletzt deshalb bietet der Handel im Frühjahr zahlreiche blühende Zwiebel- und Knollenpflanzen wie etwa Alpenveilchen-Narzissen (*Narcissus cyclamineus*) oder Balkan-Windröschen (*Anemone blanda*) in Töpfen an, die nach dem Verblühen im Garten ausgepflanzt werden können und dort im folgenden Jahr erneut mit ihren Blüten erfreuen.

Ob einzeln oder in Gruppen – historische Stauden können in Töpfen wirkungsvoll inszeniert werden.

Stauden für die temporäre Topfkultur

> Busch-Windröschen (*Anemone nemorosa*)
> Maiglöckchen (*Convallaria majalis*)
> Feder-Nelke (*Dianthus plumarius*)
> Tränendes Herz (*Dicentra spectabilis*)
> Leberblümchen (*Hepatica nobilis*)
> Frühlings-Nabelnüsschen (*Omphalodes verna*)
> Garten-Aurikel (*Primula auricula, P. × pubescens*)
> Scharbockskraut (*Ranunculus ficaria* in Sorten)
> März-Veilchen (*Viola odorata*)

Welche Pflanzgefäße eignen sich?

Die erste Wahl dürften in den meisten Fällen Pflanzgefäße aus Terrakotta sein. Sie bieten den Wurzeln der Pflanzen gute Wachstumsbedingungen, da sie – im Gegensatz zu Kunststoffgefäßen – aus einem atmungsaktiven Werkstoff bestehen. Zudem bilden sie rasch eine schöne Patina, was hervorragend zu historischen Stauden passt. Pflanzgefäße aus Terrakotta gibt es in verschiedenen Qualitäten, angefangen von den Standard-Blumentöpfen über größere Pflanzkübel bis hin zur edlen Ware aus Italien mit plastischen Verzierungen. Einen Nachteil haben die meisten Terrakottagefäße: Sie sind nur bedingt frosthart. Bei strengen Frösten, insbesondere in Kombination mit Nässe, zerspringen sie leicht. Selbst als frostfest deklarierte Ware hält nicht immer, was der Hersteller verspricht. Deshalb ist es ratsam, Terrakottagefäße bei drohenden Starkfrösten in kühlen, aber frostfreien Räumen unterzustellen. Neben den Klassikern aus Ton sehen auch andere traditionelle Pflanzgefäße in Kombination mit historischen Stauden schön aus, etwa Amphoren aus Gusseisen. Sie verströmen einen Hauch von Noblesse. Auch sie sollten vor strengen Frösten geschützt werden, da sie platzen, wenn die Erde darin zu nass ist und sich in gefrorenem Zustand ausdehnt. Das Gleiche gilt für unkonventionelle Pflanzgefäße, etwa alte Suppenterrinen aus Porzellan. Pflanzgefäße aus Holz, wie sie früher häufig gebräuchlich waren, sind inzwischen fast ganz aus der Mode gekommen. Dennoch können sie sehr reizvoll aussehen, insbesondere die „Caisses de Versaille“ (Versailler Kübel), die man früher

Wer kleine Staudenschätze sammelt, hat meistens auch ein Faible für schöne Pflanzgefäße.

für die Kultur von Zitruspflanzen und anderen größeren Exoten verwendete. Kleinere hölzerne Pflanzgefäße kann man aus Brettern leicht selbst zimmern, aber sie verwittern leider innerhalb weniger Jahre durch die Feuchtigkeit in der Pflanzerde.

Der Vollständigkeit wegen sei an dieser Stelle auch noch auf Pflanzgefäße aus Kunststoff (Plastik oder Glasfaser) hingewiesen. Wir finden zwar, dass sie grundsätzlich ästhetisch zu wünschen übrig lassen und erst recht nicht zu historischen Stauden passen. Zudem altern Kunststofftöpfe nicht in Würde, sondern verwittern und sehen dann statt antik einfach nur schäbig aus. Sie sind aber wegen ihres deutlich geringeren Gewichts ein praktischer Kompromiss, beispielsweise für Balkone. Wenn man große Pflanzgefäße transportieren muss, etwa um frostempfindliche Pflanzen ins Winterquartier zu verfrachten, sind sie im Gegensatz zu Tontöpfen aus demselben Grund eine praktische, wenn auch nur bedingt attraktive Alternative. In jedem Fall sollten die Pflanzgefäße einen guten Wasserabzug haben, also ein Loch am Boden. Dies verhindert die Bildung von Staunässe und damit ein Verfaulen der Pflanzenwurzeln.

Pflanzsubstrat selber mischen

Für ein gutes Pflanzsubstrat, das für die meisten eingetopften Stauden verwendet werden kann, mischen wir zu gleichen Teilen reifen, durchgesiebten Kompost, groben Sand, Gartenerde und – als Strukturgeber – Blähton oder feinkörnigen Splitt. Die Mischung kann durch Beigabe eines organischen Düngers aus dem Fachhandel ergänzt werden.

UNSER SCHATZKÄSTLEIN: WEITERE HISTORISCHE STAUDEN, DIE UNS AM HERZEN LIEGEN

Wir haben bereits ein breites Spektrum an historischen Stauden vorgestellt – es gäbe noch viele weitere, die einer Erwähnung wert wären. Daher möchten wir an dieser Stelle zusätzlich einige wertvolle Pflanzenschätze nennen. Wir hoffen, dass Sie dadurch noch mehr Lust bekommen, sich selbst auf die Suche nach alten, bewährten Staudensorten zu machen.

◄ Großes Windröschen
Anemone sylvestris
'Flore Pleno Elise Fellmann'

Die weißen, gefüllten Blüten dieser 20–35 cm hoch wachsenden Anemone erscheinen im Mai und Juni. Die Sorte ist eine sehr wertvolle, Ausläufer treibende Staude für warme, kalkreiche Böden. Sie stammt aus dem späten 19. Jahrhundert und wurde ursprünglich auf einer Bergwiese östlich von Kassel gefunden. „Möller's Deutsche Gärtner-Zeitung" schwärmte 1896: „Jeder, der diese Anemone sah, war entzückt von ihrem Anblicke."
Wir sind es auch immer wieder!

▶ Wald-Erdbeere
Fragaria vesca 'Plena'

Bereits der englische Pflanzenfreund John Gerard (1545–1612) hatte im späten 16. Jahrhundert gefüllt blühende Wald-Erdbeeren in seinem Garten. Die Sorte 'Plena' ist schon so lange in Kultur, dass man ihre Herkunft nicht mehr genau nachvollziehen kann. Ihre weißen, dicht gefüllten Blüten erscheinen von Mai bis Juli und ähneln im Aussehen kleinen Röschen. Die Pflanze wird bis 15 cm hoch und bildet nur wenige Früchte, dafür aber reichlich Ausläufer. Sie eignet sich auch gut als Ampelpflanze.

▼ Glatte Aster, Kahle Aster
Aster laevis 'Calliope'

Große, violettblaue Blüten und dunkles, rötlich überlaufenes Laub ergeben bei dieser im späten Herbst blühenden Aster eine besondere Farbwirkung. Die Sorte blüht im Oktober und November und wird 120–140 cm hoch. Die reine Art ist seit 1758 in England in Kultur. Die Sorte 'Calliope' stammt aus dem 19. Jahrhundert. „Möller's Deutsche Gärtner-Zeitung“ schrieb 1907 über sie: „trägt auf schlanken Zweigen in reicher Fülle grosse, wohlgeformte Blumen von weich violetter Farbe.“ Wir finden: Sehr empfehlenswert!

▼ Breit-Wegerich
Plantago major 'Rosularis'

Diese außergewöhnliche Form des als Rasenunkraut gefürchteten Breit-Wegerichs ist bereits seit dem 16. Jahrhundert bekannt. John Parkinson (1567–1650) schrieb, dass der „Rosenwegerich" schon seit Langem in englischen Gärten verbreitet sei. Die von Juni bis September erscheinenden Blüten setzen sich aus dichten Rosetten mit kleinen, grünen Blättchen zusammen, wodurch ein rosenblütiger Eindruck entsteht. Die Pflanze liebt sonnige, nicht zu trockene Standorte und wird 10–20 cm hoch.

▲ Scharfer Hahnenfuß
Ranunculus acris 'Multiplex'

Die gefüllte Form des Scharfen Hahnenfußes wurde nachweislich bereits 1480 kultiviert und auch im Jahr 1613 im legendären „Hortus Eystettensis" von Basilius Besler abgebildet. Man nannte die Staude wegen ihrer dicht gefüllten, goldgelben Blüten in England *Bachelor's Buttons*, also Junggesellenknöpfe. Die Pflanze ist steril, liebt humosen, nährstoffreichen Boden in der Sonne und wird 50–70 cm hoch. Sie blüht von Mai bis Juli und ist einer unserer Lieblinge unter den historischen Stauden.

▾ Blaues Veilchen, Kornblumen-Veilchen *Viola suavis* 'Marie Louise'

Diese alte Kultursorte war seit spätestens 1830 in Frankreich bekannt und wurde ab 1865 von der badischen Gärtnerei Schur aus in alle Welt verbreitet. Die Sorte hat gefüllte, mauve-lavendelfarbene, langstielige, wunderbar duftende Blüten, die im März und oft erneut im Mai erscheinen. Sie wird bis 15 cm hoch. Die etwas empfindliche Pflanze braucht einen geschützten, warmen Standort. Eine Frühjahrspflanzung und ein Winterschutz sind ratsam.

▾ Fädige Palmlilie *Yucca filamentosa*

Die im Südosten der USA heimische Art kam Mitte des 17. Jahrhunderts nach Europa. Wahrscheinlich brachte John Tradescant der Jüngere (1608–1662) sie von einer seiner Reisen in die britischen Kolonien aus Virginia mit. Er führte die Art 1656 als *Juca Virginiana angustiore & breviore folio* im Verzeichnis der in seinem Garten kultivierten Pflanzen auf. In Deutschland ist die Art erst seit Anfang des 19. Jahrhunderts nachweisbar und wird seit Mitte des 20. Jahrhunderts als Freilandstaude kultiviert. Die Fädige Palmlilie bildet rosettenförmige Horste aus schmalen, steifen, lanzettlichen, dunkelgrünen Blättern. Sie wird bis 80 cm hoch. Von Mai bis Juli erscheinen bis 2 m hohe, straff aufrecht stehende Rispen mit glockenförmigen, cremeweißen Blüten.

SERVICE

Glossar

Ableger: Kleine Pflanze, die auf natürliche Weise an der Mutterpflanze gebildet wird.

Achäne: Spaltfrucht. Zur Reife zerfällt die Frucht durch Spaltung in mehrere Teilfrüchte (Samen).

Art: Kategorie der Pflanzenklassifikation, im Rang zwischen Gattung und Unterart. Alle Individuen, die sich unter natürlichen Umständen fruchtbar miteinander fortpflanzen können.

Ausläufer: Kriechender Spross, an dessen Ende sich neue Pflanzen bilden.

Auslese: Begriff aus der Pflanzenzucht. Das Auswählen und weitere Vermehren von Individuen mit besonderen Merkmalen zur Verbesserung bestimmter Eigenschaften.

Balgfrucht: Trockene Frucht, die aus einem Fruchtblatt gebildet wird und entlang der Bauchnaht aufplatzt, um Samen freizusetzen.

Bedingt frosthart: Pflanzen, die eine Temperatur um den Gefrierpunkt (0 °C) schadlos vertragen.

Beere: Frucht mit fleischiger Hülle um einen oder mehrere Samen.

Bemehlt: Oberfläche mit puderigem, hellem Belag.

Bereift: Oberfläche mit wachsartigem, bläulichem oder weißlichem Belag.

Bodendecker: Niedrig wachsende Pflanzen, die sich rasch und teppichartig ausbreiten und dadurch ein Aufkommen von Unkräutern verhindern.

Braktee: Schmückendes Hochblatt, das einer Blüte ähnelt.

Cyme: Flacher oder rundlicher, verzweigter Blütenstand, dessen Achsen mit einer Blüte enden.

Dolde: Flacher oder kugeliger Blütenstand mit vielen gestielten Blüten, deren Stiele alle an einem Punkt ansetzen.

Einfach blühend: Blüte, deren Staub- oder Fruchtblätter nicht zu Kronblättern (Blütenblättern) umgebildet sind.

Eingebürgert: Eine Art, die in einem Verbreitungsgebiet nicht von Natur aus vorkommt, sondern vom Menschen eingebracht wurde.

Epitheton: Zweiter Bestandteil des zweiteiligen (binären) botanischen Namens.

Erdschürfepflanzen: Ausdauernde Pflanzen mit dicht unter der Erdoberfläche liegenden Überdauerungsorganen, etwa Pfingstrosen (*Paeonia*-Arten).

Familie: Kategorie der Pflanzenklassifikation, im Rang zwischen Ordnung und Gattung. Pflanzenfamilien umfassen nahe verwandte Gattungen mit ähnlichen Merkmalen.

Form: Botanisch: Forma, abgekürzt: f.; Variante einer Art unterhalb der Ebene einer Varietät (var.).

Ganzrandig: Durchgehender, nicht von Zähnen oder Zacken unterbrochener (Blatt-)Rand.

Gattung: Kategorie der Pflanzenklassifikation, im Rang zwischen Familie und Art. Gattungen umfassen Arten, die viele gemeinsame Merkmale haben.

Gebuchtet: (Blatt-)Rand mit flachen, gerundeten Zähnen.

Gefiedert: Wie aus Federn zusammengesetztes Blatt, dessen gespaltene oder aufgefächerte Blätter (Fiedern) an einer verlängerten Achse stehen.

Gefingert: Aus Fiedern (gespalteten oder aufgefächerten Blättern), die an einem gemeinsamen Punkt ansetzen, zusammengesetztes Blatt.

Gefüllt blühend: Blüte, deren Staub- oder Fruchtblätter zu zahlreichen Kronblättern (Blütenblättern) umgebildet sind.

Gekerbt: Bis fast zur Mitte gespaltenes Blatt.

Gelappt: Durch tiefe Einkerbungen in mehrere Abschnitte geteiltes Blatt.

Generativ: Vermehrungsart durch eine geschlechtliche Methode (Aussaat).

Gesägt: (Blatt-)Rand mit regelmäßigen, kleinen, zahnförmigen Fortsätzen.

Gezähnt: (Blatt-)Rand mit mehr oder weniger großen, zahnförmigen Fortsätzen.

Grundständig: Blatt, das in Bodennähe steht.

Habitus: Wuchsform.

Halbgefüllt: Blüten, bei denen einige der Staub- oder Fruchtblätter zu Kronblättern (Blütenblättern) umgebildet sind.

Halbimmergrün: Pflanzen, die einen Teil ihres grünes Laubes das ganze Jahr über behalten.

Halbstrauch: Pflanze mit weichen, aber am Grund verholzenden Sprossen oder sehr niedrig wachsende, verholzende Pflanze.

Humus, humoser Boden: Bodenart aus sich langsam zersetzendem, organischem Material.

Hybriden: Nachkommen natürlich oder künstlich miteinander gekreuzter Eltern, die zu verschiedenen Arten oder Gattungen gehören.

Immergrün: Pflanzen, die ihre Blätter für mehr als eine Wachstumsperiode behalten.

Kapsel: Trockene Frucht, die beim Aufplatzen Samen freisetzt.

Kindel: Tochterpflanze; Triebteil einer Pflanze, das sich meist dicht neben der Mutterpflanze zu einem eigenständigen Gewächs entwickelt.

Kreuzung: Zufällige oder gezielte Vermischung von Erbmaterial verschiedener Elternarten.

Kultivar: Pflanze, die ausgelesen oder gezüchtet wurde und deren Nachkommen ihre Merkmale bei angemessener Vermehrung beibehalten.

Lanzettlich: Schmale, in eine schlanke Spitze auslaufende Blattform.

Monotypisch: Gattung, die nur aus einer Art besteht, etwa Diptam (*Dictamnus albus*).

Neophyten: Pflanzenarten, die sich in Gebieten ansiedeln, in denen sie zuvor nicht heimisch waren.

Neutral (Boden): Mit einem pH-Wert von 7, also weder sauer noch kalkreich.

Nomenklatur: Bezeichnet eine für bestimmte Bereiche verbindliche Sammlung von Benennungen aus einem bestimmten Themen- und Anwendungsgebiet.

Nuss: Trockene, geschlossene Frucht mit harter Schale und einem einzelnen Samen darin.

Pfahlwurzel: Kräftige, kaum verzweigte, weit nach unten wachsende, oft verdickte Wurzel.

pH-Wert: Maß für den Säuregrad bzw. den Kalkgehalt des Bodens. Die Skala reicht von 0 (stark sauer) bis 14 (stark kalkhaltig).

Remontieren: Fähigkeit einer Pflanze, nach der Hauptblüte im selben Jahr – eventuell nach einem Rückschnitt – einen weiteren Flor hervorzubringen.

Rhizom: Fleischig verdickter, oft unterirdischer, mitunter verzweigter Wurzelspross, in dem Nährstoffe und Wasser gespeichert werden.

Rispe: Blütenstand, bei dem die Achse mehrfach verzweigt ist und an jedem Ende eine gestielte Blüte trägt.

Rissling: Ein Trieb oder Steckling, der mit einem Ruck von der Mutterpflanze abgerissen wird. Dabei wird ein Teil des Wurzelwerks mit abgetrennt, was eine bessere Wurzelbildung bei Erdkontakt des Stecklings zur Folge hat.

Röhrenblüten: Röhrenförmige Blüten, vor allem bei Korbblütlern im mittigen Blütenkopf anzutreffen.

Sämling: Jungpflanze, die aus einem Samen hervorgegangen ist.

Selbstaussaat: Das eigenständige Ausstreuen ihrer Samen durch eine Pflanze.

Solitärpflanze: Eine Pflanze, die nicht im Verbund mit anderen Pflanzen, sondern einzeln steht, um die größtmögliche Wirkung zu erzielen.

Sorte: Kategorie der Pflanzenklassifikation. Meist durch Züchtung entstandene Abweichung vom üblichen Erscheinungsbild einer Art, Unterart oder Varietät. Der Sortenname wird in einfache Anführungszeichen gesetzt, nicht kursiv, mit großem Anfangsbuchstaben geschrieben und dem Artnamen nachgestellt (zum Beispiel *Salvia officinalis* 'Tricolor').

Sortenecht: Auch sortenrein, sortentreu. Bezeichnung für Pflanzen, die aus Samen nachgezogen werden können und deren auf diesem Wege gewonnene Nachkommen die gleichen Merkmale wie die Mutterpflanze aufweisen.

Spatha: Fleischiges Hochblatt (Braktee), das einen fleischigen, kolbenförmigen Blütenstand (Spadix) umhüllt.

Staubblatt (Stamen): Der männliche Teil der Blüte, bestehend aus Staubbeutel und Staubfaden.

Steckling: Teil einer Pflanze (Blatt, Spross oder Wurzel), der zur vegetativen (ungeschlechtlichen) Vermehrung abgeschnitten und eingepflanzt („gesteckt") wird, um Wurzeln zu bilden.

Steril: Unfruchtbar. Pflanze, die keine Samen produzieren kann.

Strahlenblüten: Bei Korbblütlern radial um das Blütenkörbchen angeordnete, zungenförmige Einzelblüten.

Subspecies: Siehe Unterart.

Sukkulent: Pflanze mit Wasser speichernden, dickfleischigen Sprossen und/oder Blättern.

Synonym: Gleichbedeutender, veralteter oder unkorrekter und daher in der Nomenklatur ungültiger Name einer Pflanze, der dennoch gebräuchlich ist. Abkürzung: Syn.

Teilung: Vegetative (ungeschlechtliche) Vermehrung von Wurzeln oder anderen unterirdischen Speicherorganen von Pflanzen in zwei oder mehr Teile.

Traube: Blütenstand, bei dem gestielte Einzelblüten entlang einer gemeinsamen Hauptachse sitzen.

Tuff: Kleine Gruppe, kleiner Büschel von Pflanzen, zum Beispiel im Beet.

Ungefüllt: Siehe Einfach blühend.

Unterart: Kategorie der Pflanzenklassifikation. Im Rang zwischen der Art und der Varietät oder Form. Auch Subspecies (Subsp.) genannt.

Varietät: Kategorie der Pflanzenklassifikation. Bezeichnet natürlich auftretende Varianten einer Art. Im Rang zwischen der Unterart und der Form.

Vegetativ: Ungeschlechtliche Vermehrung ohne den Austausch und die Neukombination von Erbmaterial. Die Nachkommen der Pflanze sind Klone mit dem identischen Erbmaterial der Mutterpflanze.

Wintergrün: Wintergrüne Stauden behalten ihr Laub im Winter und werfen es im Frühjahr teilweise oder ganz ab, um es zu erneuern.

Zweijährige: Pflanzen, die ihren Lebenszyklus innerhalb von zwei Jahren durchlaufen. Sie wachsen im ersten Jahr ohne zu blühen und entwickeln erst im zweiten Jahr Blüten und Samen, um danach abzusterben.

Die Autoren

Dieter Gaißmayer (r.) ist Staudengärtner mit Leib und Seele. In Illertissen betreibt er seit 1980 eine Staudengärtnerei, die weit über seine schwäbische Heimat hinaus bekannt ist. Historische Stauden sind schon seit vielen Jahren eines seiner Lieblingsthemen.

Mehr und mehr widmet er sich nun der von ihm mit gegründeten „Stiftung Gartenkultur" und dem Verein „Förderer der Gartenkultur", die in direkter Nachbarschaft zur Gärtnerei das Museum der Gartenkultur und zahlreiche als Gartenkabinette bezeichnete Themengärten betreiben. Langeweile ist ihm absolut fremd.

Frank M. von Berger (l.) ist in einem Gartenbaubetrieb aufgewachsen und kam früh mit besonderen Pflanzenschätzen und ihrem Einsatz im Garten in Berührung. Nach einem kulturwissenschaftlichen Studium ist er heute ein erfolgreicher Gartenjournalist und -buchautor, der seinen eigenen Garten im südbadischen Freiburg mit Leidenschaft pflegt.

Bezugsquellen

Empfehlenswerte Staudengärtnereien mit Pflanzenversand, die auch historische Stauden im Sortiment haben

Staudengärtnerei Dieter Gaißmayer
Jungviehweide 3
89257 Illertissen
info@staudengaissmayer.de
www.staudengaissmayer.de

Arends Maubach
Staudengärtnerei & Gartenkultur
Monschaustraße 76
42369 Wuppertal
stauden@arends-maubach.de
www.arends-maubach.de

Staudengärtnerei Annemarie Eskuche
Am Söhnholz 15
29664 Ostenholz
www.stauden-eskuche.de

Staudengärtnerei Gräfin von Zeppelin
Weinstraße 2
79295 Sulzburg-Laufen
info@graefin-von-zeppelin.de
www.graefin-von-zeppelin.de

Stauden Junge
Inhaber: Matthias Großmann
Seeangerweg 1
31787 Hameln-Wehrbergen
www.stauden-junge.de

Staudenkulturen Stade
Beckenstrang 24
46325 Borken
info@stauden-stade.de
www.stauden-stade.de

Sarastro-Stauden
Ort im Innkreis 131
A-4974 Ort im Innkreis
Österreich
office@sarastro-stauden.com
www.sarastro-stauden.com

Staudengärtnerei Hospenthal-Kägi
Landstrasse 37
CH-5417 Untersiggenthal
Schweiz
blumen@hospenthal-kägi.ch
www.hospenthal-kägi.ch

Empfehlenswerte Staudengärtnereien (kein Versand)

Gärtnerei Hügin
Zähringerstraße 281
79108 Freiburg
www.ewaldhuegin.com

Historische Rosen

Rosenhof Schultheis
Bad Nauheimer Straße 3–7
61231 Bad Nauheim-Steinfurth
rosenhof@rosenhof-schultheis.de

Saatgut historischer Stauden

Dreschflegel
Postfach 1213
37202 Witzenhausen
info@dreschflegel-saatgut.de

Samen-Fetzer
Lichtensteinstraße 74
72770 Reutlingen-Gönningen
www.samen-fetzer.de

Vereine und Verbände

Stiftung Gartenkultur
Jungviehweide 1
D-89257 Illertissen
www.stiftung-gartenkultur.org

Gesellschaft der Staudenfreunde e.V.
GdS Geschäftsstelle: Evi Roth
Neugbergstraße 11
77955 Ettenheim
info@gds-staudenfreunde.de
www.gds-staudenfreunde.de

Gesellschaft zur Förderung der Gartenkultur e.V.
Wöddelkamp 9
24558 Henstedt-Ulzburg
www.gartengesellschaft.de

Verein zur Erhaltung der Nutzpflanzenvielfalt e.V.
Mondrianplatz 11
36041 Fulda
www.nutzpflanzenvielfalt.de

ProSpecieRara Deutschland
Kartäuserstraße 49
79102 Freiburg
www.prospecierara.de

ProSpecieRara Schweiz
Unter Brüglingen 6
CH-4052 Basel
Schweiz
www.prospecierara.ch

Arche Noah
Gesellschaft zur Erhaltung der Kulturpflanzenvielfalt
Obere Straße 40
A-3553 Schiltern
Österreich
www.arche-noah.at

Plant Heritage
(vormals: National Council for the Conservation of Plants & Gardens)
12 Horne Farm
Loseley Park
Guildford, England
GU3 IHS
Großbritannien
www.nccpg.com

Staudensichtungsgärten und Schaugärten

Staudensichtungsgarten der Fachhochschule für Gartenbau, Weihenstephan
Am Staudengarten 8
85345 Freising/Weihenstephan
www.hswt.de/fgw

Schau- und Sichtungsgarten Hermannshof e.V.
Babostraße 5
69469 Weinheim/Bergstraße
www.sichtungsgarten-hermannshof.de

Schaugarten der Bayerischen Landesanstalt für Weinbau und Gartenbau
(LWG)
An der Steige 15
97209 Veitshöchheim
www.lwg.bayern.de

Sichtungsgarten Hannover
(Berggarten)
Herrenhäuser Straße 4
30419 Hannover
www.hannover.de/herrenhausen

Bastionsgarten mit Pflanzen aus dem „Hortus Eystettensis"
Burgstraße 19
85072 Eichstätt, OT Willibaldsburg
www.eichstaett.de/gaerten

Karl-Foerster-Garten
Am Raubfang 6
14469 Potsdam-Bornim
www.foerster-stauden.de

Weitere interessante Internetadressen

www.bundessortenamt.de/apps/genbank_zierpflanzen
www.netzwerkpflanzensammlungen.de
www.kulturpflanzen-nutztiervielfalt.org
www.genres.de

Literaturhinweise

Ascherson, Paul: Flora der Provinz Brandenburg, der Altmark und des Herzogtums Magdeburg; Berlin 1864.

Berger, Ernst: Die Bestimmung der Gartenpflanzen; Erlangen 1855.

Berger, Frank M. von: New German Style für den Hausgarten; Stuttgart 2016.

Besler, Basilius: Der Garten von Eichstätt. Hortus Eystettensis – Die vollständigen Tafeln; Köln 2016.

Bingen, Hildegard von: Liber simplicis medicinae oder Physica; Erste vollständige, wortgetreue und kritische Übersetzung von Marie-Louise Portmann: Heilmittel, I–VI, Basel; 1982–1984.

Birne, Anja: Alte Stauden neu entdeckt; Münster-Hiltrup 2006.

Bock, Hieronymus: Kreüter Buch, Darin Vnterscheidt Namen und Würkung der Kreütter (...); Straßburg 1551.
Bock, Hieronymus: New Kreütter Buch; Erstauflage: Strassburg 1539.

Bolle, Carl August: Altmodische Blumen. In: Brandenburgia. Monatsblatt der Gesellschaft für Heimatkunde der Provinz Brandenburg zu Berlin, Jahrgang 8, 185–204, 1899/1900.

Brickell, Christopher und Sharman, Fay: Pflanzenschätze aus alten Gärten; Stuttgart 1988.

Brunfels, Otto: Contrafayt Kreuterbuch; Erstauflage: Strassburg 1532, Teil 2: Strassburg 1537.

Dioskurides, Pedanios: De materia medica. Des Pedanios Dioskurides aus Anazarbos Arzneimittellehre in fünf Büchern. Übersetzt und mit Erklärungen versehen von Julius Berendes; Erstmals Stuttgart 1902.

Elsholtz, Sigismund: Vom Garten-Baw; 3. Auflage, Leipzig und Cölln a. d. Spree 1684 (1. Auflage 1666, 2. Auflage 1672). Reprint der 3. Auflage Leipzig 1987.

Fuchs, Leonhart: New Kreüterbuch; Erstauflage: Basel 1543. Neu aufgelegte Faksimile-Ausgabe: Das Kräuterbuch von 1543. Herausgegeben von Klaus Dobat und Werner Dressendörfer; Köln 2016.

Gleditsch, Johann Gottlieb: Alphabetisches Verzeichnis der gewöhnlichsten Arzneigewächse; Berlin 1769.

Gleditsch, Johann Gottlieb: Catalogus plantarum, quae tum in horto Domini de Zieten(...) Trebnizii coluntur; Leipzig 1737.

Gleditsch, Johann Gottlieb: Pflanzenverzeichniß zum Nutzen und Vergnügen der Lust- und Baumgärtner und aller Liebhaber; Berlin 1773.

Grabbe, Hans: Unsere Staudengewächse; Stuttgart 1897.

Jekyll, Gertrude: Colour Schemes for the Flower Garden (Neuauflage des Titels „Colour for the Flower Garden" von 1908); Antique Collector's Club, Woodbridge, Suffolk (GB), 1986.

Krausch, Heinz Dieter: „Kaiserkron und Päonien rot ..." Von der Entdeckung und Einführung unserer Gartenblumen; München 2007.

Linné, Carl von: Species Planturum; Stockholm 1753

Lobelius, Matthias: Cruydtboeck; Erstauflage: Antwerpen 1581.

Lonicerus (Lonitzer), Adam: Kreuterbuch; Erstauflage: Frankfurt am Main 1557.

Miller, Philip: The Gardeners Dictionary; Erstauflage: London 1754. Eine Faksimile-Edition ist 1969 erschienen bei Wheldon and Wesley, Codocote (GB).

Möller's Deutsche Gärtner-Zeitung. Herausgeber: Ludwig Moeller. Erschienen ab 1885 in Erfurt.

Musgrave, Toby; Gardner, Chris und Musgrave, Will: Pflanzensammler und Entdecker; München 1999.

Nicholson, George: The Illustrated Dictionary of Gardening; Verlegt bei L. Upcott Gill, London 1884.

Pareys Blumengärtnerei. Beschreibung, Kultur und Verwendung der gesamten gärtnerischen Schmuckpflanzen. Herausgegeben von Carl Bonstedt, 2 Bände; Berlin 1931/1932.

Parkinson, John: Theatrum botanicum; Erstauflage: London 1640.

Regel, Eduard: Gartenflora. Allgemeine Monatsschrift für deutsche, russische und schweizerische Garten- und Blumenkunde, begründet durch Eduard Regel, 1852–1938.

Robinson, William: The English Flower Garden; Erstmals erschienen 1883. Eine Neuauflage erschien 1998 bei Bloomsbury Publishing, London.

Robinson, William: The Wild Garden; Erstmals erschienen 1870. Eine Neuauflage erschien 1994 bei Sagapress, Portland, Oregon (USA).

Royer, Johann: Beschreibung des gantzen Fürstlichen Braunschweigischen Gartens zu Hessem; Halberstadt 1648, 2. Auflage 1651. Reprint: Wolfenbüttel 1990.

Schnurbusch, Otto: Der praktische Schnittblumenzüchter der Neuzeit, Band 2; Dritte, verbesserte Auflage; Leipzig, 1914.

Schönborn, Gustav: Die schönsten Stauden; Erfurt, 1913.

Strabo, Walahfrid: Liber de cultura hortorum. Von Joachim Vadian 1510 unter dem Titel „Hortulus" herausgegeben in Wien; Neue Ausgabe (Text in Deutsch und Lateinisch) von Otto Schönberger, Darmstadt 2017.

Stuart, David: Gärtnern mit alten Pflanzensorten; München 1998.

Stuart, David und Sutherland, James: Plants from the Past; London (GB), 1989.

Tabernaemontanus, Jakob (Theodorus): Neuw Kreuterbuch, 2 Teile; Erstauflage: Frankfurt am Main 1588 und 1591.

Tarouca Silva, Ernst Graf: Unsere Freiland-Stauden; Wien 1913.

Tournefort, Joseph Pitton de: Beschreibung einer auf Kgl. Befehl unternommenen Reise nach der Levante. (Dt. Übersetzung der 1717 postum erschienenen frz. Erstausgabe), 3 Bände; Nürnberg 1776/77.

Vilmorin's illustrirte Blumengärtnerei. Erschienen ab 1873 im Verlag von Wiegand, Hempel & Parey, Berlin. Zahlreiche Nachdrucke sind bis in die heutige Zeit erschienen.

Willdenow, Carl Ludwig: Enumeratio plantarum Horti regii Botanici Berolinensis, continens descriptiones omnium vegetabilium in horto dicta cultorum; Berlin 1809.

Willdenow, Carl Ludwig: Species Plantarum: 4. Auflage, Band 3, Berlin 1800.

Wredow, Johann Christian Ludwig: Der Gartenfreund; Berlin 1818. Ab der 4. Auflage 1832 von Carl Hehn und späteren Bearbeitern besorgte und ständig ergänzte Auflagen bis Ende des 19. Jahrhunderts.

Zetter, Johann Theophilus: Ueber die perennirenden Gartengewächse und deren Cultur, 2 Bände; Leipzig, 1837.

Bildquellen

Alle Bilder stammen von Dieter Gaißmayer, außer:
AKG images: S. 10, 13, 14, 19, 24, 25, 103 (Kasten), 147.
EsHanPhot/Shutterstock.com: S. 250.
Frank M. von Berger: S. 37 u., 48, 66, 82, 84, 97, 115, 120 o., 122, 126, 142, 148, 152, 166, 167, 174, 178, 184, 187, 205, 206, 210, 259, 262, 268, 269, 270, 271, 272, 273, 282.
Keller Reichenau: S. 73
Marion Nickig: S. 6, 8, 33, 69, 76, 78, 88, 106, 117, 158, 163, 168, 175, 189, 192, 196, 200, 220, 246, 252, 254, 256, 261.
mauritius images: S. 12, 15, 16, 17, 18, 20, 23, 26, 27, 28, 31, 34, 42, 51, 55, 60, 62, 71, 75, 81, 86, 89, 104, 107, 131, 138, 145, 151, 165, 169, 173, 188, 191, 195, 199, 204, 207, 219, 223, 225, 227, 233, 242, 255, 257, 263, 266.
mubus7/Shutterstock.com: S. 264.
Stadtbibliothek Ulm: S. 197.

Register

Titelfoto: **mauritius images**

Die in diesem Buch enthaltenen Empfehlungen und Angaben sind von den Autoren mit größter Sorgfalt zusammengestellt und geprüft worden. Eine Garantie für die Richtigkeit der Angaben kann aber nicht gegeben werden. Die Autoren und der Verlag übernehmen keine Haftung für Schäden und Unfälle. Bitte setzen Sie bei der Anwendung der in diesem Buch enthaltenen Empfehlungen Ihr persönliches Urteilsvermögen ein. Der Verlag Eugen Ulmer ist nicht verantwortlich für die Inhalte der im Buch genannten Websites.

Bibliografische Information der Deutschen Nationalbibliothek
Die Deutsche Nationalbibliothek verzeichnet diese Publikation in der Deutschen Nationalbibliografie; detaillierte bibliografische Daten sind im Internet über http://dnb.d-nb.de abrufbar.

Wollgrasweg 41, 70599 Stuttgart (Hohenheim)
E-Mail: info@ulmer.de
Internet: www.ulmer-verlag.de
Lektorat: Antje Krause, Bettina Brinkmann
Herstellung: Gabriele Wieczorek
Umschlag-Konzeption: Ruska, Martín, Associates GmbH, Berlin
Umschlagentwurf: Michaela Mayländer, Stuttgart, www. sistermic.de
Satz: Atelier Reichert, Stuttgart
timeray visualisierungen, Jettingen
Druck und Bindung: Livonia, Riga
Printed in Lativa
ISBN 978-3-8186-0083-9